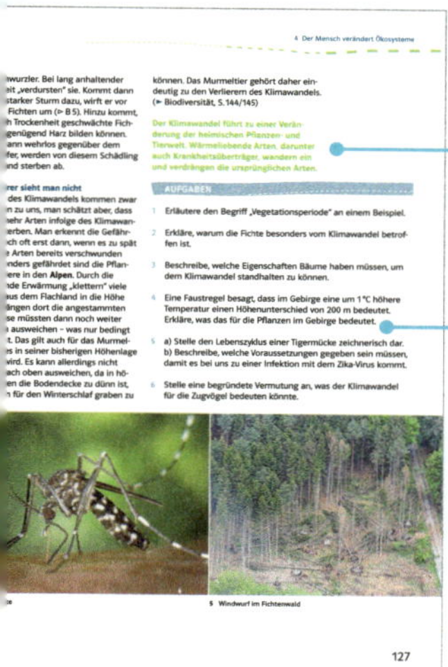
Erläutere den Begriff „Vegetationsperiode“ an einem Beispiel.

Das **Wichtigste** ist hier zusammengefasst. Das solltest du dir **merken**!

Aufgaben

Auf den Infografik-Seiten

werden Themen mit anschaulichen Grafiken näher erläutert.

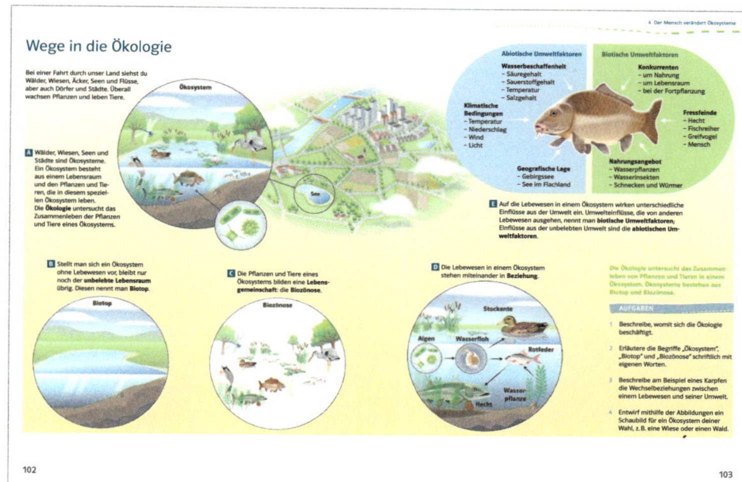
Wege in die Ökologie

Symbole im Buch

1 Schülerversuch: Auch die Schülerversuche darfst du nur auf Anweisung der Lehrkraft durchführen. Die allgemeinen Hinweise zur Vermeidung von Unfällen beim Experimentieren müssen bekannt sein.

Super!

Wenn du noch Fragen hast, dann schau auf dieser Seite nach.

▻ B 2 Bildverweis

► Verweis auf ein Basiskonzept oder eine andere Seite

Hinweis zu den Versuchen

Vor der Durchführung eines Versuchs müssen mögliche Gefahrenquellen besprochen werden. Die geltenden Richtlinien zur Vermeidung von Unfällen beim Experimentieren sind zu beachten. Die Versuchsanleitungen enthalten in besonderen Fällen Hinweise auf mögliche Gefahren. Da Experimentieren grundsätzlich umsichtig erfolgen muss, wird auf die üblichen Verhaltensregeln, insbesondere auf die „Richtlinien zur Sicherheit im Unterricht" (RiSU), nicht jedes Mal hingewiesen.

Einige Substanzen, mit denen im Unterricht umgegangen wird, sind als Gefahrstoffe eingestuft. Diese sind im Schülerbuch gekennzeichnet. Sie können in den einschlägigen Verzeichnissen nachgeschlagen werden, zum Beispiel in der GESTIS-Stoffdatenbank der Deutschen Gesetzlichen Unfallversicherung.

Das Tragen einer Schutzbrille beim Experimentieren ist unerlässlich.

1. Auflage 1 5 4 3 2 1 | 26 25 24 23 22

Autorinnen und Autoren: Thorsten Fraterman, Prof. Dr. Dietmar Kalusche, Miriam Mutzel, Lisa Rüthlein, Marianne Walcher
Unter Mitarbeit der Autorinnen und Autoren folgender Werke: 978-3-12-068412-1, 978-3-12-068417-6, 978-3-12-068347-6, 978-3-12-068388-9, 978-3-12-068441-1, 978-3-12-068446-6, 978-3-12-068470-1, 978-3-12-068487-9, 978-3-12-068488-6, 978-3-12-069110-5

Entstanden in Zusammenarbeit mit dem Projektteam des Verlages.

Layoutkonzeption und Gestaltung: KOMA AMOK®, Kunstbüro für Gestaltung, Stuttgart
Umschlaggestaltung: KOMA AMOK®, Kunstbüro für Gestaltung, Stuttgart
Satz: Media Office GmbH, Kornwestheim
Reproduktion: Meyle + Müller, Medien-Management, Pforzheim
Druck: Firmengruppe APPL, aprinta druck, Wemding

Printed in Germany
ISBN: 978-3-12-068422-0

9 783120 684220

3 Verantwortungsvolle Elternschaft

4 Der Mensch verändert Ökosysteme

Basiskonzepte

Anhang

Jede Aufgabe enthält einen klaren Arbeitsauftrag an dich, du musst ihn nur richtig erkennen. Je nach Formulierung erwarten deine Lehrerin oder dein Lehrer ganz unterschiedliche Antworten von dir. Diese Liste hilft dir, Arbeitsaufträge richtig zu verstehen und zu bearbeiten.

abschätzen
das Ergebnis ungefähr angeben und es begründen

angeben/aufschreiben/aufzählen/nennen
Begriffe, Informationen oder Aussagen zusammentragen

auswerten
Ergebnisse und Schlüsse zum Beispiel aus einem Text oder Diagramm ziehen

begründen
Ursachen, Gesetze oder Beweise für etwas anführen

benennen/beschriften
Begriffe zuordnen

berichten
zu einem bestimmten Thema etwas erzählen

beschreiben
eine Sache durch Fachbegriffe und in eigenen Worten wiedergeben

bestimmen
Merkmale von Tieren und Pflanzen erkennen und zuordnen

beurteilen
erkennen, ob eine Aussage zutrifft, und das Ergebnis begründen

bewerten/Stellung nehmen
dir eine eigene Meinung bilden, begründen und äußern, wie du zu dem Sachverhalt stehst (gut oder schlecht)

darstellen/wiedergeben
ein Ergebnis umfassend präsentieren

deuten/interpretieren
eine Information, die in einem Sachverhalt steckt, herausarbeiten

diskutieren
Meinungen austauschen, einander gegenüberstellen und abwägen

dokumentieren/protokollieren
alles Wichtige zu einem Thema oder Versuch aufschreiben und aufzeichnen

eine Vermutung anstellen/formulieren
überlegen, was das Ergebnis sein könnte

einen Versuch planen
überlegen, wie ein Versuch aufgebaut, durchgeführt und ausgewertet werden könnte

entwickeln
zu einem Thema oder Sachverhalt eigene Gedanken äußern und sie begründen

erklären
eine Sache mit Regeln, Gesetzmäßigkeiten oder Ursachen darstellen

erläutern
eine Sache nachvollziehbar und verständlich darstellen

erörtern
Vor- und Nachteile zu einem Thema anführen und diese beweisen

ordnen/zuordnen
verschiedene Sachen wie Gegenstände, Geschehnisse usw. in eine richtige Reihenfolge bringen

präsentieren
ein Referat, ein Plakat oder das Ergebnis einer Gruppenarbeit vorstellen

recherchieren
zu einem bestimmten Thema Informationen sammeln

skizzieren
eine Zeichnung erstellen, die nur das Wichtigste enthält

(über)prüfen
kontrollieren, ob Regeln, Inhalte oder Aussagen zutreffen

untersuchen
mit Fragen oder Versuchen herausfinden, ob bestimmte Merkmale und Fakten vorhanden sind

vergleichen
Dinge in Beziehung setzen und erkennen, was gleich, ähnlich oder unterschiedlich ist

zeichnen
eine anschauliche und möglichst genaue grafische Darstellung zu einem bestimmten Inhalt anfertigen

zusammenfassen
das Wichtigste herausschreiben oder wiedergeben

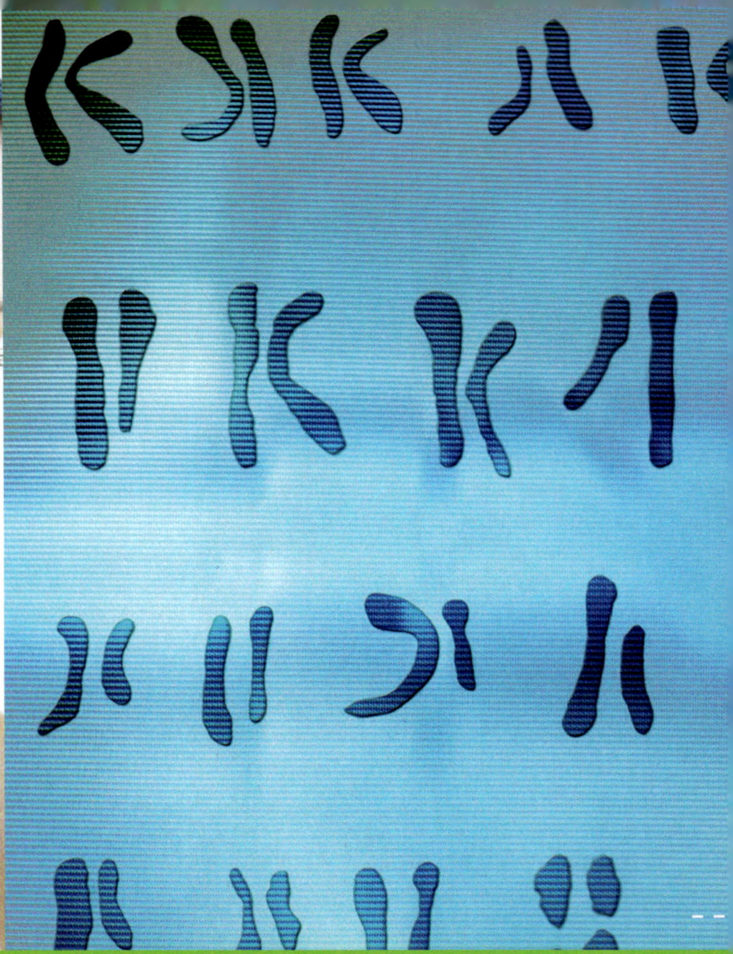

1 Grundlagen der Genetik

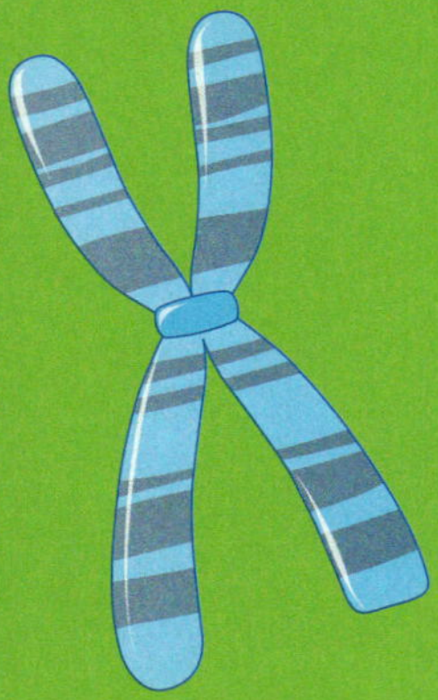

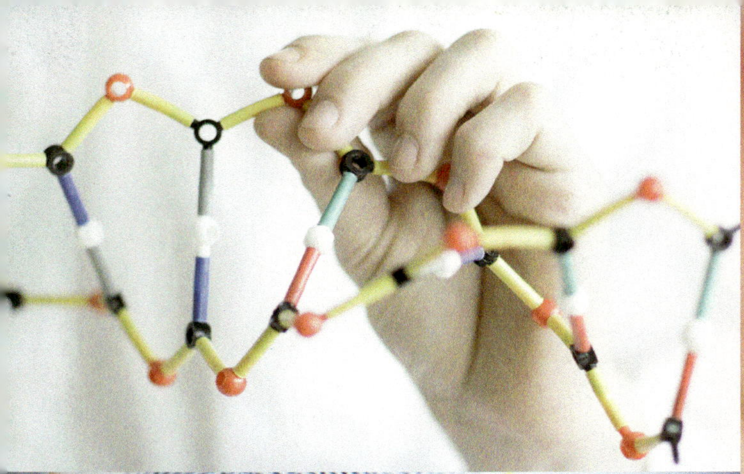

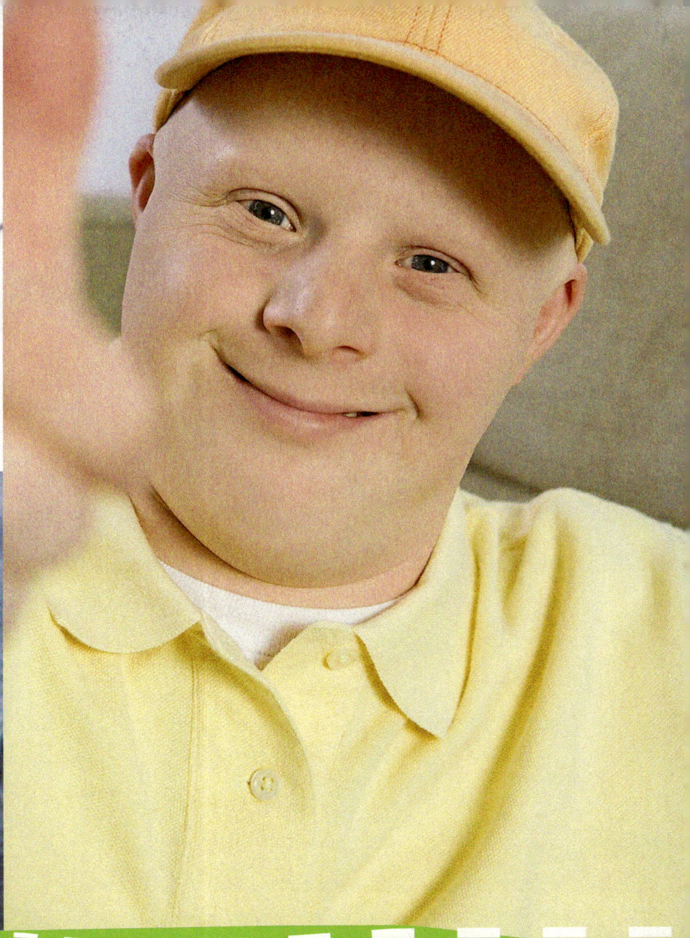

- Geschwister sehen oft ganz verschieden aus – wieso?
- Wie funktioniert unser Erbmaterial?
- Was ist DNA?
- Was ist ein genetischer Fingerabdruck?
- Was ist eine Mutation und ist sie immer schlimm?

1 Kriminaltechniker sucht nach Spuren

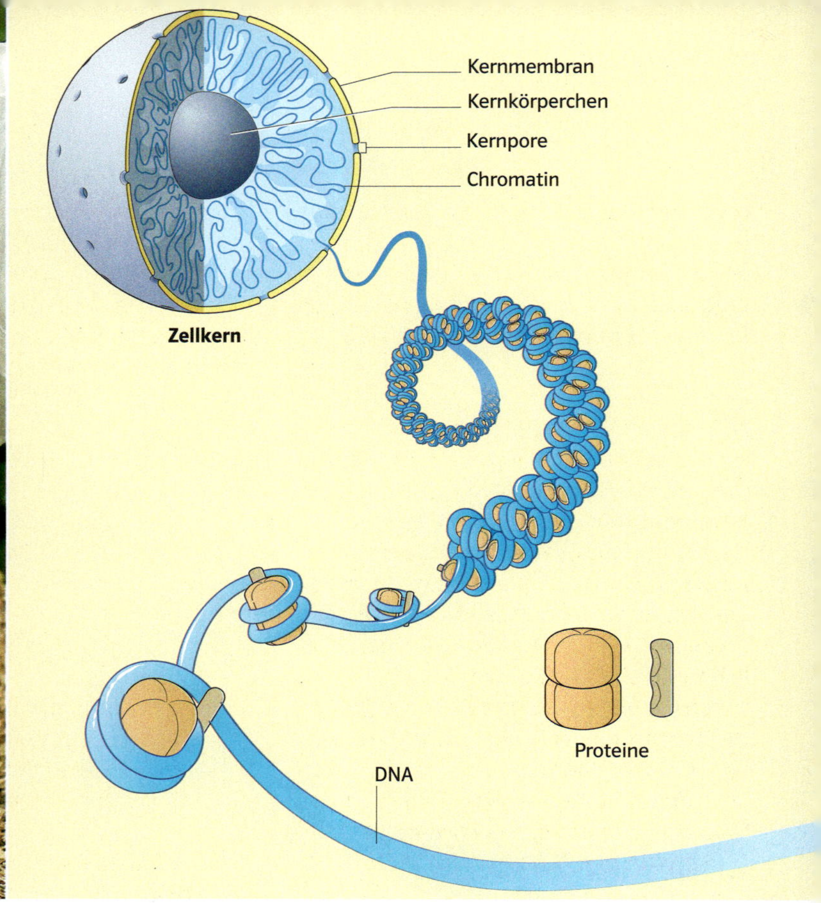

2 Im Zellkern befindet sich die DNA.

Dem Täter auf der Spur

Wird die Polizei zu einem Tatort gerufen, beginnen die Kriminaltechniker mit der Spurensuche (▻ B 1). Das können mechanische Spuren wie z. B. Fuß- und Fingerabdrücke sein, die der Täter am Tatort hinterlassen hat. Es wird aber auch gezielt nach biologischen Spuren gesucht, z. B. nach Haaren (▻ B 3) oder Hautschuppen. Aber auch Körperflüssigkeiten wie Blut oder Speichel können den Ermittlern bei der Überführung des Täters helfen.

Täter hinterlassen Zellen

Untersucht man solche menschlichen Spuren mit dem Mikroskop, findet man in den meisten Fällen **Zellen** (▻ B 4). Auch wenn diese auf den ersten Blick sehr unterschiedlich aussehen können, haben sie nahezu alle den gleichen Grundbauplan.

Eine dünne **Zellmembran** umhüllt die Zelle. Über sie findet der Stoffaustausch mit anderen Zellen statt. Das Innere der Zelle ist mit dem **Zellplasma** ausgefüllt. In ihm liegen alle **Zellorganellen** und es laufen wichtige Stoffwechselprozesse ab.

In den bohnenförmigen **Mitochondrien** werden bei der Zellatmung energiereiche Stoffe zur Energiebereitstellung abgebaut. Das **Endoplasmatische Reticulum** ist das Transportsystem der Zelle. An ihm sitzen zahlreiche kleine **Ribosomen**. Sie sind die „Proteinfabriken", in denen der Organismus alle benötigten Proteine bildet. Ribosomen findet man auch frei im Zellplasma. Deutlich zu erkennen ist der große **Zellkern**, der in fast allen Zellen des menschlichen Körpers vorkommt (▻ B 2). Er steuert und regelt die Zellvorgänge. Zur Überführung eines Täters spielt er die entscheidende Rolle. Denn er enthält die Erbsubstanz. Es gibt Abschnitte in dieser Erbsubstanz, die für jedes Lebewesen einzigartig sind.

Aufbau des Zellkerns

Mit einem Durchmesser von 5–16 µm nimmt der Zellkern ungefähr ein Zehntel des Raumes einer Zelle ein. Er ist von einer **Kernmembran** umschlossen. Zahlreiche **Kernporen** ermöglichen den Stoffaustausch mit dem Zellplasma und dem anliegenden Endoplasmatischen Reticulum. Im Zellkern ist das **Kernkörperchen** deutlich zu erkennen. Hier werden die Ribosomen gebildet, die den Zellkern durch die Kernporen verlassen. Färbt man den Zellkern mit einem besonderen Farbstoff an, werden im Kernplasma fadenförmige Strukturen sichtbar, das **Chromatin** (▻ B 5). (► Struktur und Funktion, S. 140/141)

Zusammensetzung des Chromatins

Das Chromatin besteht aus Proteinen und der **Desoxyribonucleinsäure**, abgekürzt DNA (von engl. acid = Säure). Sie ist dicht um die Proteine gewickelt (▻ B 2). Die DNA ist die Erbsubstanz und enthält die Erbinformation eines Lebewesens. Die DNA enthält Abschnitte mit „Bauanleitungen" für Proteine. Diese Abschnitte heißen **Gene**. Sie enthalten die Bauanleitung für bestimmte Merkmale, z. B. lockiges oder glattes Haar. Die Gesamtheit aller Erbinformationen bezeichnet man als **Genom**. (► System, S. 138/139)

Zellen sind die Grundbausteine der Lebewesen. In ihnen übernehmen Zellorganellen wichtige Aufgaben. Der Zellkern enthält das Genom eines Lebewesens. Es ist für jedes Lebewesen einzigartig.

AUFGABEN

1 a) Zeichne mithilfe von Bild 5 die Skizze einer Zelle in dein Heft. Beschrifte sie mithilfe der Informationen aus dem Text.
b) Ordne den Strukturen der Zelle ihre Funktionen zu. Wähle hierfür eine geeignete Darstellungsform.

2 a) Baue aus geeigneten Materialien das Modell eines Zellkerns.
b) Beurteile dein Modell kritisch.
c) Vermesse dein Modell. Berechne, welche Größe die Zelle dieses Kerns haben würde.

3 Erläutere die Bedeutung der Schutzkleidung in Bild 1.

4 Begründe, warum man mit einem Zigarettenrest einen Täter überführen könnte.

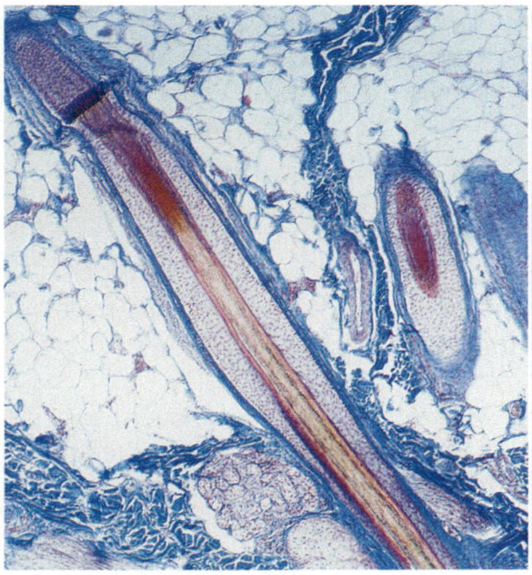

3 Mikrofoto einer Haarwurzel

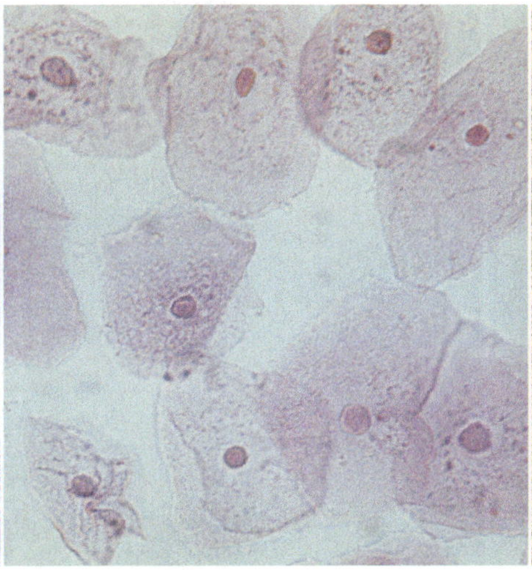

4 Zellen der Mundschleimhaut

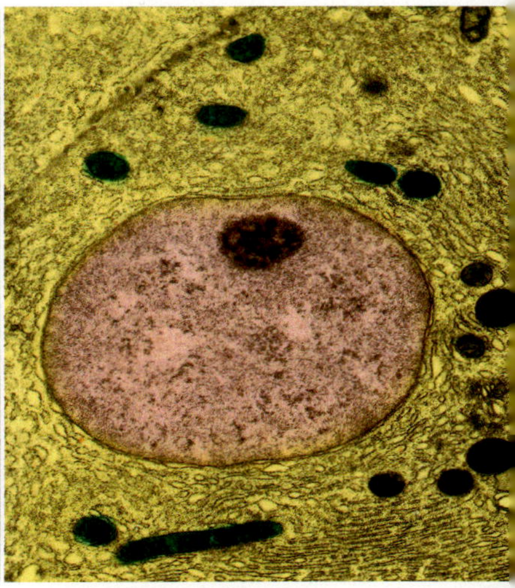

5 Zelle (EM-Aufnahme)

Die Bedeutung des Zellkerns

Der Zellkern war im 19. Jahrhundert das erste Zellorganell, das entdeckt wurde. Zu seiner Bedeutung für die Zelle gab es zahlreiche Hypothesen, die aber zunächst nicht bestätigt werden konnten. Erst in den 1930er-Jahren fand der deutsche Biologe JOACHIM HÄMMERLING die Beweise zu diesen Annahmen.

Die Schirmalge Acetabularia

HÄMMERLINGS Untersuchungsobjekte waren Schirmalgen (▻ B 1), die im Mittelmeer vorkommen. Obwohl sie nur aus einer Zelle bestehen, werden sie etwa zwei Zentimeter groß. Verschiedene Schirmalgen-Arten unterscheiden sich in Größe und Form des Hutes. Im Wurzelbereich befindet sich der Zellkern. Schirmalgen besitzen die besondere Fähigkeit, aus einzelnen Teilen wieder einen neuen Organismus zu bilden.

Die Untersuchung Hämmerlings

In seiner Untersuchung (▻ B 2) zerteilte HÄMMERLING zwei Schirmalgen mit unterschiedlichen Hutformen. Anschließend vertauschte er die beiden Wurzelbereiche: Er verband jeden Wurzelbereich mit dem Stiel der jeweils anderen Schirmalge (▻ B 2).

Nach einiger Zeit beobachtete er, dass beide Schirmalgen wieder einen Hut ausbildeten. Allerdings nicht die ursprüngliche, eigene Form, sondern die Hutform des neu angebrachten Wurzelbereichs (▻ B 2).

Dieses Ergebnis ließ nur einen Schluss zu: Der Zellkern enthält die Erbinformation, die für die Ausbildung bestimmter Merkmale verantwortlich ist. Er ist die Steuerzentrale der Zelle.

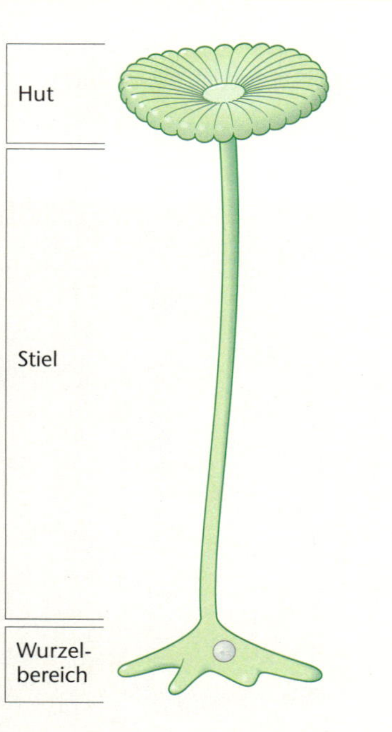

1 Schirmalge Acetabularia

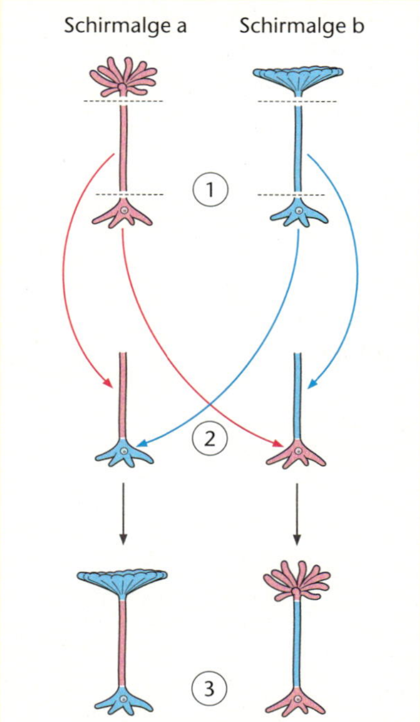

2 HÄMMERLINGS Untersuchung

AUFGABEN

1 Nenne Gründe, warum sich HÄMMERLING für die Schirmalgen als Untersuchungsobjekte entschieden hatte.

2 Formuliere, ausgehend von HÄMMERLINGS Durchführung (▻ B 2):
- eine Frage,
- eine Hypothese,
- sein Ergebnis und
- seine Auswertung.

3 Erstelle ein Erklärvideo, das HÄMMERLINGS Untersuchung zeigt.

4 In einem weiteren Versuch wird genauso wie bei HÄMMERLINGS Experiment vorgegangen. Allerdings wird vorher der Zellkern in den Stiel übertragen. Formuliere eine begründete Vermutung über das Versuchsergebnis.

DNA-Extraktion

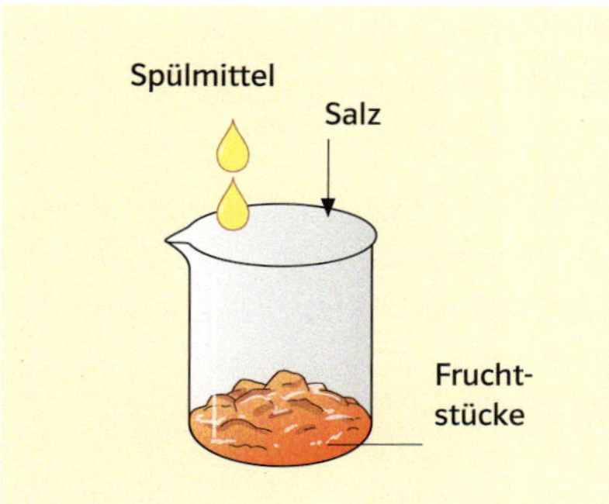

1 Zu Versuchsschritt a)

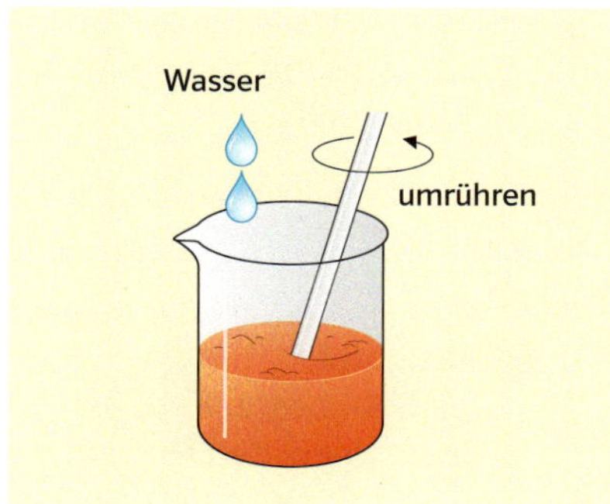

2 Zu Versuchsschritt c)

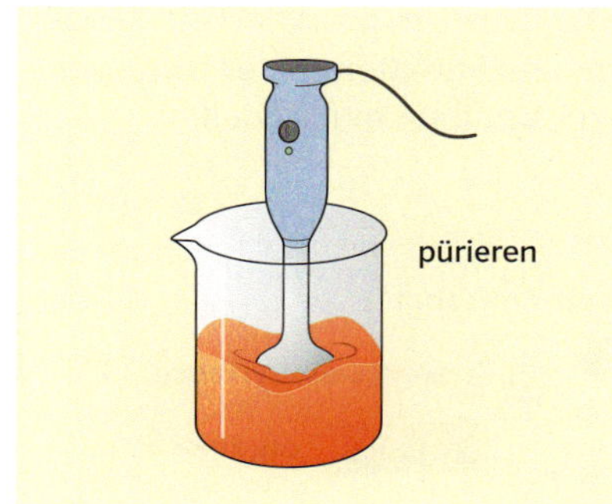

3 Zu Versuchsschritt d)

1 DNA-Extraktion

Die DNA liegt gut geschützt im Zellkern der Zelle. Um sie „herauszuziehen" – zu extrahieren –, sind mehrere Arbeitsschritte notwendig.

Material

Schutzbrille, 1 Reagenzglas, Reagenzglasständer, 2 Bechergläser (500 ml), Holzstab, Gabel oder Pürierstab, Gefrierbeutel, Trichter mit Rundfilter, Messer, Schneidebrett, 10 ml Spülmittel, 3 g Kochsalz, 100 ml Wasser, 20 ml Spiritus/Ethanol (gekühlt), eine Frucht (zum Beispiel eine Tomate).

Versuchsanleitung

Zerschneide zunächst die Frucht mit dem Messer in kleine Würfel.
a) Gib die Fruchtstücke in ein Becherglas und zerdrücke sie vorsichtig mit der Gabel, sodass ein Fruchtbrei entsteht.
b) Gib 10 ml Spülmittel in das Becherglas und füge 3 g Salz hinzu.
c) Fülle dann das Gemisch unter Rühren mit 100 ml Wasser auf.
d) Wenn du einen Pürierstab hast, püriere nun das Gemisch ungefähr 5 Sekunden lang. Ansonsten kannst du das Gemisch in einen Gefrierbeutel geben und vorsichtig kneten. Lasse den Ansatz für ca. 10 – 15 Minuten stehen.
e) Filtriere anschließend mit dem Filter die festen Reste durch den Trichter ab.
f) Fülle ca. zwei fingerbreit dieser Lösung in das Reagenzglas und gieße vorsichtig und langsam 20 ml Spiritus darauf. Beobachte.
g) Mithilfe des Holzstabs kannst du an der Grenzlinie der beiden Flüssigkeiten die DNA als weißen Faden herausziehen.

Spülmittel   Spiritus/Ethanol

Aufgaben

1. Erstelle ein vollständiges Versuchsprotokoll.
2. Die DNA befindet sich gut geschützt im Zellkern. Nenne die Membranen, welche die DNA umgeben.
3. Um die DNA aus den Zellen und Zellkernen zu extrahieren, sind mehrere Arbeitsschritte nötig. Begründe, welche deiner Arbeitsschritte (a – f) dies bewirkten.
4. Begründe, um welche Untersuchungsmethode es sich bei diesem Versuch handelt.

4 Zu Versuchsschritt e)

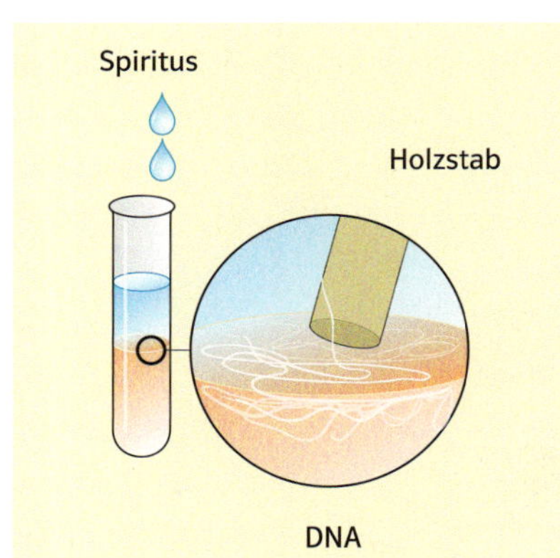

5 Zu Versuchsschritt f) und g)

Aufbau der DNA

Selbst mit einem Elektronenmikroskop kann man den Feinbau der DNA nicht erkennen. Um grundlegende Eigenschaften und Funktionen der DNA zu verstehen, benötigt man ein Modell.

Mitte des 20. Jahrhunderts gelang es dem Physiker FRANCIS CRICK und dem Biologen JAMES WATSON, ein Modell zur räumlichen DNA-Struktur zu entwickeln: die **DNA-Doppelhelix**.

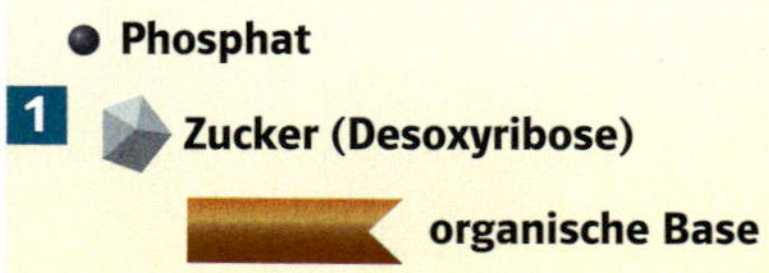

1 Nucleotide:
Die DNA besteht aus vier verschiedenen Bausteinen, den **Nucleotiden**: Jedes Nucleotid setzt sich aus einem Zucker, der **Desoxyribose**, einem **Phosphat** und je einer von vier organischen **Basen** zusammen.

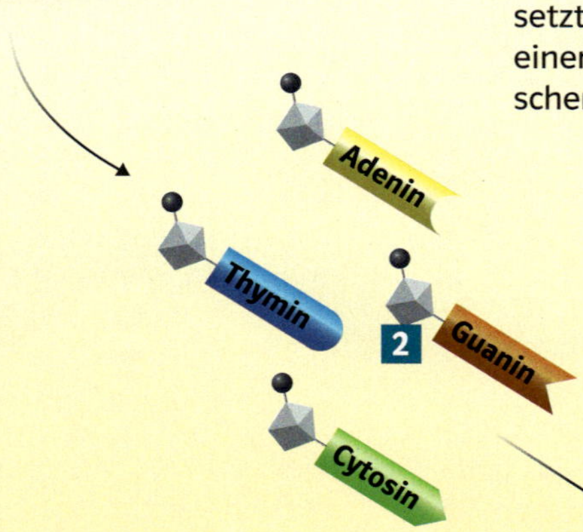

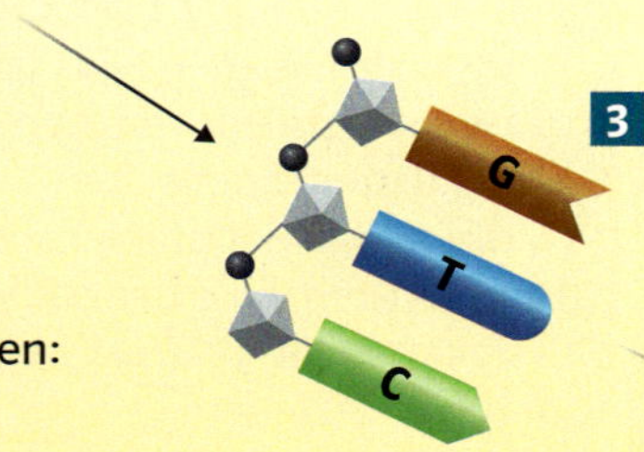

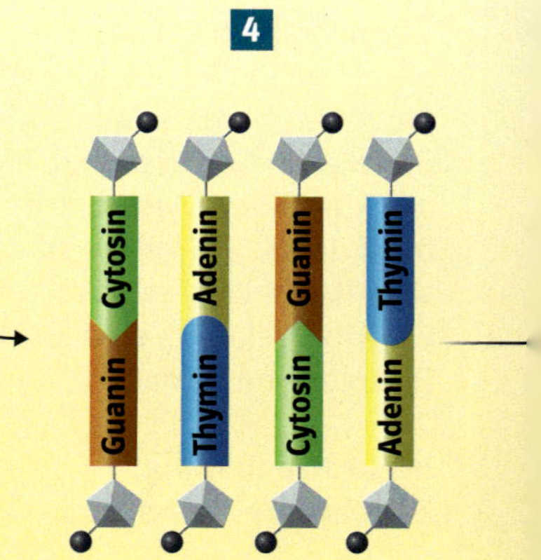

2 Organische Basen:
Es gibt vier organische Basen: **Adenin** (A), **Thymin** (T), **Cytosin** (C) und **Guanin** (G).

3 DNA-Einzelstrang:
Die einzelnen Nucleotide heften sich aneinander und bilden eine Kette, den **DNA-Einzelstrang**. Die Reihenfolge, in der die Nucleotide aufeinander folgen, nennt man **Basensequenz**. Abschnitte dieser Basensequenz enthalten die Erbinformationen für bestimmte Merkmale eines Lebewesens, die Gene.

5 DNA-Doppelstrang:
Die DNA liegt als **Doppelstrang** vor. Das heißt, sie besteht aus zwei komplementären DNA-Einzelsträngen. Diese winden sich spiralförmig zur DNA-Doppelhelix. Hierbei handelt es sich aber nicht um einen langen Strang. In einer menschlichen Körperzelle ist die DNA auf 46 einzelne Chromatinfäden verteilt. Die Hälfte stammt von der Mutter, die andere vom Vater. Jeweils zwei Chromatinfäden ähneln sich in der Abfolge der Gene.

Die DNA besitzt eine Doppelhelix-Struktur. Sie setzt sich aus vier verschiedenen Nucleotiden zusammen. Die Abfolge der Basenpaare, die Basensequenz, bestimmt die Erbinformation.

AUFGABEN

1 Beschreibe den allgemeinen Aufbau eines Nucleotids.

2 Ein einzelner DNA-Strang hat die folgende Basen-Reihenfolge: A-C-A-G-G-C-T. Ergänze den komplementären Strang.

3 Die Struktur der DNA wird häufig mit einer in sich verdrehten Strickleiter verglichen. Erkläre dieses Modell.

4 Formuliere unter Einbezug des Aufbaus und der Struktur der DNA begründete Vermutungen darüber
- wie die DNA verdoppelt werden kann,
- warum die DNA besonders stabil ist,
- wie in der DNA ein Rezept gespeichert ist.

5 Bei der Analyse der DNA einer menschlichen Zelle stellt man fest, dass sie zu 30 % aus Adenin besteht. Berechne in Prozent die Anteile der weiteren Basen Thymin, Guanin und Cytosin.

4 Komplementäre Basen:
Die Basen, die zusammen ein Paar bilden, nennt man **komplementäre Basen**. Komplementär zueinander sind die Basen Adenin und Thymin sowie Cytosin und Guanin. Diese **Basenpaare** spielen eine wichtige Rolle bei der Verdopplung der DNA.

History: Die Entdeckung der DNA

Chromosomen werden sichtbar

Um das Jahr 1880 untersuchte der deutsche Forscher WALTHER FLEMMING Zellen von verschiedenen Lebewesen. Ihm gelang es als Erstem, nur mithilfe von Mikroskopen die Chromosomen sichtbar zu machen (► S. 20). Er wusste allerdings noch nichts über deren Funktion.

Erbmaterial liegt auf den Chromosomen

Anfang des 20. Jahrhunderts entdeckte man, dass die Chromosomen über die Keimzellen an die Nachkommen weitergegeben werden. Damit lag die Vermutung nahe, dass sie die Träger des Erbmaterials sind.

Der Biologe THOMAS HUNT MORGAN glaubte anfangs nicht, dass die Chromosomen etwas mit der Vererbung zu tun haben. Doch später überzeugte er sich selbst vom Gegenteil: In den Jahren 1910–1915 wies er durch zahlreiche Experimente mit Taufliegen nach, dass die Gene für bestimmte Merkmale auf den Chromosomen liegen.

Die Entdeckung der DNA

Weitere Forschungen zeigten, dass die Chromosomen aus Proteinen und DNA bestehen. Zunächst hielt man die Proteine für die Erbsubstanz. Das nur aus vier verschiedenen Bausteinen bestehende DNA-Molekül schien den Wissenschaftlern zu einfach gebaut. 1944 gelang OSWALD AVERY der Nachweis, dass doch die DNA die Erbsubstanz ist.

Ein Nobelpreis für die Struktur

Erst im Jahr 1953 fand man heraus, wie die DNA zusammengesetzt ist. Es gelang erstmals, ein zutreffendes Modell vom DNA-Molekül zu erstellen. MAURICE WILKINS, JAMES WATSON und FRANCIS CRICK erhielten 1962 für ihre bahnbrechenden Forschungen den Nobelpreis.
Die Forschungsarbeit von ROSALIND FRANKLIN spielte eine entscheidende Rolle bei der Aufklärung der DNA-Struktur. FRANKLIN verstarb jedoch bereits vier Jahre vor der Preisverleihung und konnte deshalb nicht mehr geehrt werden.

AUFGABEN

1. Erläutere, warum man lange vermutete, dass es sich bei den Proteinen um unsere Erbsubstanz handelt.

2. Begründe, warum es erst im 20. Jahrhundert gelingen konnte, die Struktur der DNA aufzuklären.

1–4 James Watson, Francis Crick, Maurice Wilkins und Rosalind Franklin

Enzyme – wichtige Helferproteine

„Die Verdauung beginnt im Mund." Diesen Satz hast du vielleicht schon gehört. Mit einem einfachen Versuch kannst du das sogar selbst belegen: Du musst nur längere Zeit ein Stück Brot kauen. Mit der Zeit schmeckt es immer süßlicher. Aus der Stärke im Brot entstehen süß schmeckende Zucker. Verantwortlich hierfür ist ein Enzym in unserem Speichel.

Enzyme sind Biokatalysatoren

Enzyme sind Proteine und wirken als Biokatalysatoren: Sie senken die Aktivierungsenergie für eine Reaktion ab und beschleunigen damit z. B. Stoffwechselprozesse und bleiben dabei selbst unverändert. Ohne Enzyme würden in unserem Körper nahezu alle Stoffwechselprozesse viel zu langsam oder gar nicht ablaufen können.

Der Enzym-Substrat-Komplex

Unser Speichel enthält das Enzym Amylase, das Stärke (Substrat) in Zucker (Produkt) umbaut. Hierfür verbindet sich das Enzym mit der Stärke und es entsteht ein Enzym-Substrat-Komplex. Nach der Reaktion zerfällt der Komplex in die Produkte und in das unveränderte Enzym. Dieses kann wieder den nächsten Enzym-Substrat-Komplex bilden (▻ B 1).

Enzyme können nur mit bestimmten Substraten reagieren. Sie sind substratspezifisch und wirken nach dem Schlüssel-Schloss-Prinzip. Zudem lösen sie nur bestimmte Reaktionen aus, sie sind also auch wirkungsspezifisch.

Enzyme arbeiten nur unter den richtigen Bedingungen

Enzyme sind nicht nur an Stoffwechselprozessen wie der Verdauung beteiligt. Sie bauen auch andere Stoffe auf, wie zum Beispiel beim Aufbau der Proteine (► S. 31).

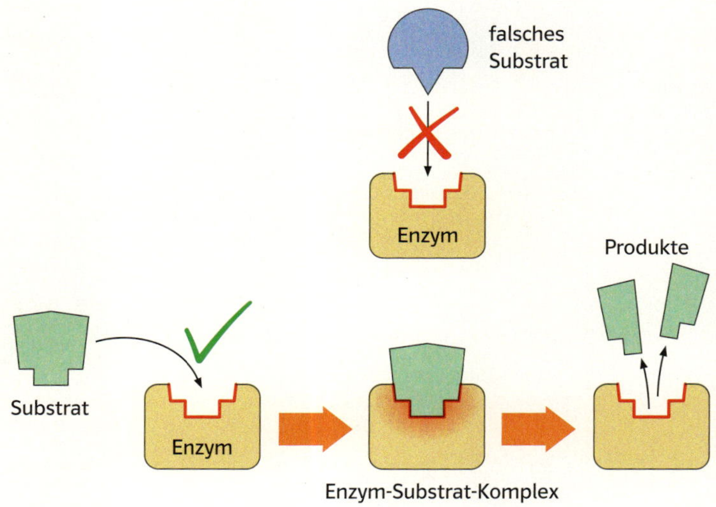

1 Enzym-Substrat-Komplex

Allerdings können schon kleine Veränderungen im Körper die Funktion der Enzyme beeinträchtigen. So kann hohes Fieber zu einer Veränderung der räumlichen Struktur eines Enzyms führen. Der Enzym-Substrat-Komplex kann nicht mehr gebildet werden.

AUFGABEN

1 Beschreibe den Begriff Biokatalysator.

2 a) Baue mithilfe von Bild 1 ein Modell aus Knetmasse, das das Schlüssel-Schloss-Prinzip am Beispiel von Enzymen verdeutlicht.
b) Verändere dein Modell so, dass du die Folgen von hohem Fieber auf Enzyme veranschaulichen kannst.
c) Erläutere, warum hohes Fieber für den Körper schädlich ist.

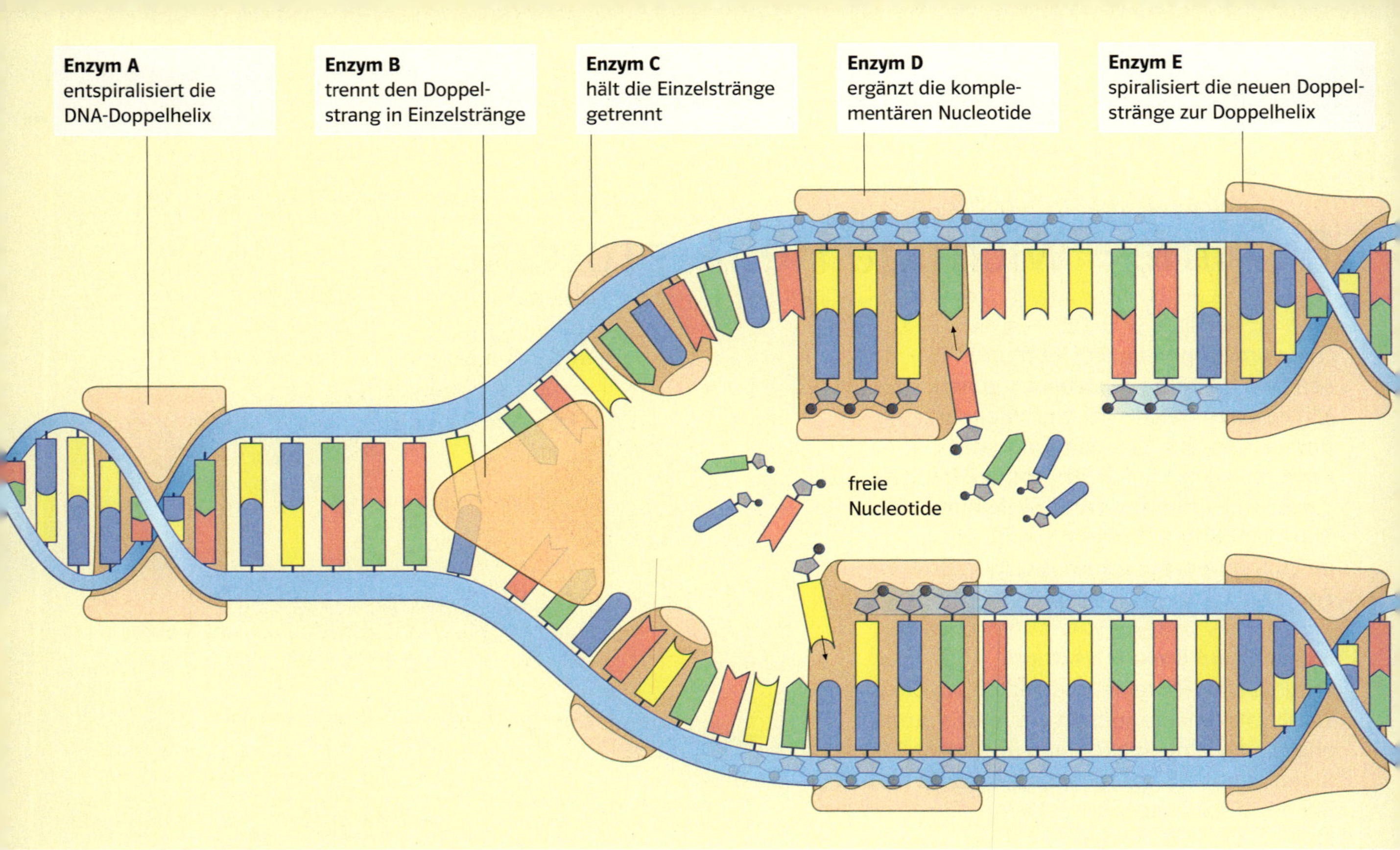

1 Verdopplung der DNA

Verdopplung der DNA

Alle mit dem gleichen Bauplan

Ein Mensch besitzt schätzungsweise 100 Billionen Zellen. Jede Zelle entsteht durch **Zellteilungen** aus einer einzigen befruchteten Eizelle. Bei jeder Zellteilung müssen die neuen Zellen auch eine **Kopie** unserer DNA erhalten.

Verdopplung der DNA

Zahlreiche Werkzeugproteine, die Enzyme (► S.15), beginnen bereits mit der Verdopplung – der **Replikation** – der DNA, während die Zelle ihre Aufgaben im Körper erfüllt. Enzym A (▻ B1) **entspiralisiert** die Doppelhelix-Struktur, bevor der eigentliche „Kopiervorgang" des DNA-Moleküls beginnt. Im nächsten Schritt trennt Enzym B die beiden DNA-Stränge der Länge nach voneinander. Enzym C stützt und stabilisiert die Einzelstränge, die dabei entstanden sind. Enzym D ergänzt nun die beiden Einzelstränge mit freien Nucleotiden aus dem Zellplasma, da immer nur zwei Basen zueinander passen (► S.12/13). Zu Adenin passt immer nur Thymin und zu Cytosin immer nur Guanin. So entstehen aus den beiden Einzelsträngen zwei identische Doppelstränge. Enzym E spiralisiert in einem letzten Schritt die beiden Doppelstränge wieder zur Doppel-Helix-Struktur. Die DNA einer Zelle wurde vollständig kopiert. (► Struktur und Funktion, S.140/141)

Zusammenarbeit macht es möglich

Das menschliche Genom besteht aus ca. drei Milliarden Basenpaaren, verteilt auf die Chromosomen. Diese riesigen Moleküle müssen von unseren Zellen in nur wenigen Stunden fehlerfrei kopiert werden. Und das, während die Zelle ihren eigentlichen Aufgaben nachkommt.

Das gelingt ihnen, indem die beteiligten Enzyme gleichzeitig an mehreren Abschnitten der DNA arbeiten. Dort ergänzen sie jeweils etwa 50 Nucleotide pro Sekunde. So wird die DNA in kurzer Zeit verdoppelt.

Bei diesen komplizierten Vorgängen kann es natürlich zu Fehlern und damit zu Schäden in der DNA kommen. Unsere Zellen sind allerdings auf diesen Fall vorbereitet: **Reparaturenzyme** kontrollieren regelmäßig die DNA und bessern schon während der Verdopplung fehlerhafte Bereiche aus.

Bei der Verdopplung der DNA entspiralisieren Enzyme die Doppelhelix und trennen die beiden DNA-Stränge. Die Einzelstränge werden mit freien Nucleotiden ergänzt und anschließend wieder spiralisiert. So entstehen wieder zwei identische DNA-Doppelstränge.
Reparaturenzyme korrigieren auftretende Fehler.

AUFGABEN

1 Erstelle ein Flussdiagramm, in dem die wesentlichen Schritte der Verdopplung der DNA dargestellt sind.

2 a) Berechne, wie lange es dauern würde, das gesamte menschliche Genom von Anfang bis Ende zu kopieren.
b) Beschreibe, wie es Zellen gelingt, die DNA in wenigen Stunden zu verdoppeln.

3 Erkläre die Bedeutung der Verdopplung der DNA für ein vielzelliges Lebewesen.

4 Bei der Verdopplung der DNA kann es passieren, dass falsche Nucleotide eingebaut werden. Erkläre, wie Fehler verhindert und ausgebessert werden.

5 Erläutere mithilfe von Bild 2, warum die Replikation der DNA als semikonservativ, d.h. „halb erhaltend“, bezeichnet wird.

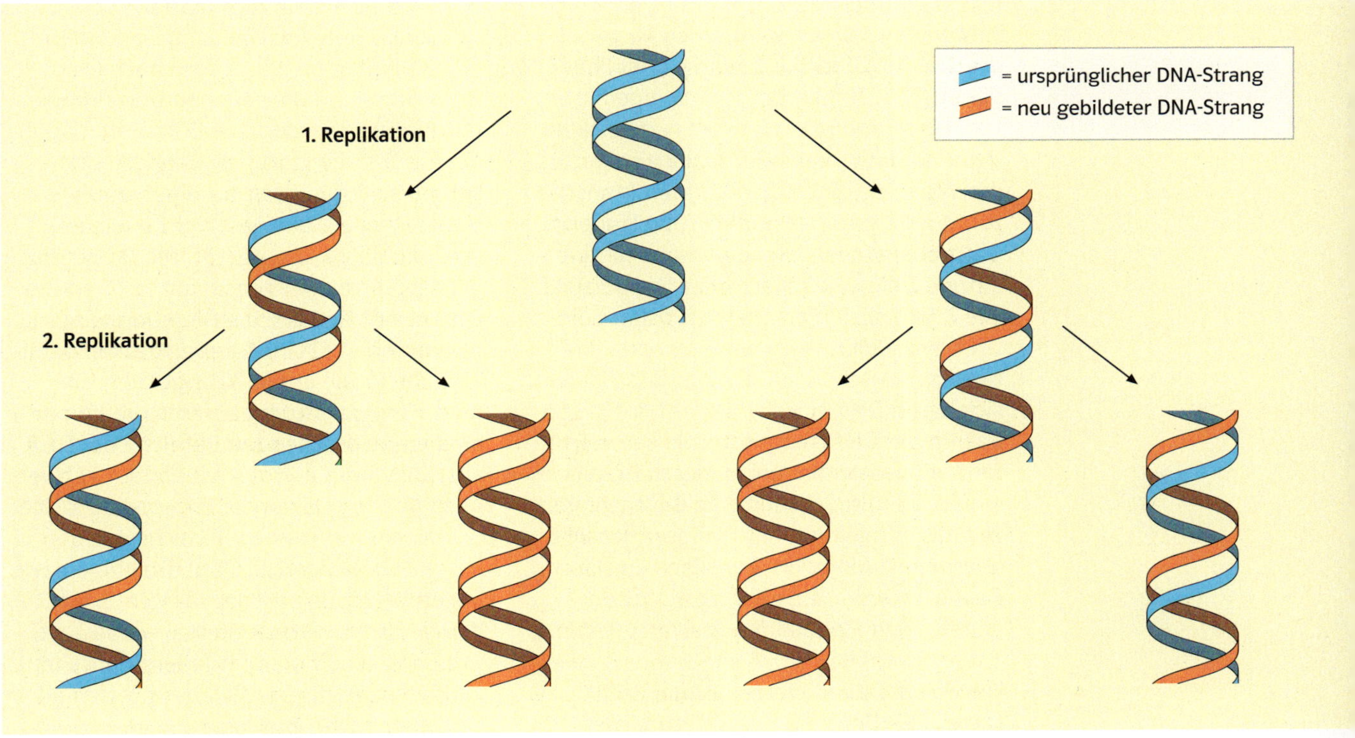

2 Modell des Replikationsmechanismus

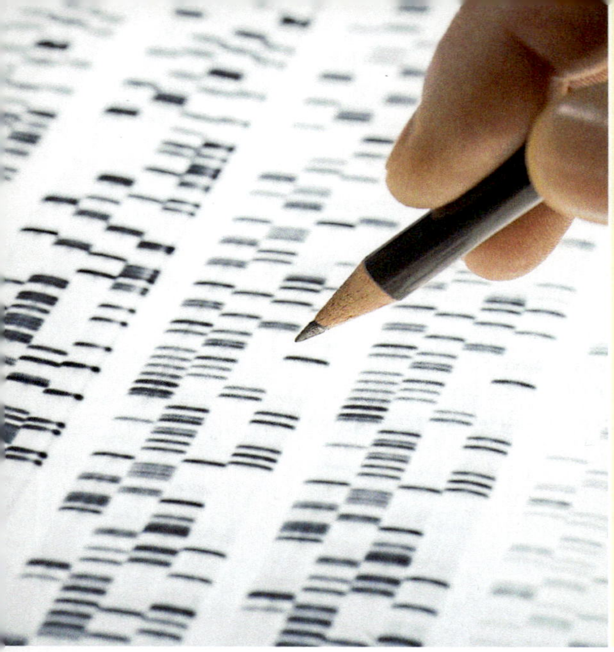

1 Realbild eines genetischen Fingerabdruckes

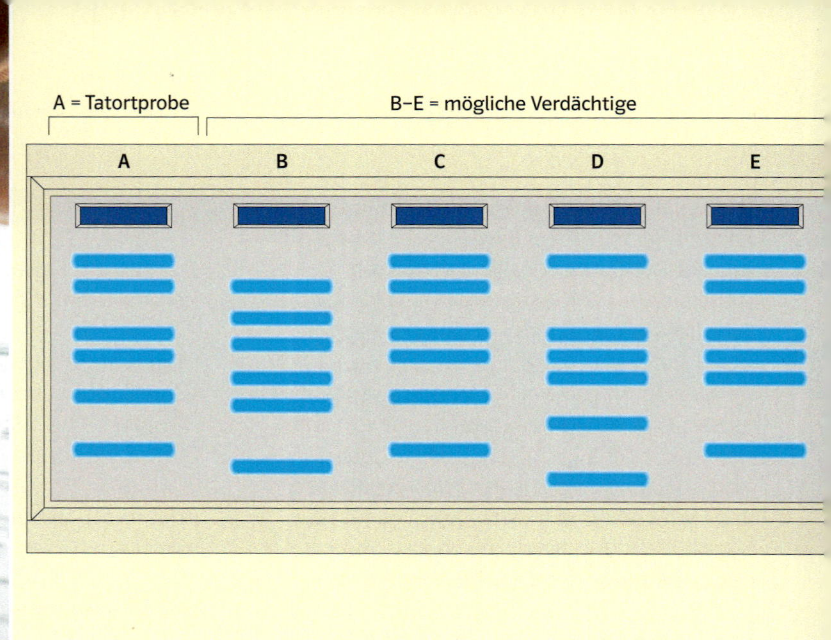

2 Verschiedene Bandenmuster im Vergleich

Der genetische Fingerabdruck

Egal ob im Fernseh-Krimi oder in den Nachrichten: Immer wieder hört man, dass ein Täter durch seinen **genetischen Fingerabdruck** (▻ B 1) überführt wurde. Dabei hat ein genetischer Fingerabdruck mit einem echtem Fingerabdruck nur eines gemeinsam: Beide sind für jeden Menschen einzigartig, man kann sie einem bestimmten Menschen zuordnen. Um einen genetischen Fingerabdruck zu erstellen, benötigt man nur eine einzige Zelle eines Menschen. Denn nahezu alle Zellen enthalten die Erbsubstanz, die DNA (► S. 12/13). Auch wenn es etwa 8 Milliarden Menschen auf der Welt gibt, gleicht sich deren DNA in vielen Bereichen. Es gibt aber in der DNA Abschnitte, die keine Erbinformationen enthalten. In diesen Bereichen wiederholen sich bestimmte **Basensequenzen**. Die Länge und Anzahl dieser Basensequenzen ist für jeden Menschen einzigartig. Deshalb werden sie genutzt, um einen genetischen Fingerabdruck zu erstellen.

Die Polymerase-Kettenreaktion (PCR)

Diese DNA-Bereiche müssen zunächst vervielfältigt werden. Dafür verwendet man die **Polymerase-Kettenreaktion**, kurz **PCR** (▻ B 3). Hierfür gibt man zur DNA-Probe spezielle Enzyme, unter anderem eine **Polymerase**. Es müssen auch freie Nucleotide und die sogenannten **Primer** hinzugefügt werden. Die Primer markieren die für uns einzigartigen Bereiche und sorgen so dafür, dass nur diese vervielfältigt werden. Das geschieht in einem speziellen PCR-Laborgerät: Die Probe mit allen Zusätzen wird darin auf 95 °C erhitzt. Dadurch öffnet sich die DNA-Doppelhelix, es entstehen Einzelstränge. Anschließend wird die Probe auf 52 °C abgekühlt. Bei dieser Temperatur lagern sich die Primer an die entsprechenden Bereiche der DNA an. Nun wird die Probe wieder auf 72 °C erhitzt. Jetzt ergänzen die Enzyme die durch die Primer markierten Bereiche mit den freien Nucleotiden zu Doppelsträngen, wie bei der Verdopplung der DNA. (► S. 16/17). Dieser Zyklus wird ca. 30-mal wiederholt. Am Ende erhält man für jeden Menschen einen einzigartigen Mix aus unterschiedlich langen DNA-Stücken.

Die Gelelektrophorese

Um die DNA sichtbar zu machen, trennt man sie mit einer **Gelelektrophorese** auf. Hierfür wird die Probe mit einem Farbstoff versetzt und in ein Gel gegeben. Legt man daran nun eine Gleichspannung an, werden die DNA-Bruchstücke durch das Gel gezogen. Es wirkt ähnlich wie ein Sieb. Je kürzer die Bruchstücke sind, desto schneller wandern sie durch das Gel. Schaltet man den Strom ab, findet man die längeren Bruchstücke näher am Startpunkt, die kürzeren weiter entfernt.

Da die DNA-Proben verschiedener Menschen unterschiedlich lange DNA-Stücke enthalten, wandern diese auch im Gel unterschiedlich weit. So entsteht für jeden Menschen ein typisches **Bandenmuster**, der genetische Finergabdruck (▻ B 2). Dieses kann nun mit anderen Bandenmustern verglichen werden. Stimmt z. B. das Bandenmuster einer am Tatort gefundenen Zelle mit dem eines Verdächtigen überein, stammt die Probe von ihm.

Mithilfe eines genetischen Fingerabdrucks kann man DNA-Spuren vergleichen. Hierfür nutzt man bestimmte Bereiche der DNA. Diese werden bei der PCR vervielfältigt und mithilfe der Gelelektrophorese getrennt und sichtbar gemacht.

AUFGABEN

1 Nenne die „Zutaten", um bei der Polymerase-Kettenreaktion die DNA zu vervielfältigen.

2 Erläutere, warum bei der Gelelektrophorese kurze DNA-Stücke schneller wandern können.

3 Betrachte Bild 4. Begründe unter Einbezug der PCR und der Gelektrophorese, ob das Blut vom Tatort vom Verdächtigen stammt.

4 Bild 2 zeigt verschiedene Bandenmuster. Probe A stammt vom Tatort.
a) Begründe, mit welcher Probe die Tatortprobe übereinstimmt.
b) Mithilfe eines genetischen Fingerabdruckes kann man auch Verwandtschaftsbeziehungen aufdecken. Erläutere das am Beispiel der Proben C bis E.

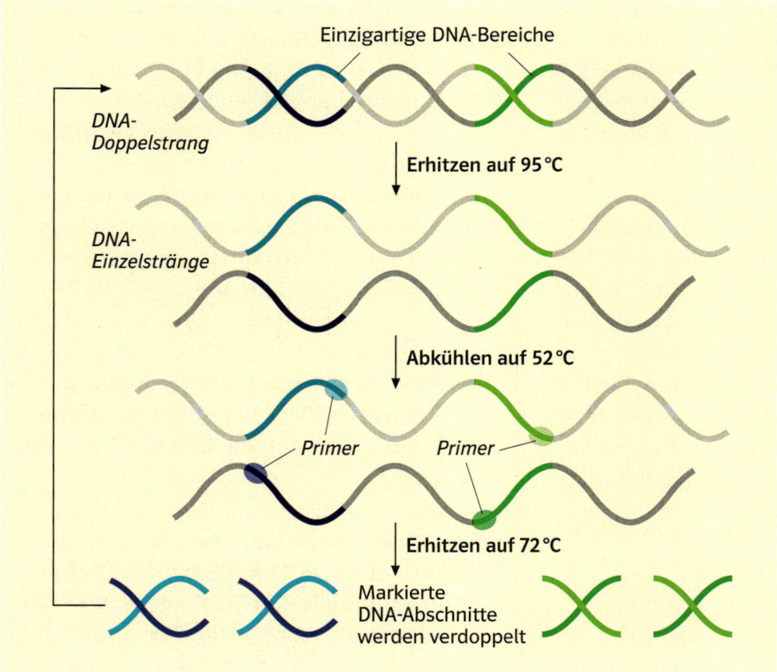

3 Polymerase-Kettenreaktion

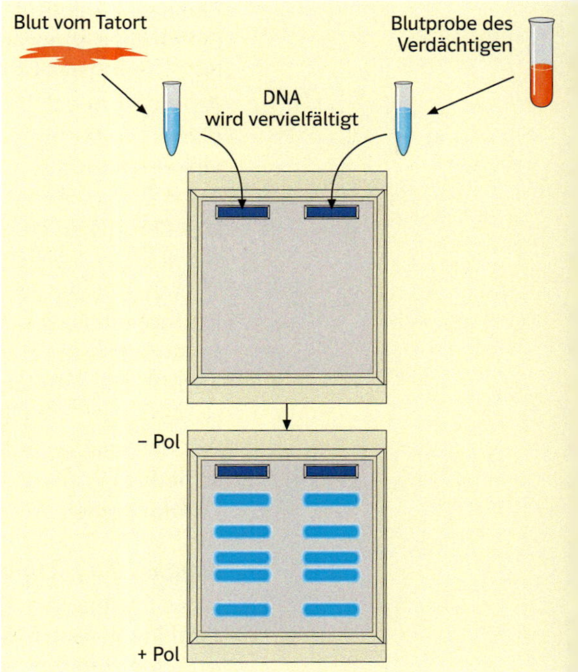

4 Erstellen eines genetischen Fingerabdruckes

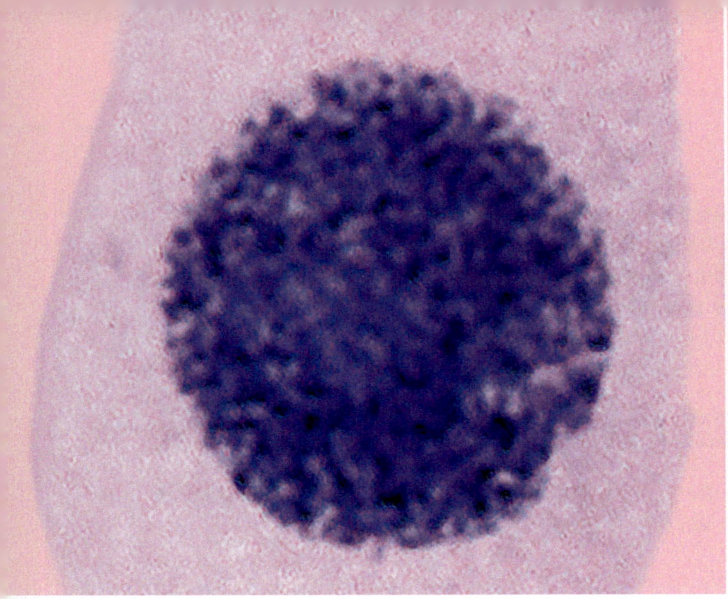

1 Chromatin: Arbeitsform

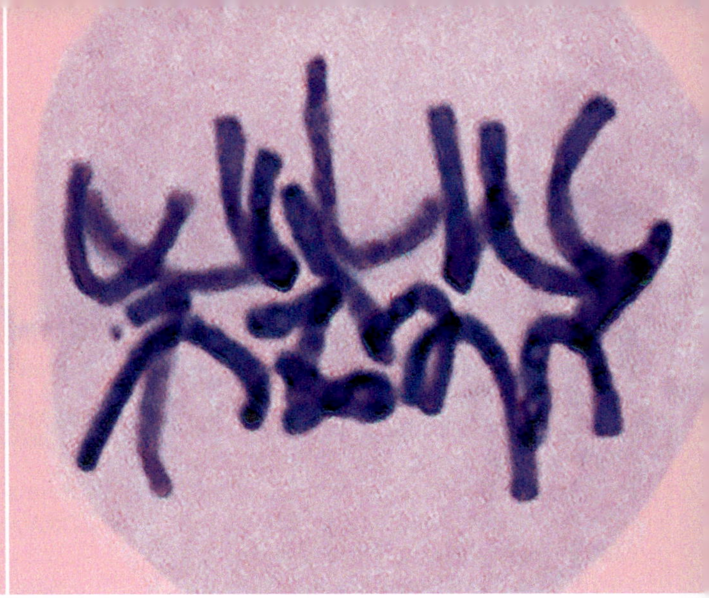

2 Chromosomen: Transportform

Chromosomen und Karyogramm

Vergleichst du die beiden Fotos der Zellen in Bild 1 und 2, fallen dir vermutlich sofort die Unterschiede auf. Meistens sieht man im Zellkern ein dichtes Knäuel von Chromatin wie in Bild 1. Die Zelle arbeitet: Es laufen z.B. verschiedene Stoffwechsel- und Entwicklungsvorgänge ab. Deswegen bezeichnet man das Chromatin auch als **Arbeitsform** der DNA. In einer menschlichen Zelle findet man in dieser Phase 46 einzelne Chromatinfäden.

Das Chromatin wird zu Chromosomen

Bevor sich eine Zelle teilen kann, muss die DNA verdoppelt werden (► S.16). Damit verdoppelt sich auch die Anzahl der Chromatinfäden. Die zueinander identischen Kopien sind miteinander verbunden. Kurz vor Beginn einer Zellteilung verdichtet sich das Chromatin. Jetzt erkennt man unterschiedlich große, X-förmige Strukturen: die **Chromosomen** (▻ B 2).

Feinbau eines Chromosoms

Jedes Chromosom (▻ B 3) besteht aus zwei identischen **Chromatiden**. Die Chromatiden sind am **Centromer** miteinander verbunden. Nur in dieser kompakten Form kann die DNA bei einer Zellteilung gleichmäßig auf die zwei neu entstehenden Zellen verteilt werden (► S.26/27). Daher bezeichnet man die Chromosomen als die **Transportform** der DNA. Hat sich die Zelle geteilt, gehen die Chromosomen wieder in die Arbeitsform über.

Ein Karyogramm bringt Klarheit

Da die Chromosomen mit dem Lichtmikroskop gut zu erkennen sind, kann man sie mit relativ einfachen Mitteln betrachten. Hierfür wird der Vorgang der Zellteilung unterbrochen, das Präparat angefärbt und eine digitale Aufnahme erstellt. Ein Computerprogramm sortiert die einzelnen Chromosomen u.a. nach ihrer Größe und der Lage des Centromers. So entsteht ein geordnetes Bild aller Chromosomen einer Zelle, ein sogenanntes **Karyogramm** (▻ B 4).

Das Karyogramm einer menschlichen Körperzelle zeigt 46 Chromosomen. 44 dieser Chromosomen sind sowohl in männlichen als auch weiblichen Zellen vorhanden. Diese „Körperchromosomen" werden auch als **Autosomen** bezeichnet (▻ B 4). Vergleicht man sie miteinander, fällt auf, dass sich jeweils zwei Autosomen sehr stark ähneln. Diese werden im Karyogramm zu 22 Paaren zusammengefasst. Ein solches Paar bezeichnet man als **homologe Chromosomen**. Neben den so gebildeten Paaren bleiben zwei Chromosomen übrig. Das sind die Geschlechtschromosomen, auch **Gonosomen** genannt. Frauen besitzen zwei relativ große X-Chromosomen. Männer nur ein X- Chromosom und ein kleines Y-Chromosom (⊳ B 4). Somit lässt sich das Geschlecht eines Lebewesens an einem Karyogramm ablesen. Alle Lebewesen derselben Art haben die gleiche Anzahl an Chromosomen. Darum können anhand eines Karyogramms zumindest Rückschlüsse auf die Art gezogen werden. Konkret lässt sich eine Art aber nicht mit einem Karyogramm bestimmen.

Da in Körperzellen die Chromosomen doppelt vorkommen, spricht man von einem doppelten oder **diploiden Chromosomensatz** (2 n = 46). Die Keimzellen, also Spermien und Eizellen, enthalten dagegen nur einen einfachen, **haploiden Chromosomensatz** mit 23 Chromosomen (n = 23).

Das Chromatin ist die Arbeitsform der DNA. Die Chromosomen werden als Transportform bezeichnet. Ein Chromosom besteht aus zwei identischen Chromatiden. Eine menschliche Körperzelle enthält 23 homologe Chromosomenpaare.

AUFGABEN

1 Erstelle die Skizze eines Chromosoms in dein Heft und beschrifte sie.

2 Ordne den Bildern 1 und 2 folgende Begriffe sinnvoll zu: Chromatin, Chromosomen, Arbeitsform und Transportform.

3 a) Erstelle – ausgehend von einem Chromatinfaden – eine Zeichnung, die die Entstehung eines Chromosoms darstellt.
b) Berechne, wieviele Chromatinfäden eine menschliche Körperzelle nach der Verdopplung der DNA enthält.
c) Erläutere mithilfe deiner Zeichnung die Aussage: „Ein Chromosom besteht aus zwei identischen Chromatiden."

4 Erläutere, warum ein Karyogramm nur während der Zellteilung erstellt werden kann.

5 Die Körperzelle eines Schweins enthält 38 Chromosomen. Begründe, wieviele Chromosomen man in einer Keimzelle des Schweins findet.

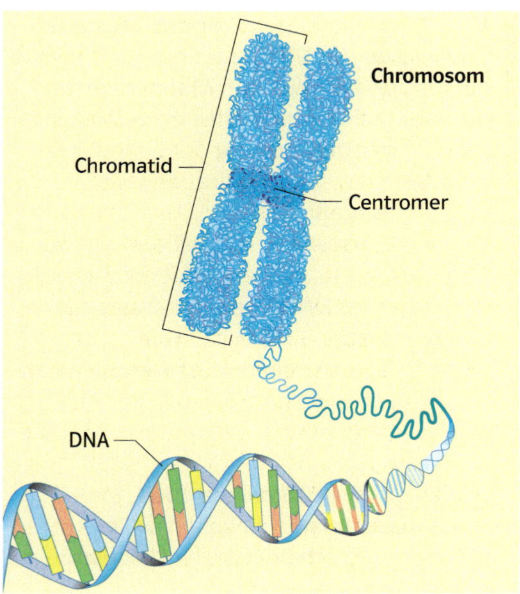

3 Feinbau eines Chromosoms

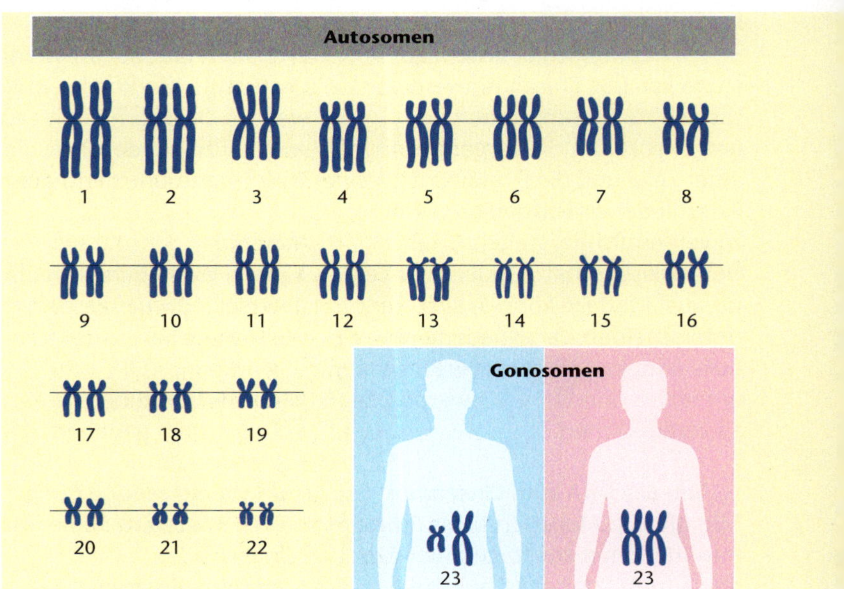

4 Karyogramm

DNA, Chromatin und Chromosomen

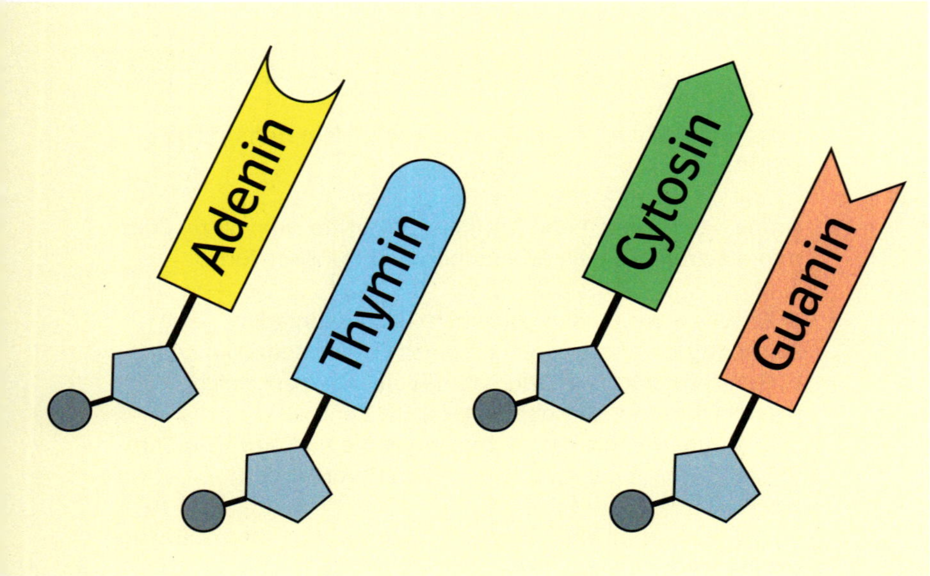

1 Nucleotide

Die DNA ist die Erbsubstanz aller Lebewesen und enthält die Erbinformation. In unseren Zellen kommt sie zu unterschiedlichen Zeiten in unterschiedlichem Zustand vor. Das Chromatin verdichtet sich zu Chromosomen und umgekehrt. Um die Vorgänge in einer Zelle und die Funktion der verschiedenen Formen der DNA zu verdeutlichen, stehen in der Naturwissenschaft Modelle zur Verfügung. Modelle können sich stark unterscheiden. Verschiedene Modelle können verwendet werden, um unterschiedliche Schwerpunkte zu verdeutlichen.

1 Von der DNA zum Chromatin

Mithilfe von Modellen sollst du die Informationen aus folgendem Text deinem Mitschüler veranschaulichen:

„Das Chromatin besteht aus Proteinen und DNA. Die DNA ist dicht um die Proteine gewickelt. Einzelne Abschnitte der DNA, die Gene, enthalten die „Bauanleitungen" für bestimmte Merkmale eines Lebewesens. Dazwischen gibt es auch Abschnitte auf der DNA, die keine Erbinformationen enthalten."

Material

4 graue Wollfäden, 3 Wollfäden unterschiedlicher Farben, mehrere Gummibärchen

Versuchsanleitung

a) Ordne dem gegebenen Material Folgendes zu:
- drei verschiedene Gene,
- DNA-Abschnitte ohne Erbinformation,
- Proteine (Histone)

b) Fertige daraus im ersten Schritt einen DNA-Faden aus mehreren Genen und Abschnitten ohne Erbinformation. Im zweiten Schritt einen vollständigen Chromatinfaden.

Aufgaben

1. Erläutere mithilfe des fertigen Modells, weshalb die DNA in unseren Zellen als Chromatin vorkommt.

2 3-D-Modell der DNA

Material

2 blaue, 1 lila Pfeifenreiniger (30 cm), verschiedene Perlen mit Loch: 12 schwarze, 12 graue, 3 gelbe, 3 blaue, 3 rote und 3 grüne, Schere

Versuchsanleitung

a) Zerschneide den lila Pfeifenreiniger in jeweils 5 cm lange Stücke.
b) Öffne das Buch auf S. 12/13. Ordne die Materialien den Bestandteilen der DNA zu.
c) Baue aus den Materialien ein räumliches Modell eines DNA-Doppelstranges.

Aufgaben

1. Erstelle eine Tabelle, in der du die Materialien den Bestandteilen eines DNA-Doppelstranges zuordnest.
2. Beschreibe die Unterschiede zwischen deinem Modell, der Abbildung auf S. 12/13 und der Realität.

3 2-D-Modell der DNA

Material

Mehrere Kopien der Nucleotide aus ▻ B 1, Schere

Versuchsanleitung
a) Schneide die kopierten Nucleotide aus.
b) Erstelle aus ihnen zunächst einen DNA-Einzelstrang.
c) Ergänze den DNA-Einzelstrang zu einem Doppelstrang.

Aufgaben
1. Vergleiche dein 2-D-Modell der DNA mit dem 3-D-Modell aus Versuch 2. Beschreibe Stärken und Schwächen der beiden Modelle.
2. Beschreibe Eigenschaften der DNA, die du mit dem 2-D-Modell darstellen kannst.

4 Ein Chromosomenmodell bauen

Material
ca. 2 Meter Basteldraht, 1 großer Druckknopf, Bleistift, Papier, Schere

Versuchsanleitung
a) Schneide vom Draht vier ca. 50 cm lange Stücke ab.
b) Verbinde je zwei dieser Drahtstücke mit einem Teil des Druckknopfes.
c) Wickle die Drahtstücke um den Bleistift auf, sodass du Spiralen erhältst.
d) Drücke die beiden Teile des Druckknopfes zusammen.

Aufgaben
1. Ordne die einzelnen Teile deines Chromosomenmodells der Wirklichkeit zu.
2. Bild 2 zeigt dir das Vorgehen:
a) Ordne den einzelnen Abbildungen die Begriffe Arbeitsform und Transportform zu.
b) Vergleiche die Vorgänge in einer lebenden Zelle (► S. 24) mit deinem Vorgehen beim Bau des Modells. Erkläre deren Bedeutung für eine Zelle.

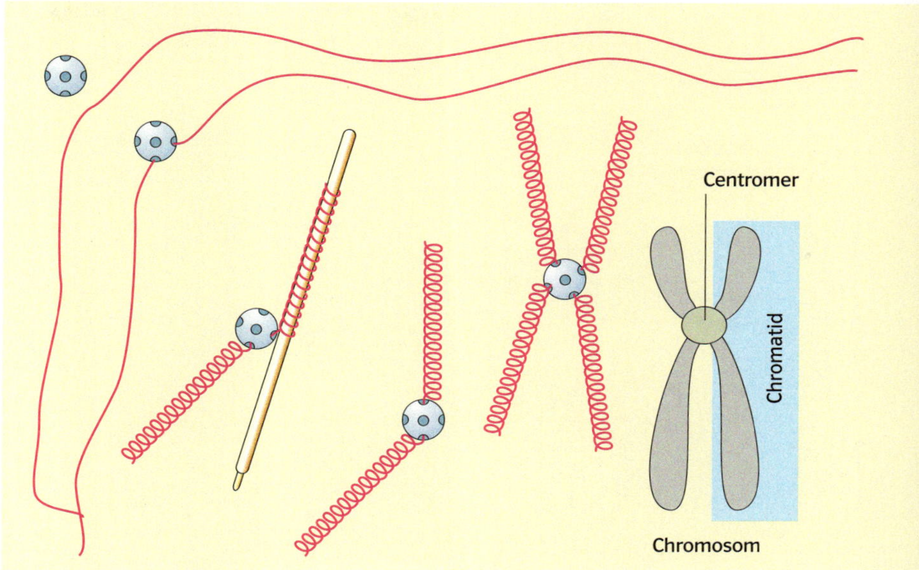

2 Chromosomenmodell

c) Erkläre, welche Bestandteile des Chromatins und eines Chromosoms in deinem Modell nicht berücksichtigt werden.

5 Chromosomenmodelle vergleichen

Möchte man den Aufbau einer Zelle verdeutlichen, greift man zu einem Anschauungsmodell. Um allerdings bestimmte Vorgänge in einer Zelle zu zeigen, benötigt man ein Funktionsmodell.

Material
Geschenkband, 4 Pfeifenputzer, 3 Stoffkugeln, Wäscheklammer, Papier, Schere, Wollfäden, Lakritzschlangen

Versuchsanleitung
Erstelle mit den dir zur Verfügung stehenden Materialien verschiedene Modelle. Sie sollen folgende Vorrausetzungen erfüllen:
Dein Modell zeigt ...
a) ausschließlich ein Chromosom,
b) ein Chromosom, bestehend aus zwei identischen Chromatiden,
c) ein Chromosom, bestehend aus zwei identischen Chromatiden, die durch ein Centromer miteinander verbunden sind,
d) einen Chromatinfaden.

Aufgaben
1. Bewerte die Aussagekraft deiner Modelle und vergleiche mit der Wirklichkeit.
2. Ordne deine Modelle den Begriffen Strukturmodell und Funktionsmodell zu.

AUFGABEN

1 Nenne allgemeine Unterschiede zwischen einem Modell und dem Original.

2 Erkläre, wofür man in der Naturwissenschaft Modelle verwendet.

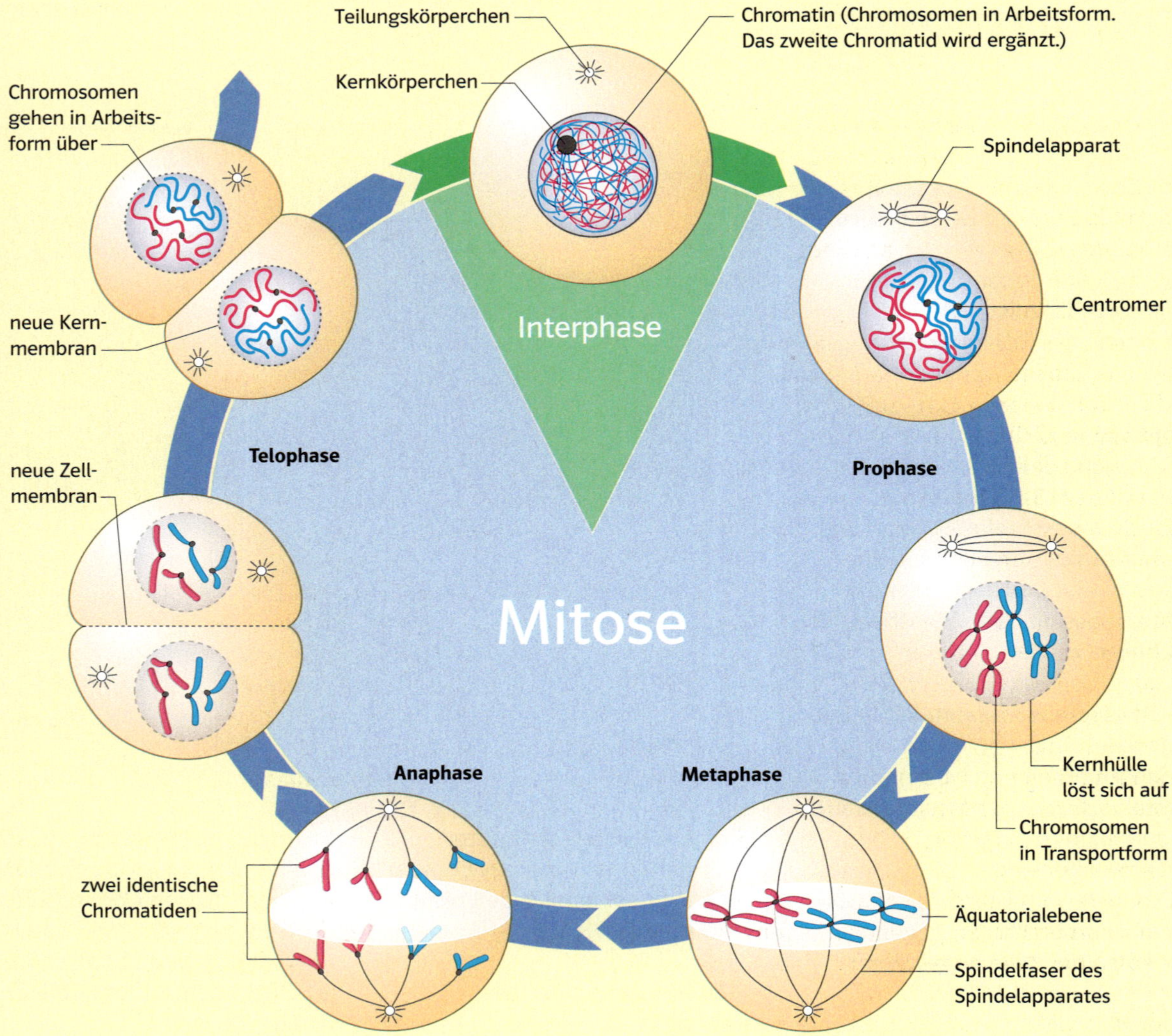

1 Die verschiedenen Phasen der Mitose

Die Mitose

Neue Zellen werden gebildet

Im Körper werden ständig neue Zellen gebildet. Sie werden zum Wachstum, zur Reparatur von Verletzungen oder als Ersatz für alte, abgestorbene Zellen benötigt. Sie alle gehen durch **Zellteilungen** aus vorhandenen Zellen hervor. Mit jeder Teilung steigt das Risiko von Schäden an der DNA. Deshalb sterben nicht mehr funktionstüchtige Zellen gezielt ab. Alle teilungsfähigen Zellen durchlaufen einen Kreislauf aus Arbeits- und Teilungsphasen, den **Zellzyklus**. Die Zeit, in der die Zelle wächst und arbeitet, nennt man **Interphase** (▻ B 2). Während dieser Zeit findet auch die Verdopplung der DNA statt (► S. 16/17). Am Ende der Interphase liegt die DNA doppelt im Zellkern vor. Nun stellt die Zelle ihre Arbeit ein und bereitet sich auf die Zellteilung vor. Damit jede der beiden Tochterzellen eine Kopie des Erbguts erhält, kommt es vor jeder Zellteilung zu einer **Kernteilung**. Diese nennt man **Mitose**.

Ablauf der Mitose

Die Mitose gliedert sich in vier Phasen: Die **Prophase**, die **Metaphase**, die **Anaphase** und die **Telophase** (▷ B 1). Zu Beginn der **Prophase** verdichtet sich das Chromatin im Zellkern zur Transportform (► S. 20/21). Man erkennt die Chromosomen mit jeweils zwei identischen Chromatiden. Die Kernmembran löst sich auf.

Später muss die Zelle die DNA gleichmäßig auf beide Tochterzellen verteilen. Dabei ist das **Teilungskörperchen** beteiligt. In der Prophase verdoppelt es sich. Zwischen den beiden Teilungskörperchen bilden sich feine Proteinfasern, der **Spindelapparat** entsteht. Die Spindelfasern verlängern sich, wodurch die Teilungskörperchen auseinander gedrückt werden. Der Spindelapparat hat seine volle Größe erreicht, wenn die Teilungskörperchen an gegenüberliegenden **Polen** der Zelle angekommen sind.

In der **Metaphase** binden einzelne Spindelfasern an die Chromosomen und drücken sie in die Zellmitte, die **Äquatorialebene**.

In der **Anaphase** werden die Chromosomen am Centromer getrennt. Beide Chromatiden eines Chromosoms enthalten exakt die gleichen Gene. Jeweils ein Chromatid bewegt sich nun entlang der Spindelfaser, an der es haftet, in Richtung der beiden Zellpole. An beiden Zellpolen befindet sich nun jeweils das vollständige Erbmaterial.

Den Abschluss der Kernteilung bildet die **Telophase**. Der Spindelapparat löst sich auf. Um jeden neuen Kern bildet sich eine Membran, die Chromatiden entspiralisieren sich und die DNA liegt wieder in der Arbeitsform vor. In der Äquatorialebene

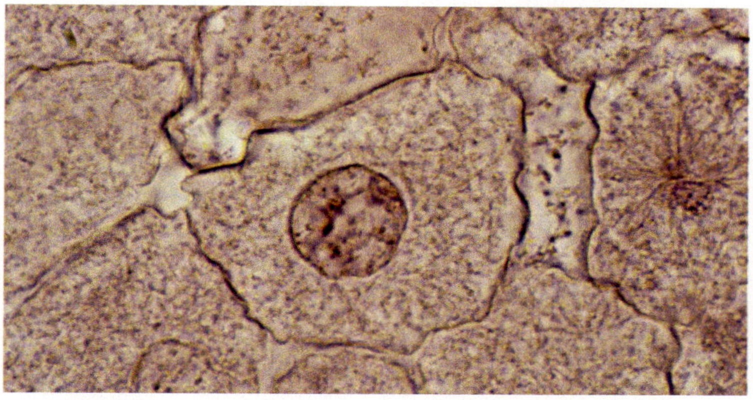

2 Chromatin im Zellkern während der Interphase

bildet sich eine neue Zellmembran. Die Zellteilung ist abgeschlossen. Es sind zwei genetisch identische Zellen entstanden. Beide besitzen den gleichen Chromosomensatz, d. h. dieselbe Erbinformation wie die Zelle, aus der sie entstanden sind. Nun geht die Zelle wieder in die **Interphase** über und der Zellzyklus beginnt erneut. (► System, S. 138/139)

Die Mitose ist die Kernteilung. Auf die Kernteilung folgt die Zellteilung. Das Ergebnis der Mitose sind zwei genetisch identische Tochterzellen.

AUFGABEN

1 Nenne die zwei Abschnitte, in die das Leben einer Zelle gegliedert ist.

2 Nenne die Aufgabe des Teilungskörperchens.

3 Beschreibe die Notwendigkeit von Zellteilungen in unserem Körper.

4 Erstelle ein Flussdiagramm, das die wesentlichen Schritte der Mitose darstellt.

5 Embryos haben Bindegewebe zwischen den Fingern, das während der weiteren Entwicklung verschwindet.
a) Erkläre das „Verschwinden" des Gewebes auf Zellebene.
b) Schlussfolgere die Funktion der Zellvorgänge an diesem Beispiel.

Die Meiose

Warum sind Keimzellen haploid?

Ein vollständiger, diploider Chromosomensatz des Menschen besteht aus 46 Chromosomen (► S. 20/21). Bei der Befruchtung verschmelzen die **Keimzellen** von Mann und Frau zur **Zygote**, aus der neues Leben entsteht. Dieser „neue" Mensch hat wieder 46 Chromosomen. Wären die Keimzellen ebenfalls diploid, würde sich die Chromosomenzahl von Generation zu Generation verdoppeln. Die Keimzellen haben entsprechend nur einen einfachen Chromosomensatz, sie sind **haploid**.

Damit die haploiden Keimzellen entstehen können, findet ein spezieller Teilungsmechanismus statt: die **Meiose** (▷ B 1). (► Entwicklung, S. 146/147)

Reduktionsteilung und Reifeteilung

Die Meiose besteht aus zwei Teilungsschritten, der **1.** und der **2. Reifeteilung**. In der 1. Reifeteilung findet die Halbierung des doppelten Chromosomensatzes statt. Deshalb nennt man diesen Vorgang auch **Reduktionsteilung**. Die 2. Reifeteilung läuft ähnlich wie eine Mitose ab (► S. 24/25).

Genetische Vielfalt

Manche Geschwister ähneln sich sehr, andere weniger. Solche genetischen Unterschiede entstehen hauptsächlich durch Vorgänge während der Meiose.

1. In der ersten Phase der Meiose lagern sich die homologen Chromosomen paarweise zusammen. Aus jedem Paar bewegt sich anschließend ein Chromosom zu einem, das andere Chromosom zum anderen Pol. Dabei ist die Verteilung der Chromosomen rein zufällig. Entsprechend werden auch die Erbanlagen von Mutter und Vater ganz zufällig gemischt. Für die 23 Chromosomenpaare bzw. 46 Chromosomen

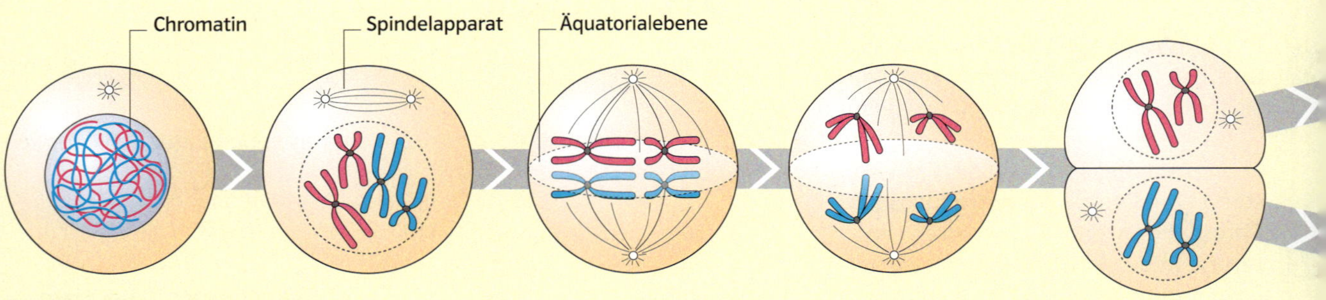

Meiose

	1. Reifeteilung (Reduktionsteilung)			
	Prophase I	**Metaphase I**	**Anaphase I**	**Telophase I**
Urkeimzelle im Hoden mit doppeltem (diploidem) Chromosomensatz	Das Chromatin nimmt die Transportform an. Die Kernmembran löst sich auf.	Die homologen Chromosomenpaare richten sich an der Äquatorialebene aus.	Die homologen Chromosomenpaare trennen sich.	Die Kernmembranen werden gebildet, und die Zelle teilt sich.

1 Ablauf Meiose

ergeben sich über acht Millionen mögliche Kombinationen.

2. Während der paarweisen Anordnung der Chromosomen können sich benachbarte Chromatiden überlappen und Abschnitte austauschen. Diesen Vorgang nennt man **Crossing-over** (▻ B 2). Es entstehen neu kombinierte Chromatiden, die genetisches Material von jedem Elternteil enthalten. Das Crossing-over erhöht also zusätzlich die genetische Vielfalt.
(► Biodiversität, S. 144/145)

Bildung von Spermien und Eizellen

Beim Mann entwickeln sich aus der **Urkeimzelle** vier gleichgroße Spermienzellen. Bei der Frau entsteht eine sehr große Zelle – die Eizelle – und dazu drei sehr kleine Zellen, die später absterben (► S. 29).

Die Funktion der Meiose liegt in der Reduktion des doppelten Chromosomensatzes und der Durchmischung des genetischen Materials.

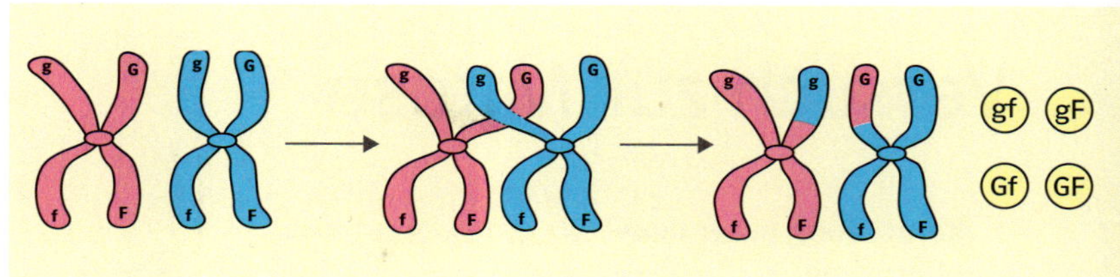

2 Crossing-Over

AUFGABEN

1 Erkläre, weshalb der doppelte Chromosomensatz halbiert werden muss.

2 Zähle zwei Faktoren für genetische Vielfalt auf.

3 Vergleiche die Meiose mit der Mitose in einer Darstellungsform deiner Wahl.

4 Fasse den Inhalt von Bild 2 in eigenen Worten zusammen.

5 a) Vergleiche eineiige und zweieiige Zwillinge hinsichtlich ihrer genetischen Ausstattung miteinander.
b) Beurteile dein Ergebnis in Bezug auf die Meiose.

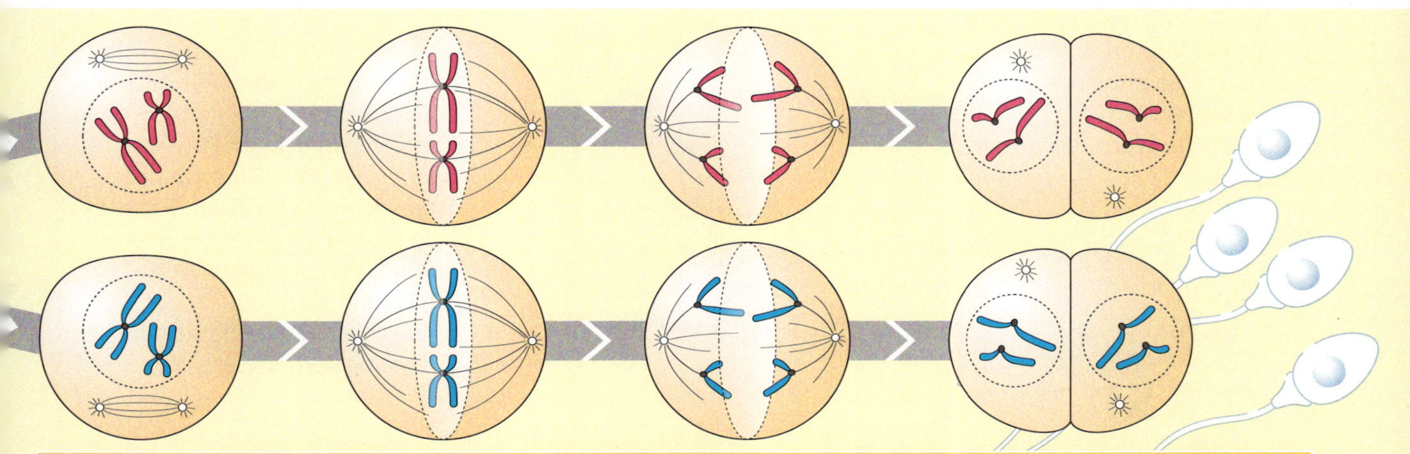

2. Reifeteilung			
Prophase II	**Metaphase II**	**Anaphase II**	**Telophase II**
Zwei Tochterzellen mit haploidem Chromosomensatz sind entstanden. Die Kernmembranen lösen sich auf.	Die Chromosomen werden an der Äquatorialebene ausgerichtet.	Die Chromatiden trennen sich voneinander.	Es entstehen insgesamt vier Tochterzellen. Sie verfügen über einen haploiden Chromosomensatz. Jedes Chromosom besteht nur noch aus einem Chromatid.

Versuch zur Mitose

1 Kernteilung unter dem Mikroskop

Material

Küchenzwiebel, Erlenmeyerkolben, Reagenzglas, Reagenzglasklammer, Gasbrenner, Eisessig (ätzend), Ethanol (92 Vol.-%), Karminessigsäure (ätzend), Zeichenpapier, stumpfer Gegenstand (z. B. Radiergummi), Schutzbrille

Versuchsanleitung

a) Setze die Zwiebel auf den mit Wasser gefüllten Erlenmeyerkolben. Stelle ihn 2–4 Tage ins Dunkle, bis sich kleine Wurzeln gebildet haben.

b) Schneide am frühen Morgen 1–2 mm der Wurzelspitze ab.

c) **Achtung!**
Dein Lehrer oder deine Lehrerin legt nun die Wurzelspitze mindestens für 30 Minuten zur Fixierung in ein kaltes Gemisch aus Ethanol und Eisessig (2:1).

d) Halbiere die Wurzelspitze der Länge nach.

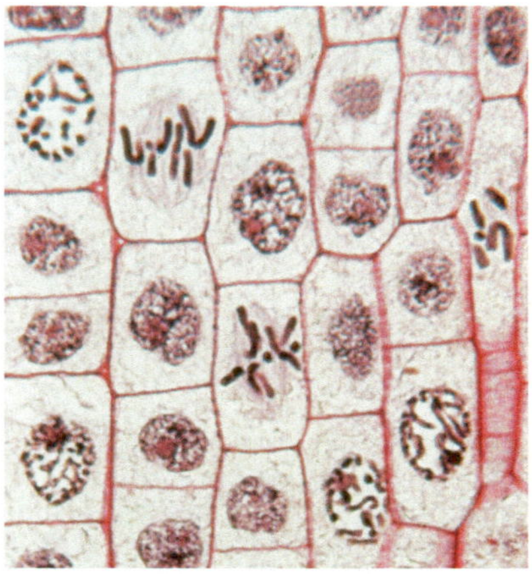

1 Zellen der Wurzelspitze (Zwiebel) in unterschiedlichen Mitosestadien

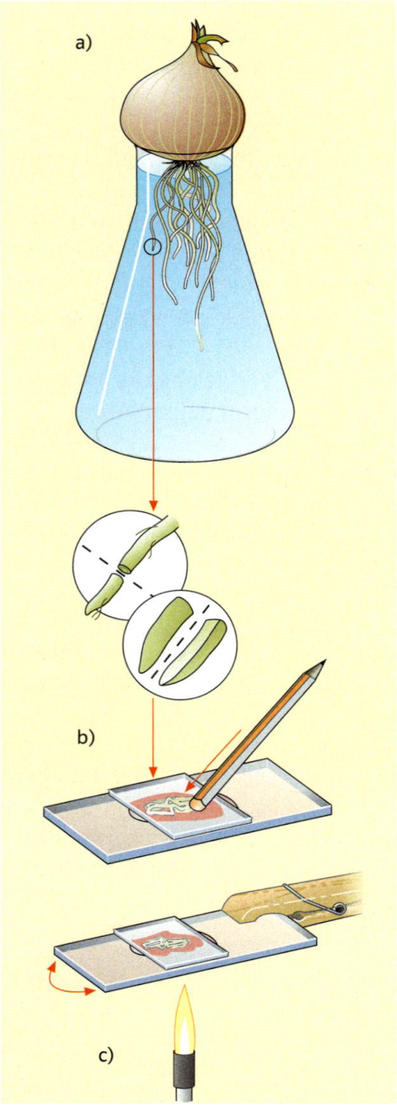

2 Färbung der Wurzelspitzen

e) Gib einen Tropfen Karminessigsäure auf einen Objektträger. Lege die Wurzelspitze in den Tropfen (⊳ B 2a).

f) Bringe anschließend ein Deckglas auf. Drücke vorsichtig mit einem stumpfen Gegenstand (z. B. Radiergummi) auf das Deckglas, bis die Wurzelspitzen zerquetscht sind. (⊳ B 2b).

g) Greife mit der Reagenzglasklammer den Objektträger und ziehe ihn durch die Gasbrennerflamme. Erhitze den Objektträger vorsichtig. Statt der Zwiebel kannst du auch keimende Bohnen verwenden.

Aufgaben

1. Im Präparat sind nun Zellen in verschiedenen Mitosestadien zu erkennen. Skizziere sie in der richtigen Reihenfolge in dein Heft und beschrifte mithilfe der Abbildung ⊳ B 24.1.

2. a) Vergleiche dein selbst hergestelltes Präparat mit Bild 1. Finde Gemeinsamkeiten und Unterschiede und nenne diese.
b) Suche nach eventuellen Fehlern bei der Versuchsdurchführung und deute diese.

3. a) Zähle in deinem Präparat oder in Bild 1 die Zellen in unterschiedlichen Zellstadien. Erstelle eine Tabelle nach dem Muster unten und trage deine Werte in die Tabelle ein.
b) Welches Stadium findest du am häufigsten? Erkläre dein Ergebnis.

Mitosestadium	Anzahl der Zellen
...	...
...	...

3 Tabelle zu Aufgabe 3a

Eisessig  Ethanol  Karminessigsäure 

Besonderheiten bei der Eizellenbildung

Die Bildung der Eizellen erfolgt in den weiblichen Keimdrüsen, den Eierstöcken.

Vermehrungsphase

Die Entwicklung der Eizellen beginnt bereits in der Embryonalzeit. Im Embryo entstehen Urkeimzellen. Diese vermehren sich während der ersten fünf Monate der Embryonalzeit enorm: Durch mitotische Teilungen (⊳ B 24.1) entstehen ein bis zwei Millionen Eimutterzellen.

Ruhephase

Die Eimutterzellen treten nach der Verdopplung ihres genetischen Materials in die Meiose ein (⊳ B 26.1). Noch haben die Zellen zwei Chromosomensätze und befinden sich im Anfangsstadium der Meiose. Nach der Geburt tritt eine Ruhephase ein, die bis zum Beginn der Pubertät anhält. Während dieser Zeit verringert sich die Anzahl der Eimutterzellen auf etwa 40 000.

Reifungsphase

Mit Beginn der Pubertät wird unter dem Einfluss von Hormonen der Hypophyse die Ruhephase beendet: In jedem Menstruationszyklus wird die unterbrochene 1. Reifeteilung für 10 bis 30 Eimutterzellen fortgesetzt. Meistens schafft es nur eine Eimutterzelle pro Zyklus zum Eisprung, der Rest verkümmert. Beim Eisprung liegt dann eine noch unreife Eizelle mit haploidem Chromosomensatz vor. Die 2. Reifeteilung erfolgt unmittelbar vor der Befruchtung. Durch ungleichmäßige Verteilung des Zellplasmas entstehen eine reife Eizelle und drei Polkörperchen (⊳ B 1). Diese sind funktionslos und werden meist sofort aufgelöst. Die reife Eizelle enthält nun Chromosomen, die nur aus einem Chromatid bestehen.

AUFGABEN

1 Sieh dir Bild 1 an. Beschreibe die Entstehung einer reifen Eizelle mit eigenen Worten.

2 Beim Menschen entstehen vergleichsweise wenige reife Eizellen und sehr viele Spermienzellen. Erkläre.

3 Die Lebensphase einer Frau, in der sie Kinder bekommen kann, dauert etwa vom 12. bis zum 50. Lebensjahr. Berechne, wie viele reife Eizellen im Leben einer Frau entstehen.

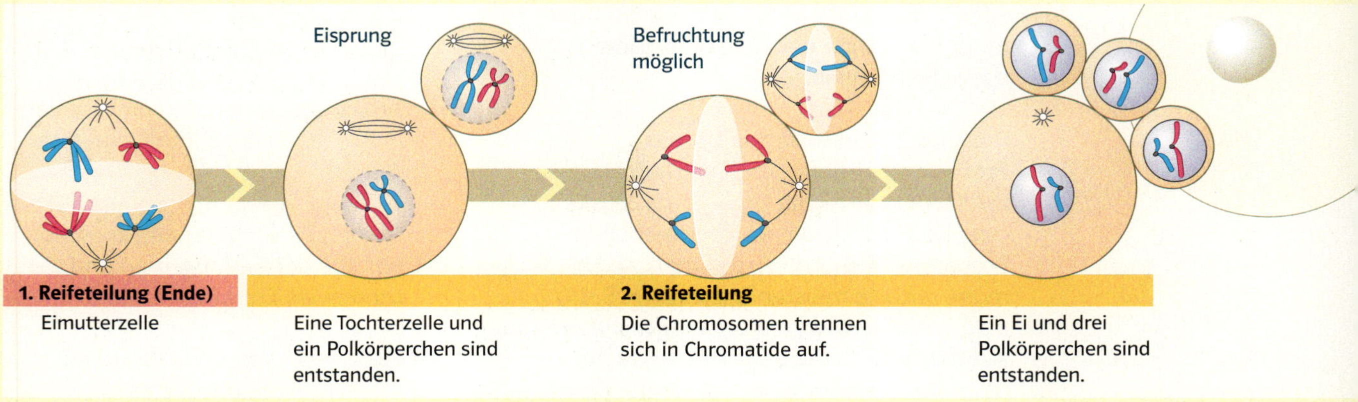

1 Entwicklung der Eizellen beim Menschen

Proteine – Bausteine des Lebens

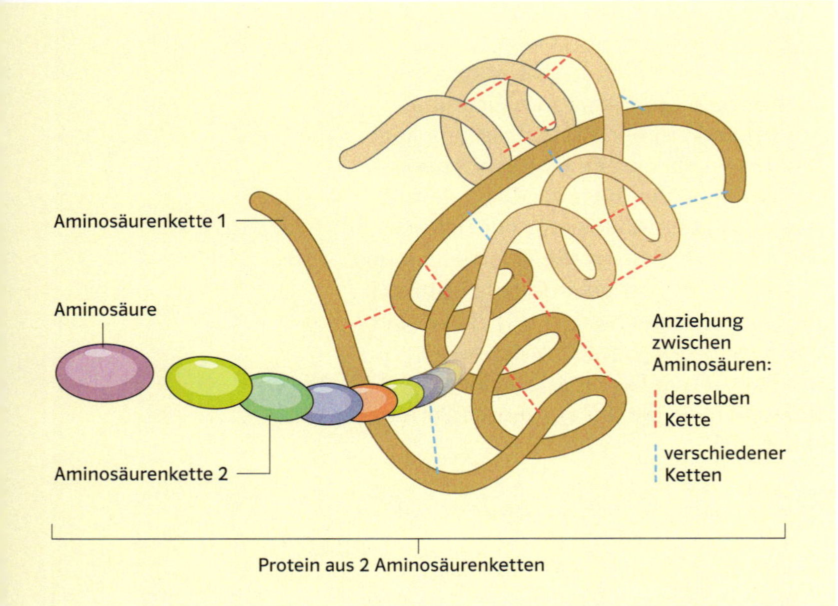

1 Raumstruktur eines Proteins

Wenn du deine Mitschülerinnen und Mitschüler betrachtest, fallen dir sofort einige Unterschiede auf, wie die Farbe ihrer Haare oder Augen. Wie kommt es zu diesen Unterschieden?

Jede Zelle enthält in ihrer DNA die Informationen für den Aufbau und die Funktionen des Körpers. Diese Informationen sind wie Bauanweisungen. Diese werden von der Zelle in Baustoffe umgesetzt, die Proteine. Je nach Funktion der Zelle produziert sie spezielle Proteine.

Proteine – Baustoffe des Lebens

Proteine sind maßgeblich am Aufbau unseres Körpers beteiligt. Organe wie Muskeln oder Haut bestehen aus verschiedenen Proteinen. Auch Antikörper, manche Hormone und die meisten Enzyme (► S. 15) sind Proteine. Merkmale, die nach außen sichtbar sind – wie die Farbe der Augen oder der Haare – werden von Proteinen bestimmt.

Aufbau von Proteinen

Proteine sind Riesenmoleküle. Sie bestehen aus langen Ketten von 100 bis zu über 1000 Bausteinen, den **Aminosäuren**. Im menschlichen Körper gibt es 20 verschiedene Aminosäuren. Diese werden in den Zellen zu langen Ketten verknüpft und können dabei beliebig kombiniert werden. Die Reihenfolge der Aminosäuren ist für jedes Protein individuell. Zusätzlich zur Bindung in der Kette ziehen sich einige Aminosäuren gegenseitig an. Die Kette verknäult sich ineinander und es entstehen bestimmte räumliche Strukturen (▷ B 1). Häufig bestehen Proteine auch aus mehreren **Aminosäurenketten**, die durch Anziehungskräfte zusammengehalten werden.

Die Struktur bestimmt die Funktion

Die räumliche Struktur eines Proteins entscheidet über seine Funktion. Schon eine einzige Aminosäure am „falschen" Platz kann eine Veränderung der räumlichen Struktur des Proteins bewirken. Solche „falschen" Proteine können ihre Funktion im Körper oft nicht mehr erfüllen.
(► Struktur und Funktion, S. 140/141)

Die DNA enthält die Bauanleitungen für Proteine. Proteine sind wichtige Baustoffe und steuern zahlreiche Vorgänge in unserem Körper.

AUFGABEN

1 Erstelle eine Liste mit den unterschiedlichen Aufgaben der Proteine in unserem Körper.

2 Erkläre den Zusammenhang zwischen der Abfolge der Aminosäuren und der Funktion eines Enzyms.

3 Erläutere, wie es zu der Vielzahl an Proteinen kommt, obwohl es nur 20 verschiedene Aminosäuren gibt.

Proteinbiosynthese: Transkription

Von der DNA zum Protein
Jedes Protein besteht aus einer bestimmten Anzahl und einer festgelegten Abfolge von Aminosäuren. In welcher Abfolge die Aminosäuren verknüpft werden, ist durch die Reihenfolge der Basen auf der DNA festgelegt. Den Vorgang der Proteinherstellung nennt man **Proteinbiosynthese**.

Eine Kopie wird erstellt
Der erste Schritt der Proteinbiosynthese findet im Zellkern statt. Denn zunächst muss eine Abschrift von einem Gen erstellt werden. Diesen Vorgang nennt man Transkription (▻ B 1). Sie läuft ähnlich ab wie die Verdopplung der DNA (► S. 8/9). Es entsteht aber kein zweiter DNA-Abschnitt, sondern eine **Ribonucleinsäure** (**RNA**, von engl. ribonucleid acid). Ihr Aufbau ähnelt dem der DNA, die RNA ist aber einzelsträngig. Außerdem enthält sie statt der Desoxyribose den Zucker **Ribose** und statt der Base Thymin die Base **Uracil**.

Bei allen Lebewesen wird die Erbinformation durch die Proteinbiosynthese umgesetzt. Bei der Transkription wird eine Abschrift der DNA erstellt.

AUFGABEN

1 Beschreibe den Zusammenhang zwischen der Reihenfolge der Basen in einem Gen und der Zusammensetzung eines Proteins.

2 Formuliere die in Bild 1 dargestellten Schritte in deinem Heft aus.

3 Vergleiche den Aufbau der DNA und der RNA in einer Tabelle.

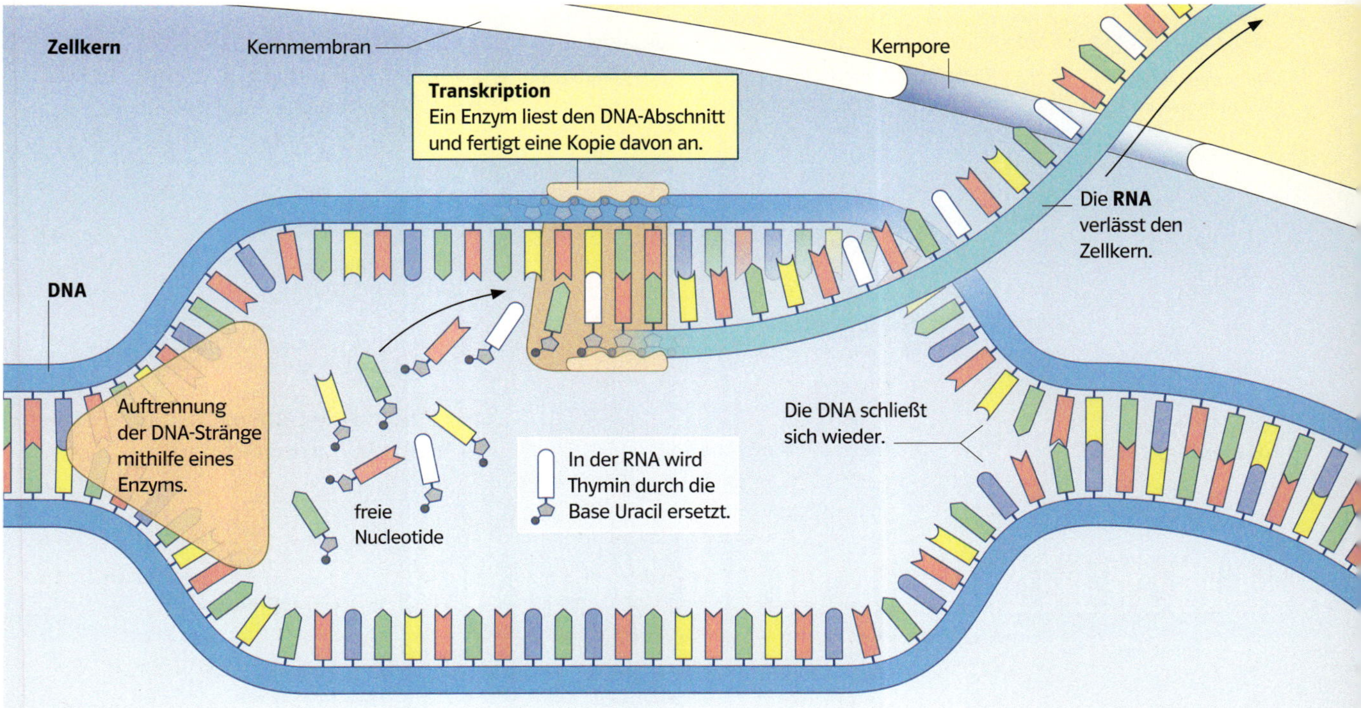

1 Transkription

Proteinbiosynthese: Translation

Die Kopie dient als Bote

Die RNA, die bei der Transkription entsteht, gelangt als „Bote" durch die Kernporen ins Zellplasma. Daher nennt man sie auch Boten-RNA oder **messenger-RNA**, kurz **mRNA**.

Die „Message" kommt an

Die mRNA transportiert die Anleitungen zur Herstellung eines bestimmten Proteins zu den Ribosomen. Dort wird die Information übersetzt. Diesen Vorgang nennt man **Translation** (▻ B 1). Hinter der Abfolge der vier verschiedenen Basen der mRNA verbirgt sich ein bestimmter Code, der **genetische Code**. Dabei stehen jeweils drei Basen für eine Aminosäure. Ähnlich, wie in E-Mails die drei Zeichen „:-)" für einen lächelnden Smiley stehen. Die Folge von drei Basen nennt man **Basentriplett**.

Die Bausteine werden geliefert

Im Zellplasma befindet sich zudem die **transfer-RNA**, kurz **tRNA**. Sie hat die Aufgabe, die Basentripletts zu erkennen und die zugehörigen Aminosäuren zu den Ribosomen zu transportieren. Die tRNA-Moleküle im Zellplasma sind nicht alle gleich. Auf einer Seite des Moleküls ragen drei Basen heraus. Sie dienen als Erkennungssequenz, denn sie binden an die entsprechenden komplementären Basen auf der mRNA. Auf der anderen Seite liegt eine Bindungsstelle für eine bestimmte Aminosäure. Für jedes Basentriplett gibt es also eine eigene tRNA. Die unterschiedlichen tRNA-Moleküle passen wie ein Schlüssel zum Schloss zu den entsprechenden Basentripletts der mRNA. So werden alle Aminosäuren an die richtige Stelle der mRNA transportiert.
(► Struktur und Funktion, S. 140/141)

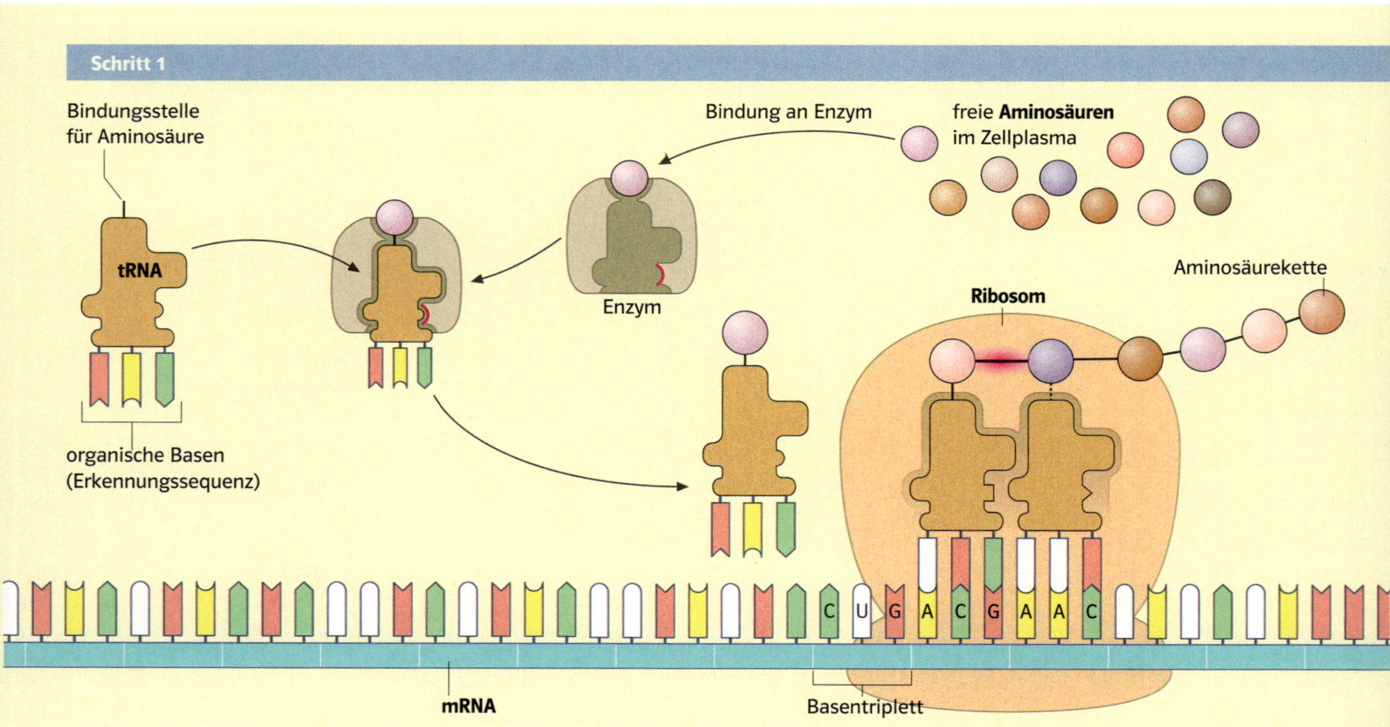

1 Vorgänge bei der Translation

Die Kette wächst

Die Ribosomen umschließen die mRNA und wandern darauf entlang. Jede tRNA erkennt ihr passendes Basentriplett, wenn es im Ribosom ankommt. Die tRNA bindet vorübergehend an die mRNA und gibt dann ihre Aminosäure ab. Diese wird im Ribosom an die Kette der bereits vorhandenen Aminosäuren angeknüpft. Anschließend rückt das Ribosom auf der mRNA eine Stelle weiter. Nun kann die nächste tRNA binden und ihre Aminosäure abgeben. Die leere tRNA verlässt das Ribosom und wird wieder mit einer Aminosäure beladen. Auf diese Weise entsteht nach und nach eine lange Aminosäurenkette. Sie verlässt das Ribosom und verknäult sich zu einem fertigen Protein.

Spezialisierte Zellen

Häufig wird eine große Anzahl eines speziellen Proteins benötigt. Aus diesem Grund wird eine mRNA von vielen Ribosomen gleichzeitig genutzt. Je nach Zelltyp werden unterschiedliche Gene für die Proteinbiosynthese abgeschrieben. Auf diese Weise können sich die Zellen auf bestimmte Aufgaben spezialisieren.

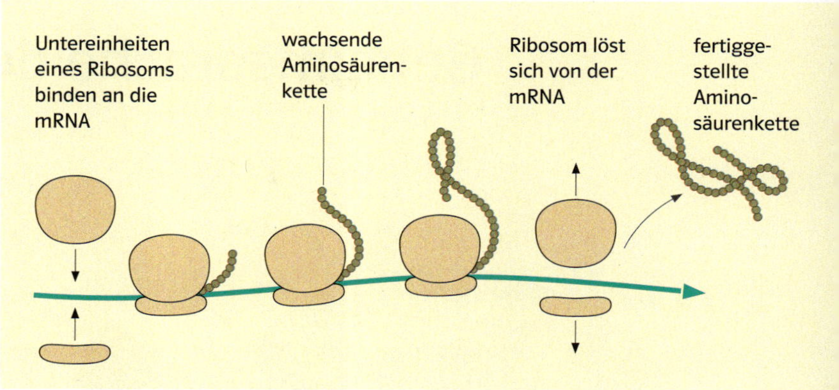

2 Eine mRNA kann von vielen Ribosomen gleichzeitig abgelesen werden.

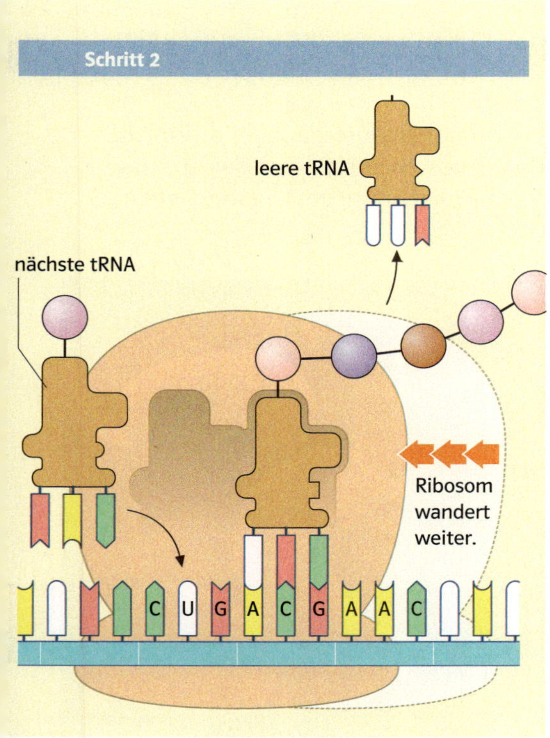

Die Abschrift der DNA, die mRNA, wird bei der Translation in eine Aminosäurenkette übersetzt. Die tRNA hat dabei die Aufgabe, die Basentripletts zu erkennen und die zugehörigen Aminosäuren zu den Ribosomen zu transportieren.

AUFGABEN

1 Beschreibe einem Mitschüler die Vorgänge der Translation mithilfe von Bild 1.

2 Erkläre, was man unter dem „genetischen Code" versteht.

3 Erstelle eine Tabelle in dein Heft und vergleiche darin Transkription und Translation bezüglicher folgender Aspekte miteinander: Ort, RNA, benötigte Moleküle, Produkt.

4 Erkläre den Vorteil von spezialisierten Zellen hinsichtlich der Proteinbiosynthese.

5 a) Erstelle anhand von Bild 1 und Bild 2 ein Funktionsmodell zur Veranschaulichung der Translation.
b) Übe Modellkritik. Vergleiche hierzu dein Modell mit der Wirklichkeit.

Geheimsprache der DNA

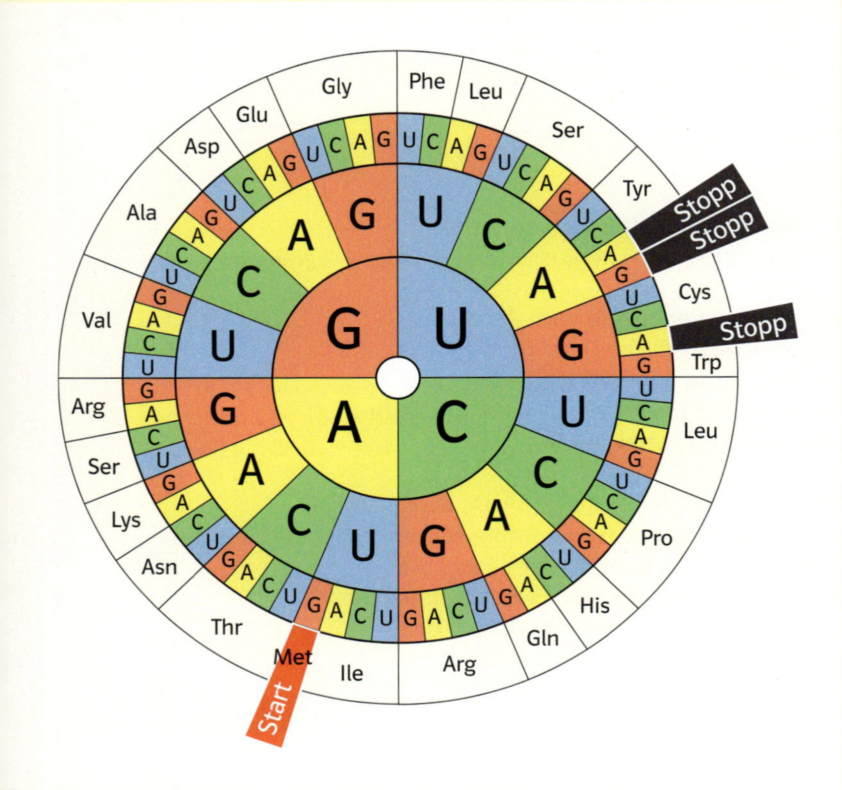

1 Codesonne

Je drei kombinierte Basen codieren für eine Aminosäure. Diese Basentripletts der mRNA werden auch Codons genannt. Hierbei können verschiedene Kombinationen der Basen zur gleichen Aminosäure führen. Diese Codons werden in der Codesonne schematisch dargestellt (▻ B 1).

Richtig ablesen

Die Codesonne wird von innen nach außen abgelesen. Die Kombination aus drei Buchstaben steht für das entsprechende Codon. Der äußerste Ring zeigt an, für welche Aminosäure das Basentriplett codiert. So wird z. B. die Aminosäure Tyrosin (Tyr) sowohl durch die Basenabfolge UAU als auch UAC codiert.
Bei der Proteinbiosynthese lagert sich an dieser Stelle die tRNA mit dem komplementären Basentriplett, dem sogenannten Anti-Codon, an. Die tRNA mit dem Anti-Codon ATA bzw. ATG trägt die Aminosäure Tyrosin.
Die Anfangssequenz auf der mRNA, die dem Ribosom den Beginn des abzulesenden Gens kennzeichnet, lautet stets AUG.

Die Sichelzellenanämie ist eine genetisch bedingte Krankheit. Betroffene weisen abgewandelte rote Blutzellen auf (▻ B 2). Ursache dafür ist eine Veränderung der DNA, eine Mutation. Infolge dieser Mutation werden fehlerhafte Gene in falsche oder funktionslose Proteine umgesetzt.

„Codewort“: Basentriplett

Bei der Proteinbiosynthese wird die mRNA von den Ribosomen abgelesen und die tRNA mit der passenden Erkennungssequenz angelagert. Die Abfolge der vier Basen in der DNA, und damit in der mRNA, bestimmt also die Abfolge der Aminosäuren im Protein.

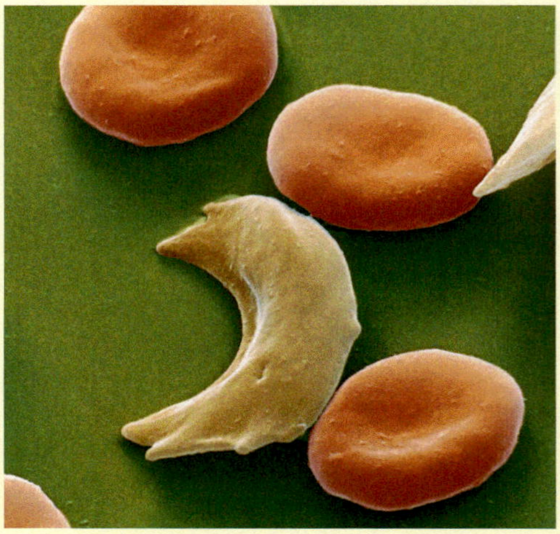

2 Blutzellen bei Sichelzellanämie

Im Verlauf der Proteinbildung erreicht das Ribosom auf der mRNA irgendwann ein Stopp-Codon, zum Beispiel UAG. An dieser Stelle endet die Proteinbioynthese und das Ribosom löst sich von der mRNA. Die fertige Aminosäurenkette verlässt das Ribosom und gelangt ins Zellplasma.

Kleiner Fehler, schwere Folgen

Menschen mit Sichelzellenanämie besitzen rote Blutzellen, die sichelförmig statt rund sind (▻ B 2). Diese Sichelzellen können Kapillaren verstopfen, was zu lebensbedrohlichen Durchblutungsstörungen führen kann. Ursache für diese Krankheit ist die Veränderung der Basenabfolge eines Gens. Betroffen ist das Gen für den roten Blutfarbstoff Hämoglobin. Bei der Bildung dieses Proteins wird durch eine fehlerhafte Base die Aminosäure Valin anstatt Glutaminsäure eingebaut (▻ B 3). Das veränderte Protein bewirkt, dass sich die roten Blutzellen bei Sauerstoffmangel zu einer Sichel verformen.

AUFGABEN

1 Beschreibe die genetischen Ursachen und Auswirkungen der Sichelzellenanämie.

2 Übertrage folgenden Ausschnitt einer mRNA mithilfe der Codesonne in die entsprechende Aminosäurenkette:
mRNA: ...CUGUACCGUUAUGCU...

3 Begründe anhand von Bild 1, warum ein Basenaustausch an dritter Stelle eines Basentripletts oft keine Auswirkungen hat.

4 a) Berechne, wie viele verschiedene Aminosäuren mit Zweier- bzw. mit Dreiergruppen von Basen codiert werden können.
b) Beschreibe den Zusammenhang zwischen deinem Rechenergebnis aus a) und der Codesonne.

5 a) Vergleiche anhand von Bild 4 die DNA von Mensch und Rind.
b) Erstelle jeweils die Aminosäurensequenz und vergleiche sie.
c) Diabetesmedikamente enthielten früher Rinderinsulin. Erkläre.

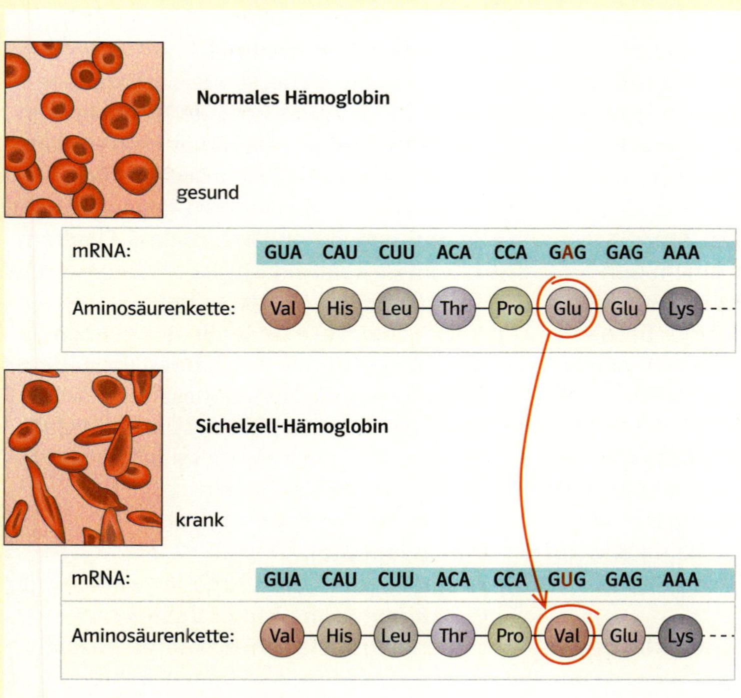

3 Vergleich RNA und Aminosäure mit Mutation

Organismus:	Mensch	Rind
Ausschnitt aus dem Insulin-Gen	TACCCATAGCACGTTACAACGTGAAGGTAA	TACCCGTAGCATGTTACAACGCGAAGGCAC

4 Basenfolge des Insulingens von Mensch und Rind

1 Albino-Amsel

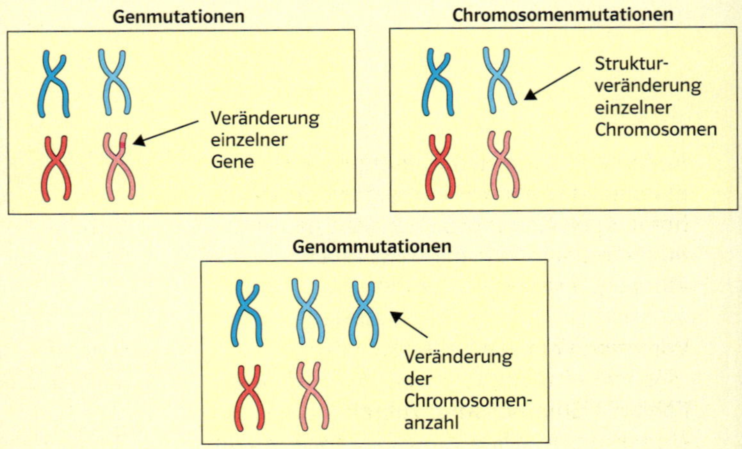

2 Vergleich der Mutationsarten

Veränderungen des Erbmaterials

Mutation heißt Veränderung

Normalerweise sind Amseln dunkel gefärbt. Das weiße Gefieder der **Albino-Amsel** (▻ B 1) ist auf Veränderungen der DNA zurückzuführen. Träger von veränderten Erbanlagen sind **Mutanten**.

Beim **Albinismus**, der auch beim Menschen vorkommt, funktioniert das Enzym nicht mehr, das die Bildung von Pigmenten in Haut, Federn oder Haaren bewirkt. (► Struktur und Funktion, S. 140/141)

Genmutation hat viele Gesichter

Eine Mutation, die nur an einem Gen auftritt, nennt man **Genmutation**. Ursache dafür kann der Austausch einer Base in einem Gen sein, wie zum Beispiel bei der Sichelzellenanämie (► S. 34/35).

Es können aber auch Teile eines Gens verloren gegangen sein. Das ist bei Menschen mit erblichem Muskelschwund der Fall: Hier fehlen Teile des Gens, die für den Aufbau von Muskelproteinen sorgen.

Ein Beispielsatz soll das verdeutlichen: Der Satz „EIS IST GUT" ergibt Sinn. Nach dem Verlust einer Base ist das nicht mehr gegeben: „ESI STG UT".

Es können auch Basen eingeschoben sein, sodass sich das Leseraster verschiebt: „EIS MUI STG UT". In diesem Fall entsteht bei der Proteinbiosynthese durch die Veränderung des genetischen Codes ein fehlerhaftes Protein. (► System, S. 138/139)

Chromosomenmutation

Sind nicht nur Gene, sondern ganze Teile eines Chromosoms verändert, spricht man von einer **Chromosomenmutation** (▻ B 2). Es können ganze Chromosomenstücke ausgetauscht oder verloren gegangen sein. Beim sogenannten **Katzenschrei-Syndrom** ist zum Beispiel ein Stück von Chromosom 5 abgebrochen. Mit dem Chromosomenstück gehen viele Gene für verschiedene Merkmale verloren. Infolgedessen stoßen Betroffene im frühen Kindesalter schrille, katzenähnliche Schreie aus und sind stark beeinträchtigt in ihrer motorischen und sprachlichen Entwicklung.

Genommutation

Anders als bei Genmutationen, sind bei der **Genommutation** nicht einzelne Chromosomen betroffen, sondern deren Anzahl weicht ab. Die Fehler können während der 1. oder der 2. Reifeteilung der Meiose auftreten (▻ B 3). Dann kommt es zur fehlerhaften Verteilung der Chromosomen auf die Keimzellen. Entweder werden die homologen Chromosomen nicht getrennt oder die Chromatiden werden nicht korrekt auf die Keimzellen aufgeteilt.

Wird eine Keimzelle mit doppeltem Chromosom befruchtet, entsteht eine **Trisomie**. Fehlt ein Chromosom in der Keimzelle, entsteht bei der Befruchtung eine **Monosomie**

Bei den meisten Genommutationen sind die Keime nicht lebensfähig und sterben ab. Einige Genommutationen wirken sich dagegen nicht so schwerwiegend aus. Ein Beispiel ist die **Trisomie 21**, auch bekannt als **Down-Syndrom**. Bei Betroffenen liegt das Chromosom 21 dreifach vor. Die Folgen sind Organfehlbildungen, die heutzutage gut behandelbar sind. Daneben treten geistige Beeinträchtigungen auf, die sich aber in vielen Fällen durch gezielte Förderung beeinflussen lassen.

Auslöser von Mutationen

Mutationen treten häufig spontan und ohne erkennbare Ursachen und Auswirkungen auf. Es gibt jedoch Faktoren, die sogenannten **Mutagene**, die die Mutationsrate erhöhen. Dazu gehören bestimmte chemische Substanzen und physikalische Faktoren wie Radioaktivität, UV-Strahlung und Temperaturschocks. Nicht immer kann man sich dem Einfluss von Mutagenen entziehen. In vielen Fällen hat man es aber selbst in der Hand, in welchem Maße man sich Mutagenen aussetzt. Man entscheidet beispielsweise selbst, wie lange und in welcher Intensität man sich der mutagenen UV-Strahlung der Sonne aussetzt. Auch Röntgenstrahlung ist gefährlich, weswegen man sie ebenfalls möglichst meiden sollte.

Beim Verdauen von Lebensmitteln, die mit Nitritpökelsalz behandelt wurden, entstehen Stoffe, die DNA-verändernd wirken können. Besonders stärkehaltige Lebensmittel entwickeln bei starkem Erhitzen mutagenes **Acrylamid**. Belastet sind Lebensmittel wie Pommes frites oder Kartoffelchips. Auch Schimmelpilzgifte können DNA-verändernde Wirkung haben. Der Verzehr sehr heißer Getränke oder Speisen kann Mutationen von Zellen in Mund und Speiseröhre hervorrufen.

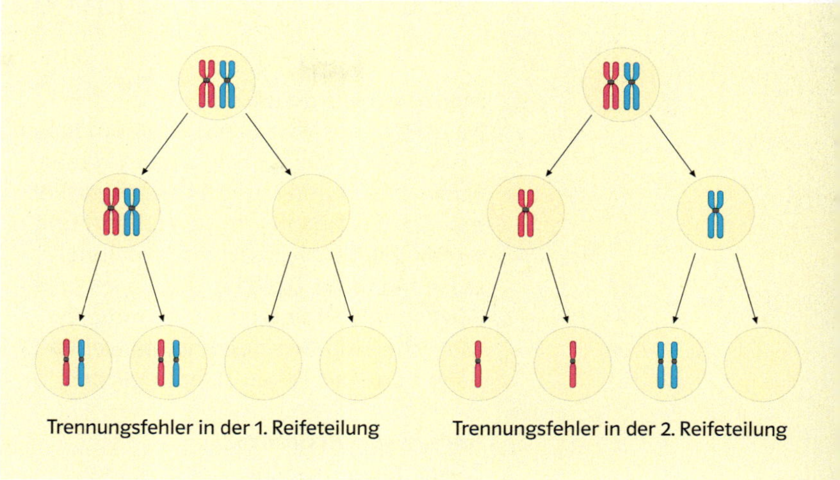

3 Trennungsfehler bei der Meiose

Mutationen sind Veränderungen des Erbguts. Es können einzelne Gene, Chromosomen oder das ganze Genom betroffen sein. Träger von mutierten Genen sind Mutanten.

AUFGABEN

1 a) Erstelle eine Tabelle zu den verschiedenen Mutationsarten in dein Heft und vergleiche sie miteinander.
b) Gib je ein Beispiel an.

2 Zähle drei Mutagene auf und notiere, wie man sie meiden kann.

3 Erkläre ausführlich die Auswirkung einer Genmutation auf das fertige Protein (► S. 34/35).

4 Ein Großteil auftretender Mutationen bleibt unentdeckt. Erläutere.

5 „Mutationen sind Defekte." Nimm kritisch Stellung zu dieser Aussage.

Leben mit Behinderung

Menschen wie du und ich

Menschen mit dem **Down-Syndrom** haben – wie jeder andere – eine eigene Persönlichkeit mit Stärken und Schwächen. Sie entwickeln sich allerdings verzögert und lernen langsamer als Menschen ohne diese Mutation. Deshalb ist eine gezielte Förderung und Unterstützung nötig, um Menschen mit Behinderung ein weitgehend normales Leben zu ermöglichen.

Andere setzen Grenzen

CARINA KÜHNE ist Schauspielerin und Aktivistin (▻ B 1). Sie selbst hat das Down-Syndrom und engagiert sich für mehr Akzeptanz von Menschen mit Trisomie 21. Trotz einiger Hindernisse konnte CARINA KÜHNE den Mittelschulabschluss an einer Regelschule mit gutem Ergebnis absolvieren – entgegen der Erwartungen vieler. Sie feierte außerdem Erfolge als Schauspielerin in Film und Fernsehen.

Wir gehören dazu!

Jeder Mensch hat das Recht, am gesellschaftlichen Leben teilzunehmen. Ein passender Arbeitsplatz bietet die Chance dazu. Etwa in **Behindertenwerkstätten** von **Sozialdiensten** sind die Anforderungen an die individuelle Leistungsfähigkeit der Angestellten angepasst. Sie werden dort zusätzlich betreut, leisten ansonsten aber meist die gleiche Arbeit wie Menschen in normalen Betrieben. Dennoch bekommen sie nur einen kleinen Lohn, der nicht annähernd dem gesetzlichen Mindestlohn entspricht. Trotz der Förderung von Selbstständigkeit und Unabhängigkeit gibt es hier noch Entwicklungspotential.

Eine Gemeinschaft

Zahlreiche Menschen engagieren sich beruflich oder ehrenamtlich für Menschen mit Behinderung, z. B. als **Heilerziehungspfleger** in Behinderten-Wohngruppen oder als Helfer bei Sport- und Kulturveranstaltungen. Der **Bundesfreiwilligendienst** bietet die Möglichkeit, über ein ganzes Jahr Einblicke in eine soziale Einrichtung zu bekommen.

Menschen mit Behinderung wollen gesellschaftlich akzeptiert und anerkannt werden. Sie sind Teil der Gesellschaft und der Berufswelt.

1 Die Schauspielerin CARINA KÜHNE

AUFGABEN

1 Erläutere, warum die Arbeit von Sozialdiensten und ehrenamtlichen Helfern unersetzlich ist.

2 Erörtere, welche besonderen Probleme taubblinde Kinder in der Gesellschaft haben.

3 Der Mindestlohn für Menschen mit Behinderung wurde per Gerichtsbeschluss abgelehnt: Betroffene bekommen keinen Mindestlohn, weil sie zusätzlich betreut und angeleitet werden müssen. Diskutiert dieses Urteil in der Gruppe.

Inklusion: Gemeinsam lernen

Die Förderschule

Kinder mit körperlichen oder geistigen Behinderungen werden in Deutschland meist in speziellen Schulen, den Förderschulen, unterrichtet. Dort gehen für diese Schulart ausgebildete Lehrkräfte und Betreuungspersonal auf die besonderen Bedürfnisse der Kinder ein. Die Kinder und Jugendlichen lernen in kleinen Gruppen und werden gezielt gefördert. Je nach Schweregrad der Behinderung benötigen manche Betroffene auch besondere Pflegemaßnahmen, z.B. Wickeln oder Hilfe beim Essen, die sie in der Förderschule erhalten.

Der Unterricht in Förderschulen hat jedoch einen großen Nachteil. Die Kinder und Jugendlichen mit Behinderung haben dort keinen Kontakt zu gleichaltrigen Nichtbehinderten. Auch nach der Schulzeit bleiben Menschen mit Behinderung daher häufig aus der Gesellschaft ausgegrenzt.

Gemeinsam lernen

Im Jahr 2009 hat Deutschland die UN-Behindertenrechtskonvention unterzeichnet. Sie besagt, dass alle Kinder das Recht haben sollen, eine Regelschule zu besuchen. Das Ziel ist, dass behinderte und nicht behinderte Kinder gemeinsam lernen können. Man spricht von Inklusion.

Vom gemeinsamen Unterricht verspricht man sich positive Auswirkungen auf das Sozialverhalten von behinderten und nicht behinderten Kindern. So könnte man Berührungsängste abbauen. Nach Meinung von Fachleuten lernen Kinder mit Behinderungen in den integrativen Schulen mehr. Allerdings hängt dies von der Art der Behinderung ab. Bei manchen Behinderungen ist es für die betroffenen Kinder besser, wenn sie ihren eigenen, für sie geeigneten Unterricht bekommen.

1 Inklusion in der Schule

Ein langer Weg

Auf lange Sicht sollen alle Kinder gemeinsam unterrichtet werden. Bis dieses Ziel in ganz Deutschland verwirklicht werden kann, sind jedoch noch viele Veränderungen notwendig:

- Viele Schulen müssen behindertengerecht umgebaut werden.
- Die Lehrerinnen und Lehrer müssen eine spezielle Ausbildung erhalten.
- Die Anzahl der Schülerinnen und Schüler in den Klassen muss verringert werden.

AUFGABEN

1. Informiere dich über die Umsetzung der Inklusionsidee an deiner Schule.

2. Recherchiere, ob und wie die Inklusion in anderen Ländern Europas erfolgreich umgesetzt wird.

1 Eineiige Zwilling

2 Modifikation: gebräunte Haut

Erbanlagen und Umwelt

Modifikation

Wenn du dich länger in der Sonne aufhältst, wird deine Haut gebräunt (▻ B 2). Die UV-Strahlung regt die Pigmentzellen der Haut dazu an, den Farbstoff **Melanin** zu produzieren. Die Strahlung beeinflusst also die Aktivität der Gene. Das Melanin wirkt in der Haut wie eine Art Sonnenschirm, der verhindern soll, dass die Zellkerne darunterliegender Hautzellen Schaden nehmen. Die angeborene Hautfarbe kann sich also in einem bestimmten Rahmen wandeln. Solche Veränderungen des Erscheinungsbildes durch Umwelteinflüsse nennt man **Modifikation**. Sie ist nicht vererbbar.

Epigenetik

Die **Epigenetik** ist ein Teilgebiet der Genetik. Epigenetiker untersuchen den Einfluss von Umweltfaktoren auf unsere DNA. Wovon Veränderungen im Aussehen und Verhalten abhängen, lässt sich besonders gut an eineiigen Zwillingen (▻ B 1) erforschen, da sie genetisch identisch sind. Bei lang voneinander getrennt lebenden, eineiigen Zwillingen kann es z. B. vorkommen, dass im Alter nur einer von ihnen an Diabetes erkrankt, obwohl beide die gleiche Veranlagung haben. Folglich muss die Krankheit durch den individuellen Lebensstil verursacht worden sein.

Umweltstabil oder umweltlabil?

Bestimmte Merkmale, z. B. die Augenfarbe, sind genetisch festgelegt. In diesen Merkmalen stimmen eineiige Zwillinge grundsätzlich überein, egal welchen Lebensstil sie haben. Merkmale, die sich im Laufe des Lebens nicht verändern, nennt man **umweltstabil**.

Andere Merkmale wie die Tönung der Haut sind nur teilweise genetisch bedingt. Äußere Einflüsse sind mit dafür verantwortlich, ob und auf welche Weise sich ein Merkmal wie z. B. die Hautbräune ausprägt. Man nennt sie deshalb **umweltlabile** Merkmale.

Mutationen: bleibende Schäden

Das von den Pigmentzellen produzierte Melanin kann die Haut nicht unbegrenzt vor der mutagenen UV-Strahlung schützen. Setzt man sich trotzdem weiter ungeschützt der Sonne aus, schädigt man dauerhaft seine Haut. Tief in die Haut eindringende UV-Strahlen verändern die DNA der Hautzellen. Die meisten Mutationen können zwar durch Reparaturmechanismen der Zellen behoben werden. Gelingt dies aber nicht, kann **Hautkrebs** entstehen. Dabei bilden sich durch schnelle, unkontrollierte Zellteilung sogenannte **Tumoren**.

Schwarzer Hautkrebs

Sind die Melanin bildenden Pigmentzellen betroffen, entsteht ein **malignes Melanom** (▻ B 4). Dieser schwarze Hautkrebs ist eine besonders schwere Form von Hautkrebs und verursacht die meisten Todesfälle. In Deutschland erkranken jährlich etwa 36 000 Menschen neu an schwarzem Hautkrebs, 3000 Erkrankte sterben jedes Jahr. Maligne Melanome können schnell größer werden und bilden meist weitere Tumoren innerhalb des Körpers. Man spricht von **Metastasen**.

Jeder kann betroffen sein

Als Hauptursache für die Entstehung von Hautkrebs gelten eine starke UV-Belastung und mehrere **Sonnenbrände** (▻ B 3) in der Kindheit und Jugend. Die Haut von Kindern ist viel dünner als die von Erwachsenen. Deshalb muss sie besonders durch Kleidung und an den Hauttyp angepasste Sonnencreme geschützt werden.

Modifikationen sind durch Umweltfaktoren beeinflusste, nicht vererbbare Veränderungen des Erscheinungsbildes.
Gene können durch äußere Umweltbedingungen beeinflusst werden. Die Epigenetik untersucht solche Umwelteinflüsse.
Hautkrebs entsteht u. a. durch hohe UV-Strahlung. Wird die DNA von Hautzellen geschädigt, können sich Tumoren und Metastasen bilden. Kinder und Jugendliche sind besonders gefährdet.

AUFGABEN

1 Definiere den Begriff „Modifikation".

2 Beschreibe, was ein malignes Melanom und die Hauptursache seiner Entstehung ist.

3 In der Epigenetik forscht man mit eineiigen Zwillingen. Erkläre.

4 a) Vergleiche umweltstabile und umweltlabile Merkmale anhand eines Beispiels.
b) Stelle eine begründete Vermutung an, welche Merkmale des Menschen noch umweltstabil oder -labil sein könnten.

5 Kauft man weiße Bohnen und sortiert sie nach ihrer Größe, stellt man fest, dass es kaum ganz kleine und ganz große Bohnen gibt. Erkläre dieses Phänomen.

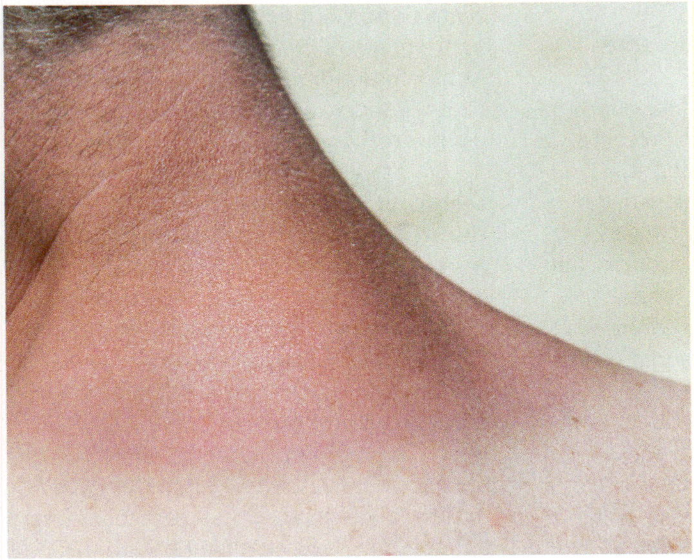

3 Sonnenbrand schädigt die Haut

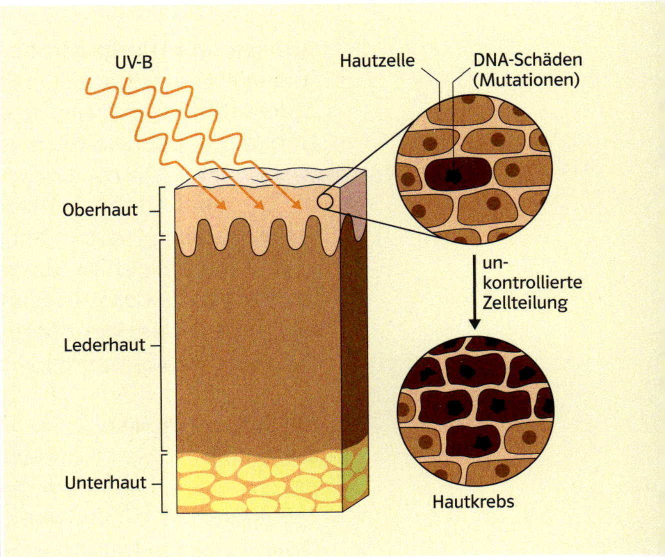

4 Malignes Melanom: Schwarzer Hautkrebs

Zusammenfassung

Zellen und Zellkern
Zellen sind die Grundbausteine der Lebewesen. Ihre Zellbestandteile haben wichtige Aufgaben. Der Zellkern enthält das Genom eines Lebwesens. Er steuert und regelt alle Lebensvorgänge.

Die Erbsubstanz – die DNA
Die DNA ist die Erbsubstanz und enthält alle Erbinformationen eines Organismus. Zucker und Phospat bilden die beiden Einzelstränge. Sie sind jeweils durch zwei komplementäre Basen miteinander verbunden. Es paaren sich stets Adenin und Thymin sowie Cytosin und Guanin. Zucker, Phosphat und die Basen bilden die Nucleotide.

Verdopplung der DNA
Vor jeder Zellteilung wird eine Kopie der DNA erstellt. Enzyme öffnen und trennen abschnittsweise die DNA. Nucleotide im Zellkern binden an passenden Stellen und ergänzen die beiden Einzelstränge zu zwei vollkommen gleichen Doppelsträngen.

Arbeits- und Transportform der DNA
In den Körperzellen ist die DNA auf 46 Chromatinfäden verteilt. In einem Chromatinfaden ist die DNA dicht um Proteine gewickelt. In der Arbeitsphase liegt die DNA als Chromatin, der Arbeitsform, vor. Vor einer Zellteilung verdichten sich die Chromatinfäden zu den 46 Chromosomen, der Transportform der DNA. Ein Chromosom besteht aus zwei identischen Chromatiden, die durch das Centromer verbunden sind.

Mitose und Meiose
Die Mitose ist die Kernteilung von Körperzellen. Sie findet unmittelbar vor der Zellteilung statt. Dabei entstehen zwei diploide Tochterzellen mit gleichem Chromosomensatz. Bei der Meiose entstehen Keimzellen, die nur einen haploiden Chromosomensatz enthalten. Die Meiose läuft in zwei Teilungsschritten ab: Bei der 1. Reifeteilung wird der Chromosomensatz halbiert und die homologen Chromosomen neu kombiniert. Die 2. Reifeteilung ähnelt der Mitose. Beim Mann entstehen vier Spermienzellen, bei Frauen eine Eizelle.

Vom Gen zum Merkmal
Bei der Proteinbiosynthese werden Gene in Proteine umgesetzt. Merkmale wie unsere Augen- oder Haarfarbe werden von Proteinen bestimmt. Bei der Transkription wird ein Genabschnitt der DNA in mRNA umgeschreiben. Diese wird bei der Translation von Ribosomen in eine Aminosäurekette übersetzt. Die tRNA erkennt dabei Basentripletts und transportiert die zugehörigen Aminosäuren zu den Ribosmen.

Mutation und Modifikation
Mutationen sind spontan auftretende Veränderungen der DNA. Sie werden häufig durch Mutagene ausgelöst. Es können einzelne Gene, Chromosomen oder das ganze Genom betroffen sein. Eine Modifikation ist eine durch Umwelteinflüsse hervorgerufene Veränderung eines Merkmals. Sie ist nicht vererbbar.

Leben mit Behinderung
Lernen Menschen mit Handicap in einer Regelschule mit nicht behinderten Kindern zusammen, so spricht man von Inklusion. Oft arbeiten sie in speziellen Einrichtungen mit besonderer Betreuung.

Erbanlagen und Umwelt
Die Ausprägung mancher Merkmale wird durch die Umwelt beeinflusst. Das gilt z. B. für Modifikationen. Die Epigenetik befasst sich mit der Frage, wie die Umwelt das Erbgut beeinflusst.

AUFGABEN

1 a) Erstelle eine beschriftete Skizze eines Zellkerns.
b) Erläutere am Beispiel des Zellkerns das Basiskonzept „Struktur und Funktion".

Super! ? ► S. 8/9

2 „Der Zellkern ist die Steuerzentrale einer Zelle."
a) Nimm zu dieser Aussage Stellung.
b) Beschreibe einen Versuch, mit dem du dies beweisen kannst.

Super! ? ► S. 10

3 In Bild 1 siehst du mikroskopische Aufnahmen von Zellen.
a) Zeichne von jeder Aufnahme eine Zelle in dein Heft und beschrifte diese.
b) Ordne deinen beiden Skizzen folgende Begriffe zu: Transportform, Chromatin, Interphase, Chromosomen, Metaphase, Arbeitsform.
c) Du sollst ein Karyogramm einer Zelle erstellen. Welche der beiden Zellstadien wählst du? Begründe.

Super! ? ► S. 8/9, 20/21, 24/25

4 „Die Meiose führt zur Entstehung genetischer Vielfalt."
a) Beschreibe Vorgänge der Meiose, durch die genetische Vielfalt entsteht.
b) Überlege ein Modell, mit dem man einen der Vorgänge aus a) veranschaulichen kann.

Super! ? ► S. 26/27

5 Durch eine Mutation kommt es zu einem Basenaustausch in der DNA.
a) Erläutere, welche Folgen dies bei der Proteinbiosynthese haben kann.
b) Erkläre, warum solche Mutationen im Erscheinungsbild auch folgenlos bleiben können.

Super! ? ► S. 31, 32/33

6 Bei Trisomie 21 liegt das Chromosom 21 dreimal vor.
a) Nenne den Fachbegriff für diese Art der Mutation.
b) Erkläre mithilfe einer Skizze beide Möglichkeiten, wie es bei der Meiose zu dieser Fehlverteilung der Chromosomen kommen kann.

Super! ? ► S. 36/37

7 a) Grenze die Begriffe „umweltstabile" und „umweltlabile" Merkmale voneinander ab.
b) Entscheide, ob es sich bei den folgenden Beispielen um umweltstabile oder umweltlabile Merkmale handelt:
- Fellfarbe von Mäusen
- Körpergewicht

Super! ? ► S. 40/41

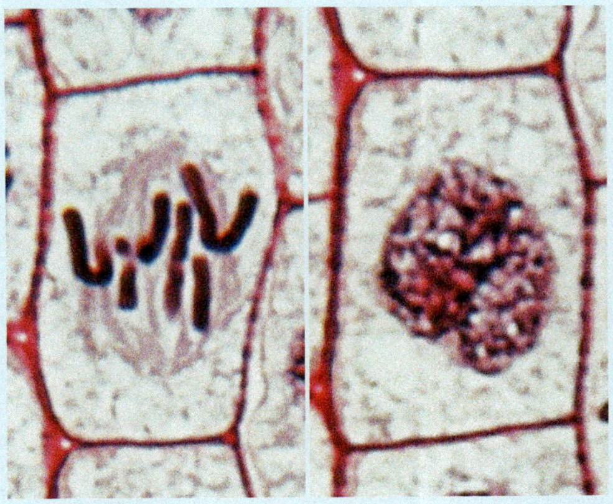

1 Zu Aufgabe 3

► Musterlösungen auf Seite 148 – 149

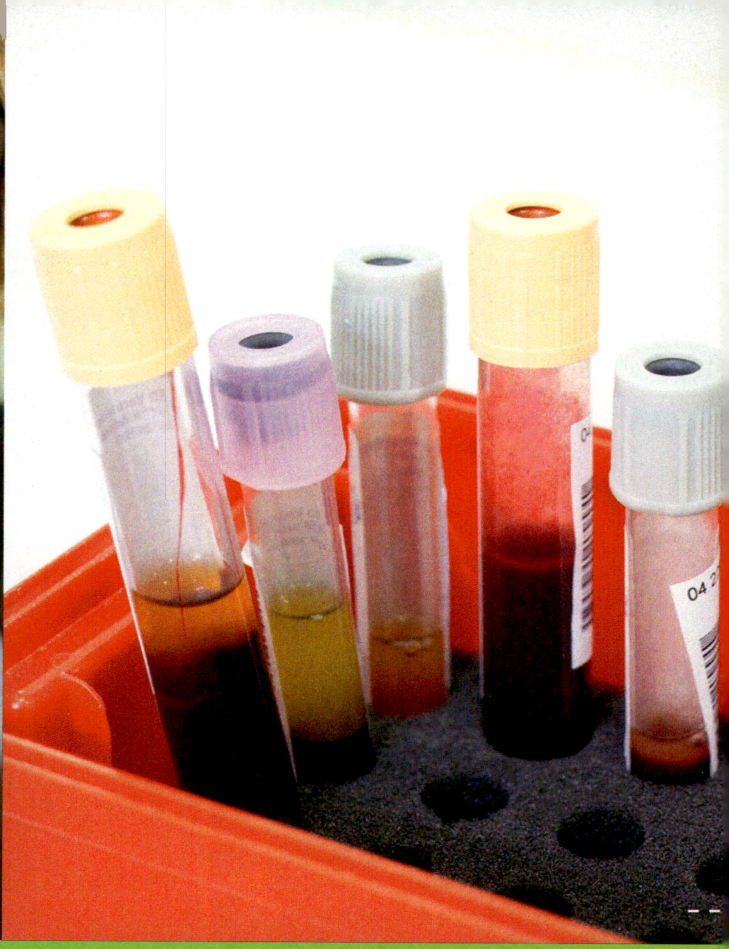

2 Genetik

- Warum habe ich Locken und mein Bruder nicht?
- Gibt es einen Test für „Erbkrankheiten“?
- Welchen Nutzen haben gentechnisch veränderte Lebewesen?
- Wie erkenne ich, ob Lebensmittel gentechnisch verändert wurden?
- Darf man Menschen klonen?
- Kann man mithilfe von Stammzellen Krankheiten heilen?

1 JOHANN GREGOR MENDEL

2 Rot blühende und weiß blühende Erbsen

Die Anfänge der Genetik

JOHANN GREGOR MENDEL

JOHANN GREGOR MENDEL (1822–1884) wuchs in einem kleinen Dorf in Böhmen im heutigen Tschechien auf. Seine Eltern waren einfache Bauern. Bereits in der Dorfschule fiel er durch sehr gute Leistungen auf. So war es ihm möglich, anschließend das Gymnasium zu besuchen. Nach der Schulzeit studierte MENDEL im böhmischen Olmütz. Da er sein Studium nicht mehr finanzieren konnte, brach er es im dritten Jahr ab. Noch im gleichen Jahr trat er in das Augustinerkloster in Brünn ein, wo er Theologie studierte. Hier begann er 1857 mit seinen ersten naturwissenschaftlichen Versuchen. Dabei konzentrierte sich MENDEL auf die Arbeit mit der Gartenerbse. Er beschränkte sich zunächst auf die unterschiedlichen Blütenfarben der Erbsenpflanzen. Er führte tausende Kreuzungen durch (⊳ B 3), schrieb alle Beobachtungen ganz genau auf und wertete diese mathematisch aus. Obwohl MENDEL seine Ergebnisse veröffentlichte, erkannte man deren große Bedeutung erst 15 Jahre nach seinem Tod und befasste sich wieder damit.

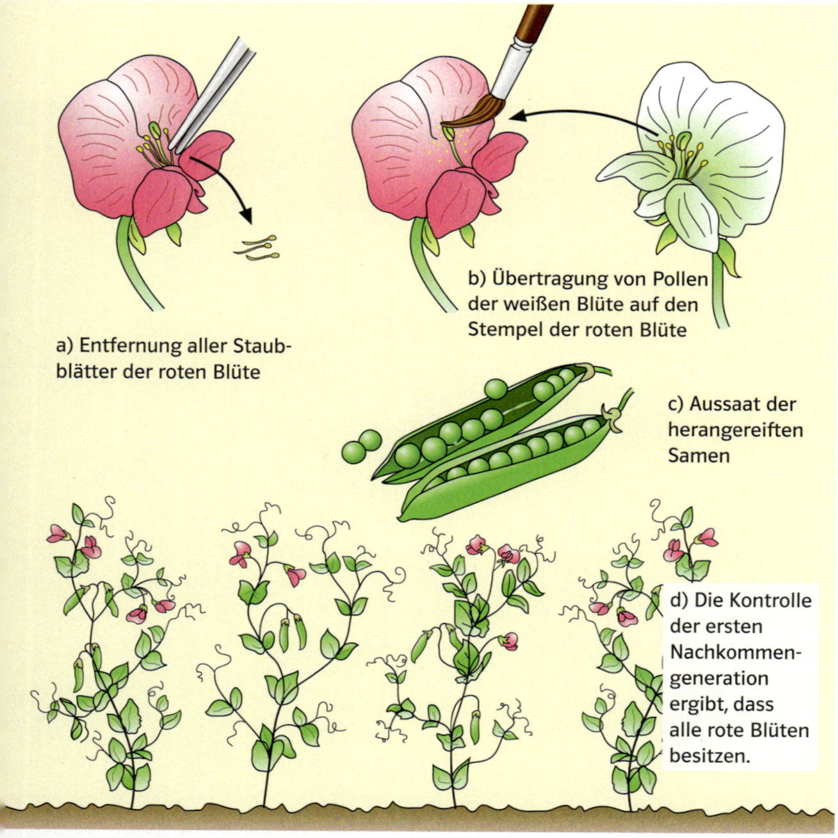

3 Kreuzungsversuch von MENDEL

Warum ausgerechnet Erbsen?

Erbsen bestäuben sich selbst. Ihr Pollen wird also nicht durch Wind oder Insekten übertragen. Damit konnte MENDEL die Bestäubung der Erbsenpflanzen leicht kontrollieren und steuern. Außerdem erzeugen Erbsen eine Vielzahl an Samen, aus denen sich weitere Generationen ziehen lassen.

Die 1. Mendelsche Regel

MENDEL verwendete für seine Versuche nur Pflanzen, die **reinerbig** waren. D.h., aus rot blühenden Erbsenpflanzen entstehen immer nur rot blühende Erbsenpflanzen.

Ebenso entstehen aus weiß blühenden Erbsenpflanzen immer nur weiß blühende.

MENDEL kreuzte nun Pflanzen der Elterngeneration, **Parentalgeneration (P)** genannt, miteinander. Eine Erbsenpflanze war weiß blühend und die andere rot blühend. Die Pflanzen der folgenden Generation, die man auch **Filialgeneration (F_1)** nennt, zeigten überraschend nur rote Blüten. MENDEL wiederholte seine Versuche und kam immer zum gleichen Ergebnis. Das Merkmal für die rote Blütenfarbe hat sich gegen das Merkmal der weißen Blütenfarbe durchgesetzt. Das Merkmal „rot blühend" ist **dominant**. Das Merkmal „weiß blühend" ist **rezessiv**. MENDEL hielt diese Beobachtung in seiner ersten Vererbungsregel fest.

Uniformitätsregel: Kreuzt man zwei Individuen einer Art, die sich in einem Merkmal reinerbig unterscheiden, so sind die Nachkommen in der F_1-Generation untereinander alle gleich.

Erbanlagen und Erscheinungsbild

Das Merkmal „Blütenfarbe" der Erbse gibt es in zwei Variationen: rot und weiß. Das heißt, die Gene für die Blütenfarbe unterscheiden sich. Diese unterschiedlichen Ausführungen eines Gens nennt man **Allele**. Sie befinden sich auf dem jeweils gleichen Abschnitt der homologen Chromosomen (► S. 20/21). Alle Allele zusammen, so wie sie auf den Chromosomen verankert sind, bilden den **Genotyp**. Das Erscheinungsbild, also welches Merkmal ausgeprägt ist, nennt sich **Phänotyp.** Der Phänotyp ist die sichtbare Ausprägung des Genotyps. (► Entwicklung, S. 146/147)

Ein Kreuzungsschema schafft Übersicht

MENDELS Erbsenblüten waren in der Parentalgeneration entweder rot oder weiß. In der F_1-Generation waren sie alle einfarbig (uniform) rot. Mit einem **Kreuzungsschema** (▻ B 4) kann man diese Vorgänge bei der Vererbung veranschaulichen. Darin kennzeichnet man die dominanten Allele mit Großbuchstaben, die rezessiven Allele mit Kleinbuchstaben.

JOHANN GREGOR MENDEL formulierte aus den Beobachtungen seiner Versuche die Uniformitätsregel. Die 1. Filialgeneration zeigt nur das dominante Merkmal.

AUFGABEN

1 Lege eine Tabelle an, in der du die Fachbegriffe dieser Seite sammelst und erklärst.

2 Nenne die Vorteile für die Auswahl der Gartenerbse als Versuchsobjekt.

3 Erkläre, warum MENDEL seine Forschungen im Kloster betrieben hatte.

4 Erläutere die Bezeichnung „Uniformitätsregel".

5 Erstelle ein Kreuzungsschema: Zwei Mäuse, die für das Merkmal „Farbe" reinerbig sind, werden gekreuzt. Das Merkmal für die Fellfarbe braun ist gegenüber weiß dominant.

6 Erläutere, warum in den Pflanzenzellen die Allele doppelt und in den Keimzellen nur einfach vorkommen.

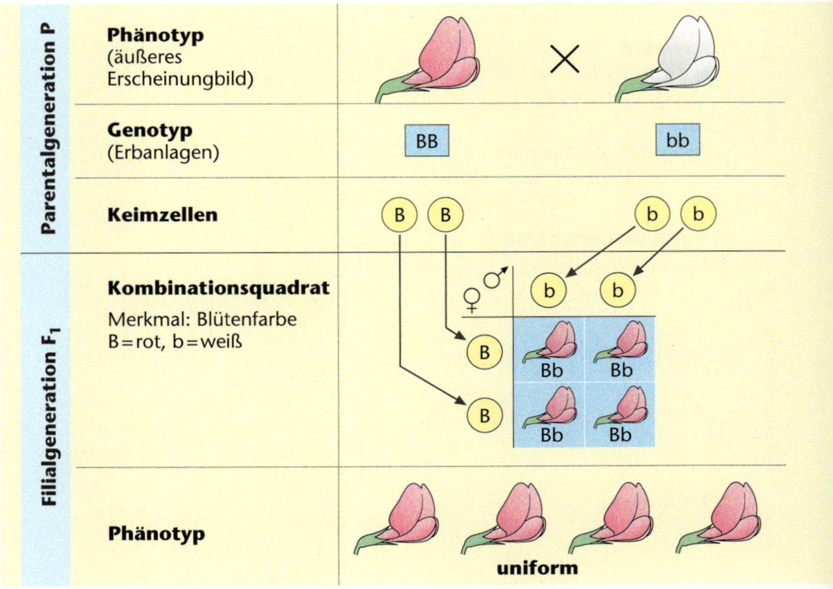

4 Kreuzungsschema zur 1. Mendelschen Regel (Uniformitätsregel)

Merkmale tauchen wieder auf

Die 2. Mendelsche Regel

MENDEL hatte festgestellt, dass die aus seiner Kreuzung entstandene F_1-Generation immer rote Blüten besaß. Nun fragte er sich, ob das Merkmal für die weiße Blütenfarbe für immer verschwunden war.
Dazu kreuzte er die Pflanzen der F_1-Generation untereinander. Tatsächlich konnte er in der zweiten Tochtergeneration, der **F_2-Generation**, neben roten Blüten auch wieder weiße Blüten beobachten. MENDEL erkannte ein Verhältnis von 3:1 von rot blühenden zu weiß blühenden Erbsenpflanzen. Aus diesen Ergebnissen formulierte er seine zweite Vererbungsregel.

Spaltungsregel: Kreuzt man die Individuen der F_1-Generation untereinander, so treten in der F_2-Generation die Merkmale der Elterngeneration in einem festen Zahlenverhältnis von 3:1 wieder auf.

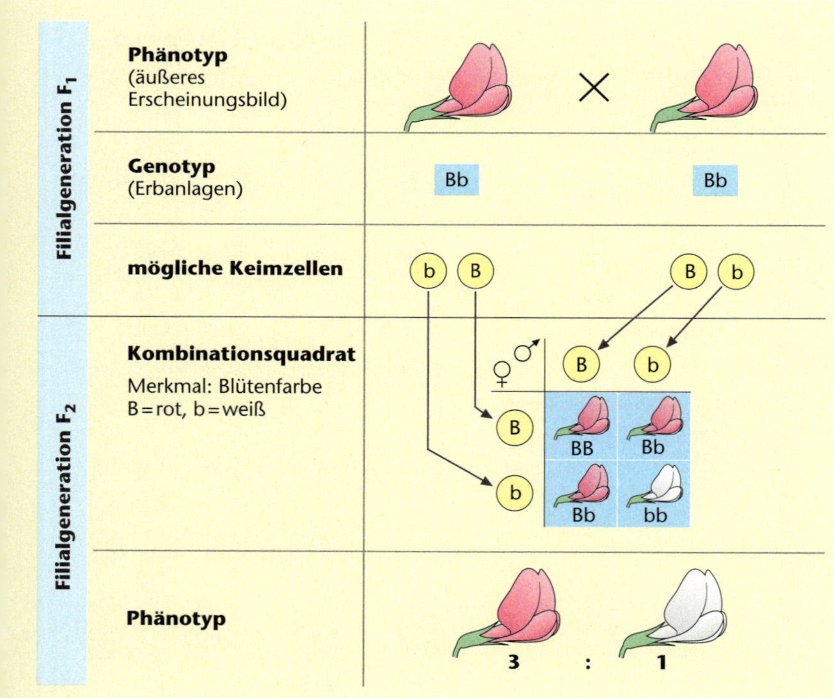

1 Kreuzungsschema zur 2. Mendelschen Regel

Woher kommt die weiße Blütenfarbe?

Obwohl alle Erbsenpflanzen rot blühend sind, tragen sie auch das rezessive Allel „weiß blühend". Der **Genotyp** der F_1-Generation ist also **mischerbig**. Die Keimzellen können entweder das Allel „rot blühend" oder das Allel „weiß blühend" tragen.

Je nachdem, welche Keimzellen nun aufeinander treffen, können drei verschiedene Genotypen für die F_2-Generation entstehen. Kommt darin das dominante Allel „rot blühend" vor, so wird dieses Merkmal ausgeprägt. Die Erbsenpflanze blüht rot. Nur in einem von vier Fällen treffen die beiden rezessiven Allele „weiß blühend" aufeinander. Nur dann entwickelt sich eine Erbsenpflanze mit weißen Blüten (⊳ B 1).

Kreuzt man die Pflanzen der F_1-Generation, so treten die Merkmale der Elterngeneration im Zahlenverhältnis 3:1 auf.

AUFGABEN

1 Erläutere, warum MENDEL seine 2. Vererbungsregel „Spaltungsregel" nannte.

2 MENDEL kreuzte auch Erbsen mit gelber und grüner Samenfarbe. In der F_1-Generation tauchten nur gelbe Erbsen auf:
a) Erstelle ein Kreuzungsschema für die F_1-Generation.
b) Erkläre an einem Kreuzungsschema den Phänotyp der F_2-Generation.

3 Zwei schwarze Kaninchen werden miteinander gekreuzt. Erkläre, warum ein Viertel der Nachkommen weiß ist.

4 Erläutere den Zusammenhang folgender Begriffe: Allel, Merkmal, reinerbig und mischerbig.

Die Vererbung zweier Merkmale

Die 3. Mendelsche Regel

MENDEL kreuzte reinerbige Erbsenpflanzen, deren Samen sich in Farbe und Form unterschieden. Eine Sorte hatte gelbe und runde Samen. Die andere Sorte hatte grüne und kantige Samen (▻ B 1). Die F_1-Generation erbrachte nur gelbe und runde Samen. Dies entsprach der Uniformitätsregel. Die Merkmale gelb und rund waren demnach dominant. In der F_2-Generation gab es jedoch eine Überraschung. Es traten Kombinationen der Merkmale in einem Verhältnis von 9 : 3 : 3 : 1 auf. Die Merkmale „Form" und „Farbe" der Samen werden also unabhängig vererbt. MENDEL formulierte daraus seine dritte Vererbungsregel.
(► Entwicklung, S. 146/147)

Unabhängigkeitsregel: Kreuzt man zwei Individuen einer Art, die sich in zwei Merkmalen reinerbig unterscheiden, so sind die Nachkommen der F_1-Generation untereinander gleich. In der F_2-Generation zeigen sich jedoch alle möglichen Merkmalskombinationen in einem Verhältnis von 9 : 3 : 3 : 1.

Verschiedene Merkmale können unabhängig voneinander vererbt werden.

AUFGABEN

1 Vergleiche die Genotypen der F_2-Generation in Bild 1. Finde und benenne die Genotypen der reinerbigen Erbsen.

2 Erkläre mithilfe des Kreuzungsschemas die Entstehung der neuen Phänotypen.

3 Ein Züchter hat schwarze, einfarbige Meerschweinchen und eine rotbraune, gefleckte Rasse. Erläutere an einem Kreuzungsschema, wie er schwarzgefleckte Tiere züchten könnte. Die Merkmale für schwarze Fellfarbe und Einfarbigkeit sind dominant.

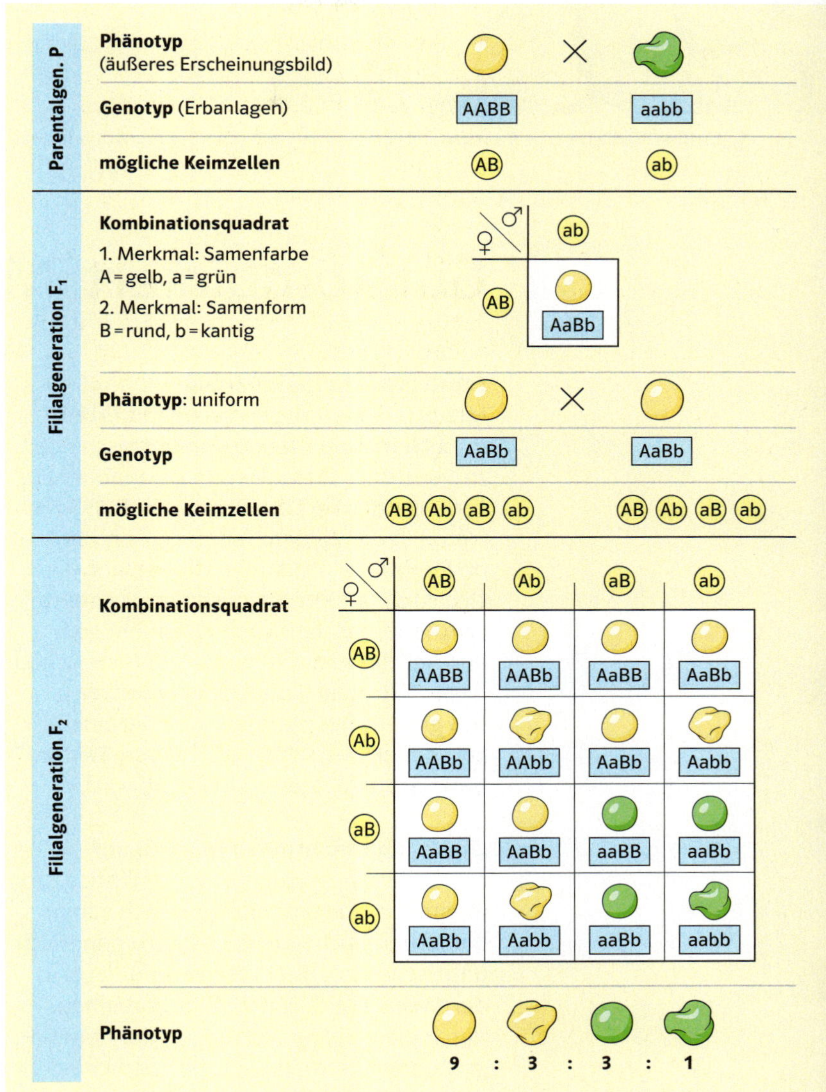

1 Kreuzungsschema zur 3. Mendelschen Regel (Unabhängigkeitsregel)

2 Erbsen mit zwei verschiedenen Merkmalen

1 Unterschiedliche Erbsensamen

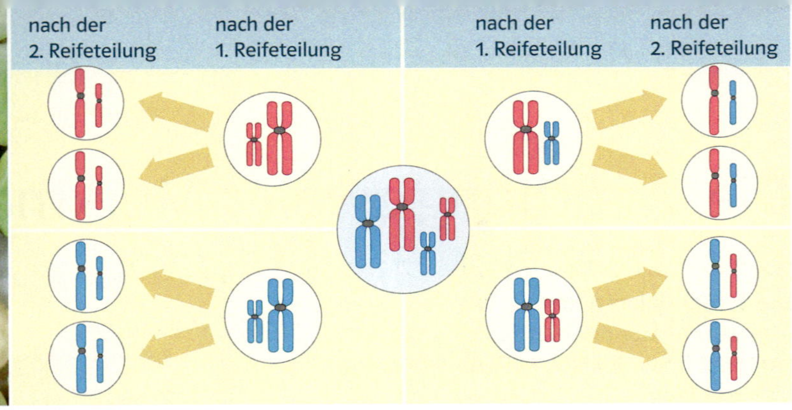

2 Kombinationsmöglichkeiten bei n = 2

Gut kombiniert, Mendel!

Erbse ist nicht gleich Erbse

MENDELS Kreuzungsversuche mit Erbsen, die sich in zwei Merkmalen unterscheiden, zeigten, dass diese Merkmale unabhängig voneinander vererbt werden (► S. 49). So treten in der F_2-Generation Erbsen mit neuen Merkmalskombinationen auf, die sich sogar im Phänotyp von ihrer Parental- bzw. F_1-Generation unterscheiden: gelb und kantig bzw. grün und rund (▻ B 1). Aus dieser Tatsache lässt sich ableiten, dass das genetische Material der Eltern neu kombiniert wird. Man spricht von **Rekombination**. (► System, S. 138/139)

„Neue" Kombinationen tauchen auf

Nur bei der geschlechtlichen Fortpflanzung entstehen Nachkommen, die sich voneinander und auch von ihren Eltern genetisch unterscheiden. Die Ursache dafür liegt in der **Meiose** (► S. 26/27). Hier entstehen durch die zufällige Verteilung der homologen Chromosomen genetisch verschiedene Keimzellen. So ergeben sich bei einem Lebewesen mit zwei Chromosomenpaaren (n = 2) vier verschiedene Kombinationsmöglichkeiten (▻ B 2). Bei der Befruchtung kommen diese Chromosomen – und damit die Gene der Eltern – zusammen und werden neu miteinander kombiniert.

Rekombination führt zu Vielfalt

Ein Mensch besitzt 23 Chromosomenpaare und kann somit $2^{23} = 8{,}39 \times 10^6$ verschiedene Keimzellen bilden. Bei jeder Befruchtung sind theoretisch $(8{,}39 \times 10^6)^2 = 7 \times 10^{13}$, also rund 70 Billionen verschiedene Kombinationen möglich. Zum Vergleich: Zurzeit leben etwa 8 Milliarden Menschen auf der Erde.

Diese unvorstellbar große Zahl zeigt, dass die Rekombination die entscheidende Voraussetzung für die **genetische Variabiliät** und **Individualität** innerhalb der Lebewesen einer Art ist.
(► Biodiversität, S. 144/145)

Bei der geschlechtlichen Fortpflanzung wird das genetische Material der beiden Eltern neu kombiniert. Die Rekombination führt zur Variabilität unter den Nachkommen.

AUFGABEN

1 Fasse den Vorgang der Rekombination mit eigenen Worten zusammen.

2 Die Gartenerbse hat 7 Chromosomenpaare (n = 7). Berechne, wie viele Kombinationen bei der Erbsenpflanze möglich sind.

3 Beurteile, inwiefern Crossing-over (► S. 26/27) eine weitere Ursache für genetische Variabilität ist.

Der intermediäre Erbgang

Im Jahre 1900 führte der Botaniker CARL CORRENS (1864 – 1933) ebenfalls Kreuzungsversuche durch. Seine Testpflanzen waren weiß und rot blühende Wunderblumen. CORRENS kannte MENDELS Arbeiten. Daher erwartete er für die 1. Tochtergeneration, dass das dominante Merkmal auftreten würde.

Zu seiner Überraschung erhielt er jedoch weder rote noch weiße Wunderblumen. Alle Pflanzen in der 1. Tochtergeneration blühten rosa.

Nicht dominant – nicht rezessiv

Bei der Wunderblume ist in Bezug auf die Ausprägung Blütenfarbe kein Merkmal dominant oder rezessiv. Die mischerbigen Pflanzen stellen eine Zwischenform dar. Weil die Farbe Rosa zwischen den Merkmalen rot und weiß blühend liegt, nennt man diesen Erbgang einen intermediären Erbgang.

Die mischerbigen Wunderblumen bilden weniger roten Farbstoff als reinerbige. So entstehen rosafarbene Blüten.

1 Rot blühende Wunderblume

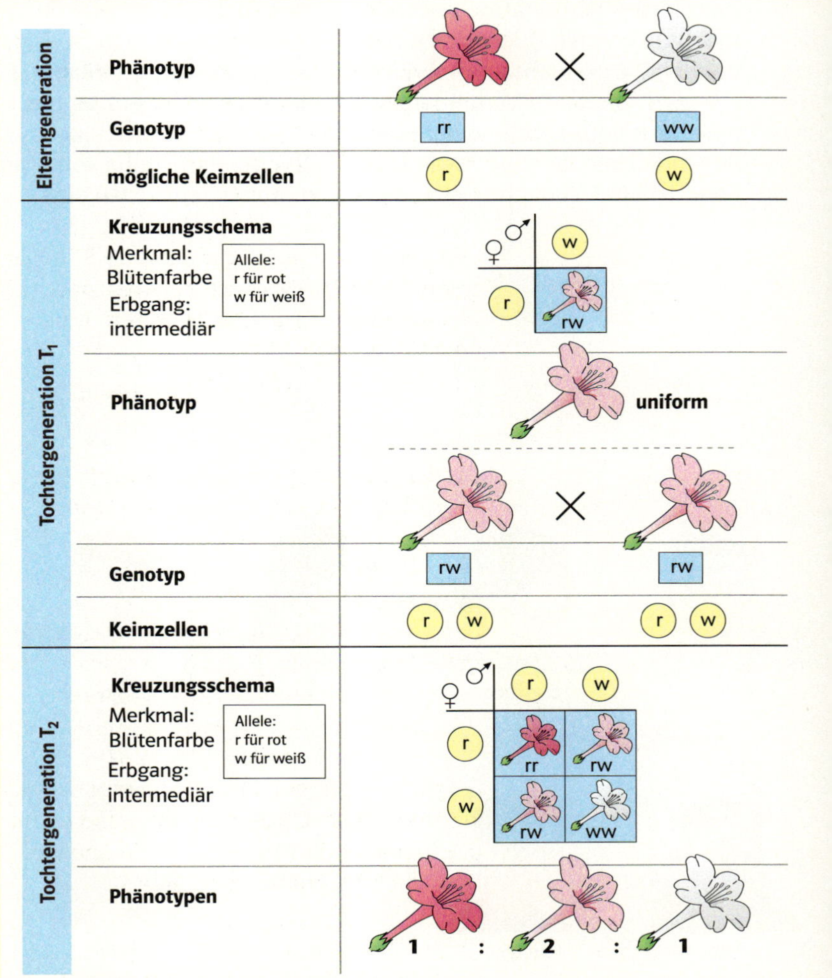

2 Kreuzungsschema eines intermediären Erbgangs

AUFGABEN

1 Nenne Unterschiede zwischen einem dominant-rezessiven und einem intermediären Erbgang.

2 Erkläre, warum ein Züchter von Wunderblumen immer genau weiß, ob seine Pflanzen rein- oder mischerbig sind.

3 Ein Hobbygärtner möchte rosa blühende Wunderblumen züchten. Dazu kreuzt er mehrere rosafarbene Pflanzen untereinander. Beschreibe das Ergebnis und erkläre, wie es dazu kommt.

Stammbaumanalyse

Wer sind meine Vorfahren?
Stammbäume helfen, die Verwandtschaftsbeziehungen in einer Familie nachzuvollziehen. Sie können auch zeigen, von welchen Vorfahren man ein Merkmal geerbt haben könnte.
Stammbäume legt man immer nach einer festen Struktur an. Die ältesten Personen befinden sich ganz oben, die jüngsten Personen ganz unten. Verheiratete verbindet man durch einen Querstrich miteinander. Die gemeinsamen Kinder zweigen von dieser Verbindungslinie nach unten ab. Eine darüber liegende Linie fasst sie zusammen. Friedrich und Margarete sind die ältesten Personen unseres Stammbaums der Familie Müller (▻ B 1). Sie sind verheiratet und haben zwei Kinder: Christine und Paula. Möchte man wissen, wer von wem abstammt, verfolgt man einfach die Linien nach oben. Max ist z. B. das Kind von Roland und Christine. Seine Großeltern sind Margarete und Friedrich. Von all diesen Personen kann Max Merkmale geerbt haben. Paula ist seine Tante. Mit seinem Onkel Ingo ist er genetisch nicht verwandt, weil Ingo in die Familie eingeheiratet hat.

Zur Vereinfachung von Stammbäumen legte man eine **Symbolschreibweise** fest. Frauen stellt man als Kreise und Männer als Quadrate dar. Träger von bestimmten Merkmalen kennzeichnet man mit einer Farbe. Bild 2 zeigt den Stammbaum der Familie Müller in der vereinfachten Schreibweise. (► System, S. 138/139)

AUFGABE

1 Erkläre, von welchen Vorfahren Andreas und Sabine Haarfarbe und Locken geerbt haben.

2 Erstelle einen Stammbaum für deine Familie.

1 Stammbaum der Familie Müller

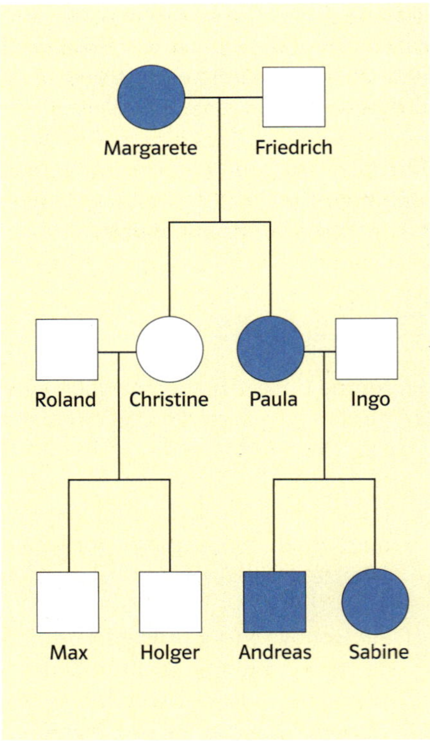

2 Stammbaum in vereinfachter Schreibweise

Wie der Vater, so der Sohn

Gelten Mendels Regeln auch für uns?

Man kennt beim Menschen heute Gene für mehr als 2 000 Merkmale, die einen Erbgang nach den Mendelschen Regeln aufweisen. Ein Merkmal ist das lockige Haar. Lockiges Haar ist gegenüber glattem Haar dominant. Es ist jedoch schwierig, den Erbgang von Merkmalen beim Menschen zu verfolgen. Nur von wenigen Familien gibt es Aufzeichnungen über längere Zeiträume, die das Vorkommen bestimmter Merkmale beschreiben. (► System, S. 138/139)

Viele Merkmale werden von mehr als einem Gen bestimmt. Bei der Augenfarbe sind es mindestens drei Gene. Sie bestimmen die Pigmentierung der Iris und erzeugen so die unterschiedlichen Augenfarben.

Kannst du die Zunge rollen?

Früher galt die Fähigkeit des Zungenrollens als dominantes Merkmal. Es gibt aber Menschen, die ihre Zunge rollen können, obwohl es ihre Eltern nicht können, und umgekehrt. Man vermutet, dass auch Übung einen Einfluss hat. Im Familien-Stammbaum (▻ B 2) ist der Erbgang mit einem großen „R" für das Allel „Zunge rollen" dargestellt, wie man ihn früher angenommen hat. Das kleine „r" steht für das Allel „Nichtrollen".

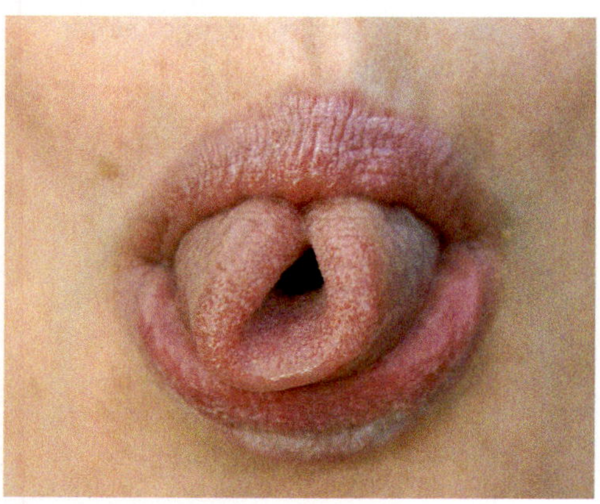

1 Die Zunge rollen kann nicht jeder.

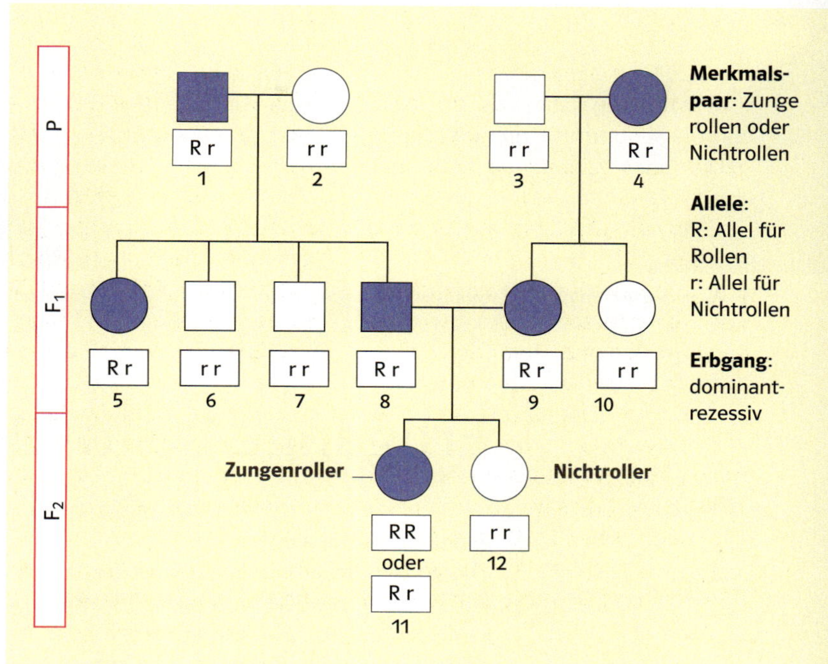

2 Stammbaum mit dem Erbgang des Zungenrollens

Bei vielen Merkmalen gelten auch beim Menschen die Mendelschen Regeln, z. B. bei der Haarstruktur. Die Fähigkeit, die Zunge rollen zu können, ist heute kein eindeutiges Beispiel mehr.

AUFGABEN

1 Betrachte Bild 2 und zähle alle Personen auf, die danach die Zunge rollen können.

2 Peters Eltern können beide die Zunge rollen. Er kann es jedoch nicht. Erkläre mit Bild 2, wie man sich das früher erklärt hat.

3 Nenne Gründe, warum beim Menschen das Vererben von Merkmalen schwieriger zu erforschen ist als bei der Gartenerbse.

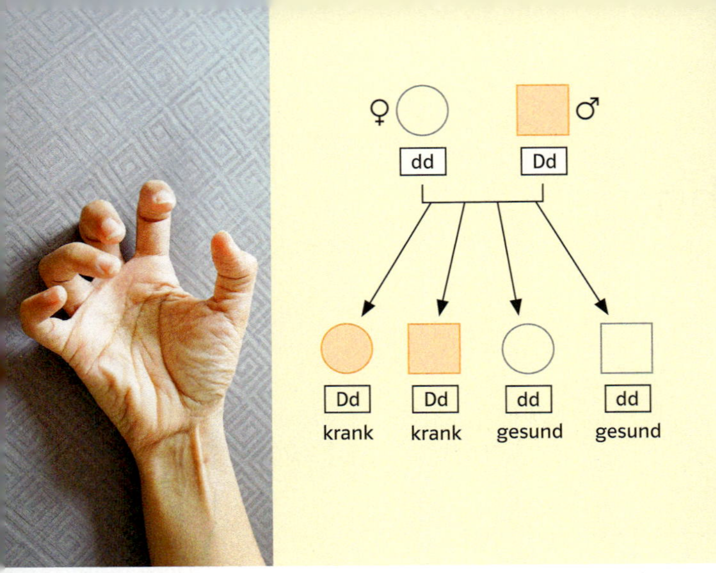

1 Autosomal-dominanter Erbgang: Chorea Huntington

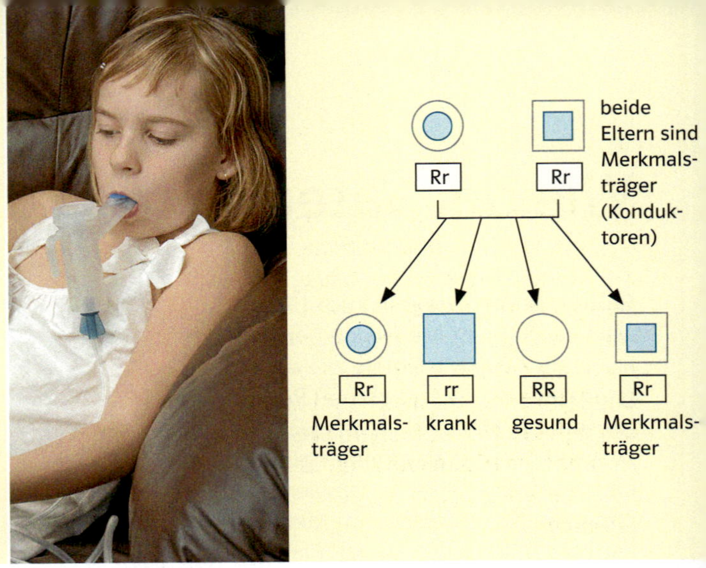

2 Autosomal-rezessiver Erbgang: Mukoviszidose

Erbgänge beim Menschen

Muskeln außer Kontrolle

Die ersten Krankheitssymptome treten im Alter von 30 bis 50 Jahren auf. Betroffene verlieren zunehmend die Kontrolle über ihre Muskeln. Die Rede ist von **Chorea Huntington**.

Die Ursache für Chorea Huntington ist ein **Gendefekt** auf dem Chromosom 4. Dieser Defekt erzeugt ein giftiges Protein. Es reichert sich im Körper an und zerstört Nervenzellen im Gehirn. Da sich das defekte Gen auf einem Körperchromosom **(Autosom)** befindet, spricht man von einem **autosomalen Erbgang** (▻ B 1). Chorea Huntington wird dominant vererbt.
(► Entwicklung, S. 146/147)

Wenn der Schleim nicht richtig fließt

Die **Mukoviszidose** (▻ B 2) ist eine genetisch bedingte Stoffwechselerkrankung. Ursache ist ein Gendefekt auf einem Körperchromosom. Körpersekrete wie Schweiß oder Speichel enthalten zu wenig Wasser und sind daher dickflüssig. Dies führt zu schweren Funktionsstörungen der Lunge, des Darms sowie der Bauchspeicheldrüse. Erste Symptome treten bereits in früher Kindheit auf. Durch moderne Behandlungsmethoden liegt die mittlere Lebenserwartung bei etwa 40 Jahren. Derzeit ist die Krankheit nicht heilbar. Es wird aber intensiv an neuen Therapien geforscht.

Konduktoren sind Merkmalsträger

Auch die Mukoviszidose wird autosomal vererbt. Im Gegensatz zu Chorea Huntington wird der Gendefekt jedoch rezessiv vererbt (▻ B 2). Träger des defekten Gens erkranken nur dann, wenn beide homologen Chromosomen betroffen sind (► S. 20/21). Liegt der Gendefekt nur einfach vor, sind diese Personen zwar gesund, können die Krankheit jedoch übertragen. Diese gesunden Merkmalsträger nennt man **Konduktoren**.

Rot-Grün-Sehschwäche

Manche Menschen haben Schwierigkeiten, die Farben Rot und Grün zu unterscheiden. Auffällig ist, dass von dieser Beeinträchtigung fast nur Männer betroffen sind. Die Ursache dafür befindet sich auf dem X-Chromosom. Dieses Chromosom trägt die genetischen Informationen zur Herstellung der entsprechenden Sehpigmente. Die DNA des Y-Chromosoms enthält diese Informationen gar nicht.

Besitzt eine Frau ein defektes Gen, kann das intakte Gen auf dem homologen X-Chromosom den Defekt ausgleichen. Da Männer nur ein X-Chromosom besitzen, kann bei ihnen der Defekt nicht ausgeglichen werden. Gesunde Frauen, die den Gendefekt tragen, sind Konduktorinnen. Da das defekte Gen auf einem Geschlechtschromosom **(Gonosom)** liegt, bezeichnet man diesen Erbgang als **gonosomalen Erbgang**.

Bluterkrankheit

Die **Bluterkrankheit** ist eine genetisch bedingte Störung der Blutgerinnung. Das Blut gerinnt nicht oder nur sehr langsam. Die Ursache ist ein fehlender Gerinnungsfaktor. Die Erkrankung betrifft fast nur Männer, denn die Gene für die Blutgerinnung liegen auf dem X-Chromosom. Es handelt sich um einen gonosomalen Erbgang. Männer können einen vorhandenen Defekt folglich nicht ausgleichen. Frauen sind nur dann von der Bluterkrankheit betroffen, wenn sie den Defekt auf beiden X-Chromosomen tragen. Frauen ohne Symptome können den Gendefekt als Konduktorinnen weitergeben.

Ein autosomaler Erbgang liegt vor, wenn der Gendefekt auf den Körperchromosomen liegt. Befindet sich die genetische Veränderung auf den Geschlechtschromosomen, so bezeichnet man dies als gonosomalen Erbgang.

AUFGABEN

1 Erläutere den Begriff „Konduktor/in".

2 Erkläre, warum Männer häufiger an der Bluterkrankheit leiden als Frauen.

3 Vergleiche einen autosomalen Erbgang mit einem gonosomalen Erbgang.

4 Werte den Stammbaum für die Bluterkrankheit (▻ B 3) aus.

5 In einer Familie können beide Eltern alle Farben sehen. Einer ihrer beiden Söhne kann jedoch Rot und Grün nicht unterscheiden. Erstelle einen Stammbaum und erkläre, welche Genotypen die Eltern haben müssen.

6 Chorea Huntington kann mithilfe einer Genanalyse sehr früh erkannt werden. Begründe, warum die Entscheidung zu einem solchen Test für die Betroffenen sehr schwierig ist.

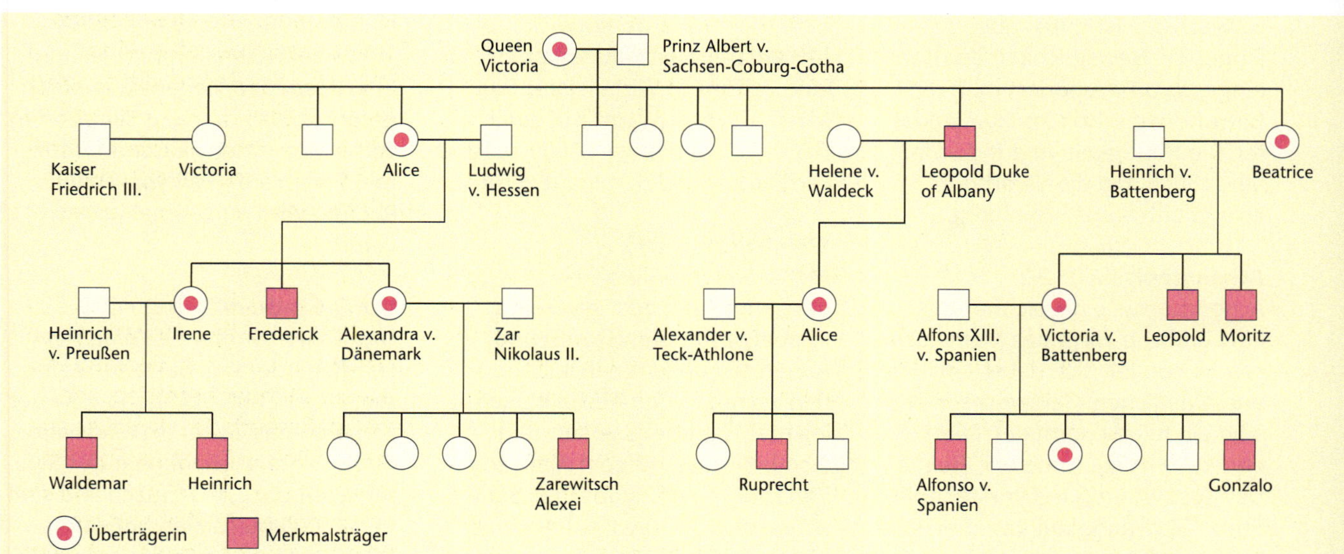

3 Historischer Stammbaum der Bluterkrankheit in europäischen Fürstenhäusern

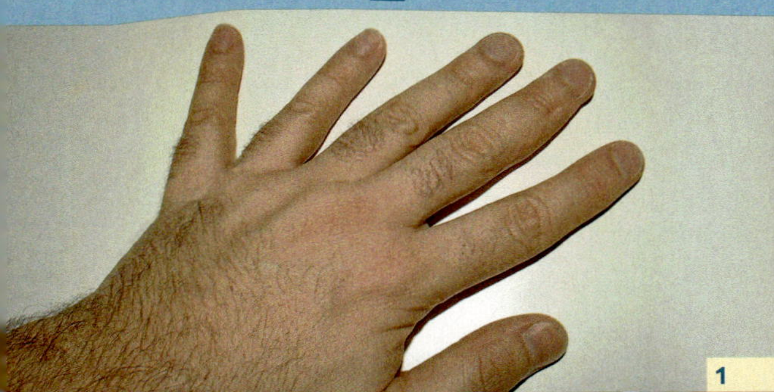
1

4

2

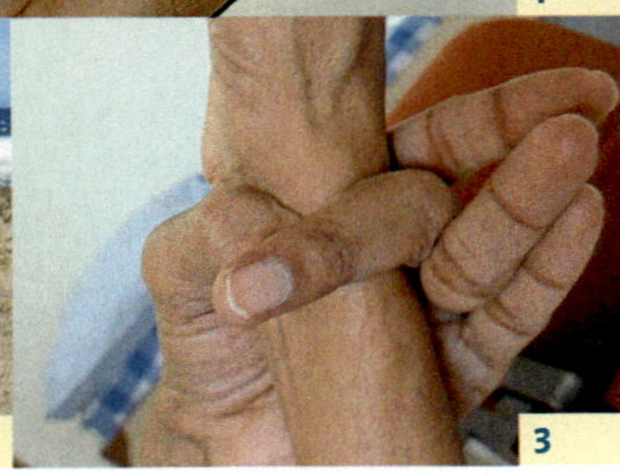
3

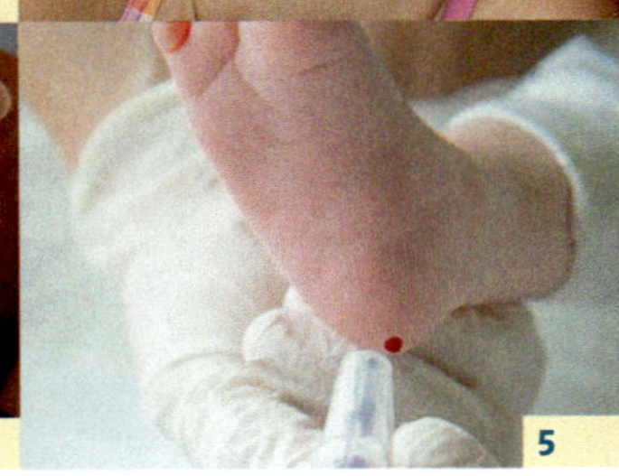
5

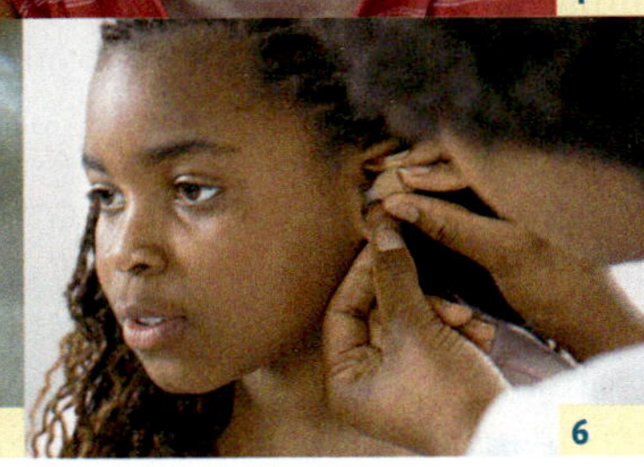
6

Genetisch bedingte Erkrankungen

Vielfingrigkeit (▻ B 1)
Menschen mit Vielfingrigkeit haben mehr als zehn Finger oder Zehen. Besonders häufig ist ein sechster Finger. Manchmal sind doppelte Finger auch miteinander verwachsen. Ist durch überzählige Finger die Beweglichkeit der Hand eingeschränkt, operiert man die Betroffenen schon im Kleinkindalter. Die Häufigkeit liegt in Europa bei 1:3000 und die Vererbung erfolgt autosomal-dominant.

Achondroplasie (▻ B 2)
Achondroplasie bezeichnet man eine erbliche Form des Kleinwuchses. Es handelt sich dabei um einen uneinheitlichen Kleinwuchs. Typisch sind ein relativ normaler Oberkörper sowie kurze Arme und Beine. Der Kopf ist groß mit vorstehender Stirn. Die Häufigkeit liegt bei etwa 1:27 000. Die Vererbung erfolgt autosomal-dominant.

Marfan-Syndrom (▻ B 3)
Das Marfan-Syndrom ist eine Erkrankung mit erhöhter Elastizität des Bindegewebes. Häufige Symptome sind überlange, dünne Finger, ein schmaler Körperbau, überdehnbare Gelenke, unterentwickelte Muskulatur, Herzklappenfehler und eine verformte Wirbelsäule. Das Marfan-Syndrom tritt mit einer Häufigkeit von etwa 1:6000 auf und wird autosomal-dominant vererbt.

Albinismus (▻ B 4)
Menschen mit Albinismus haben nur sehr wenig oder gar keine Pigmente in Haut, Haaren und Augen. Sie bekommen leichter Sonnenbrand und deshalb auch leichter Hautkrebs. Außerdem sind bei vollständigem Albinismus Sehschärfe und räumliches Sehen eingeschränkt. Die Häufigkeit liegt bei 1:20 000. Die Vererbung erfolgt autosomal-rezessiv.

Phenylketonurie (▻ B 5)
Betroffene können die Aminosäure Phenylalanin nicht abbauen. Unbehandelt führt dies zu einer schweren geistigen Entwicklungsstörung. Die Erkrankung wird durch eine Blutuntersuchung jedoch schon bei Neugeborenen erkannt. Eine besondere, lebenslang durchgeführte Diät kann die Symptome verhindern. Phenylketonurie tritt mit einer Häufigkeit von 1:8000 auf und wird autosomal-rezessiv vererbt.

Usher-Syndrom (▻ B 6)
Das Usher-Syndrom ist eine Hör-seh-Behinderung. Betroffene sind meist von Geburt an gehörlos oder verlieren das Gehör im Kindesalter. Später kommt ein Verlust der Sehfähigkeit dazu. In Deutschland sind etwa 6000 Menschen betroffen. Die Vererbung erfolgt autosomal-rezessiv.

Festlegung des Geschlechts

Junge oder Mädchen?

Schwangere werden oft gefragt: „Was wird es denn? Ein Junge oder ein Mädchen?" Meistens kann man das Geschlecht schon vor der Geburt auf einem Ultraschallbild erkennen. Doch wann und wie wird das Geschlecht des Kindes festgelegt?

Um diese Frage zu klären, muss man die Karyrogramme (► S.20/21) eines Mannes und einer Frau miteinander vergleichen (▻ B 1). Dabei fällt ein deutlicher Unterschied bei den Gonosomen auf: Frauen besitzen zwei relativ große **X-Chromosomen** (XX), Männer haben nur ein X-Chromosom und ein sehr kleines **Y-Chromosom** (XY). Auf diesem befindet sich unter anderem ein Gen, welches das männliche Geschlecht bestimmt.

In Karyogrammen gibt es zur Unterscheidung der Geschlechter in einem Chromosomensatz eine Kurzschreibweise: Man nennt zunächst die Anzahl der Körperchromosomen und dann die Geschlechtschromosomen. Frauen haben somit den sogenannten **Karyotyp** 44, XX und Männer den Karyotyp 44, XY.

Vererbung des Geschlechts

Da Keimzellen haploid sind, gibt es zwei Typen von Spermienzellen: 22, X und 22, Y. Eizellen haben immer den Karyotyp 22, X. Gelangt ein Spermium mit 22, X in die Eizelle, entsteht ein Mädchen. Trifft ein Spermium mit 22, Y auf die Eizelle, entsteht ein Junge. Das Geschlecht des Kindes wird bei der Befruchtung also allein durch das Spermium bestimmt (▻ B 1).
(► Entwicklung, S.146/147)

Die Kombination der Geschlechtschromosomen X und Y legt bei der Befruchtung das Geschlecht des Menschen fest. Der Karyotyp lautet 44, XX für weiblich und 44, XY für männlich.

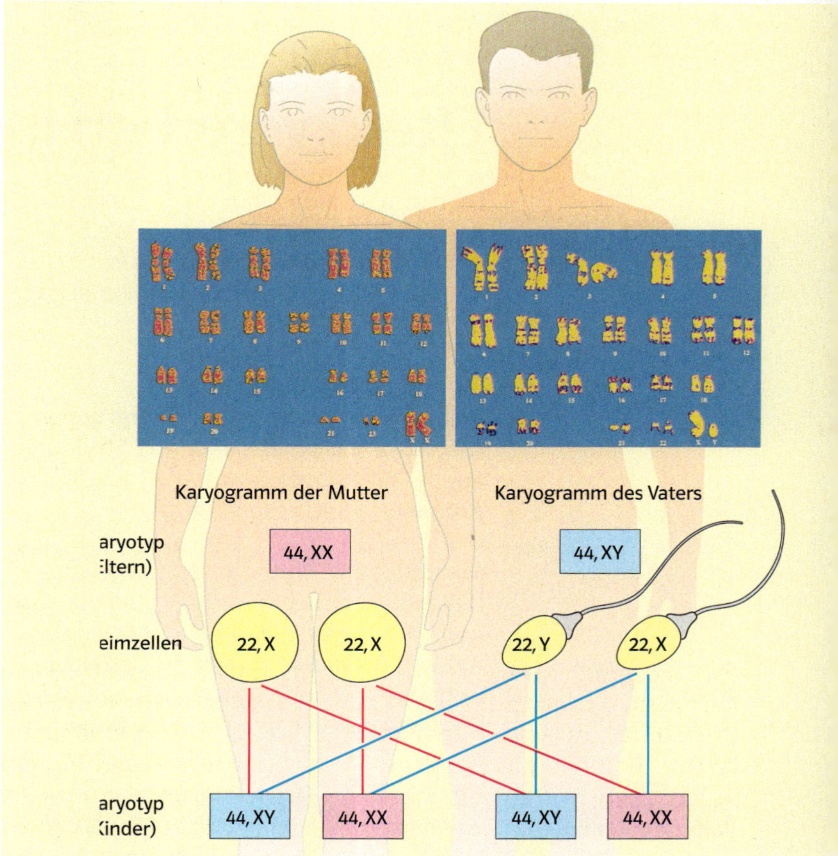

1 Karyogramme (oben) und Vererbung des Geschlechts

AUFGABEN

1 In früheren Zeiten wurden in vielen Herrscherhäusern Frauen verstoßen, die nur Mädchen und keine männlichen Thronfolger zur Welt brachten. Erläutere, warum das eine Fehlentscheidung war.

2 Erkläre, warum etwa gleich viele Mädchen und Jungen geboren werden.

3 Stelle begründete Vermutungen an, welche Folgen eine Mutation in dem geschlechtsbestimmenden Gen des Y-Chromosoms haben könnte.

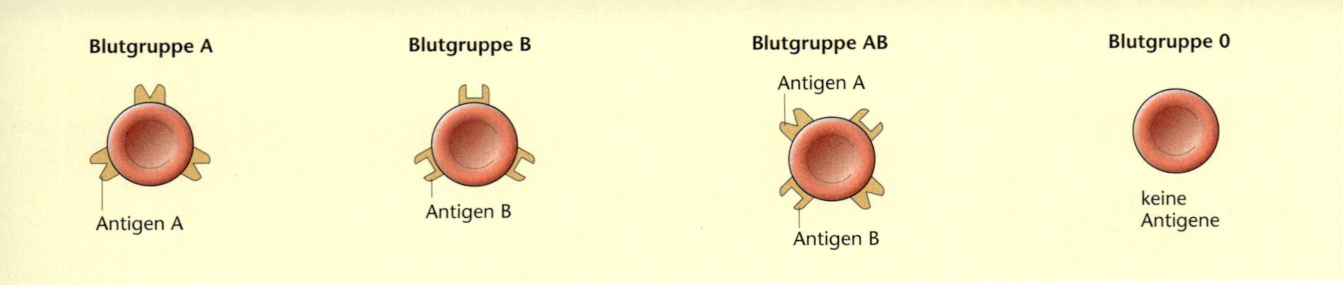

1 Die Oberflächenstrukturen der roten Blutzellen bestimmen die Blutgruppe.

Eltern vererben ihre Blutgruppen

Leon erfährt nach einer Blutuntersuchung, dass er die Blutgruppe 0 hat. Er weiß, dass sein Vater die Blutgruppe A hat, seine Mutter die Blutgruppe B. Aber wie ist das möglich?

Blutgruppen unterscheiden

Das **AB0-System** kennt vier **Blutgruppen**: A, B, AB und 0 (Null). Dabei sind Strukturen auf der Oberfläche der roten Blutzellen, die **Antigene**, entscheidend (▻ B 1).

Menschen mit Blutgruppe A haben rote Blutzellen mit dem Antigen A. Bei der Blutgruppe B tragen die roten Blutzellen das Antigen B. Bei Blutgruppe AB sind beide Antigene vorhanden. Menschen mit Blutgruppe 0 haben keine Antigene auf ihren roten Blutzellen. Ob und welche Antigene gebildet werden, hängt von der DNA ab.

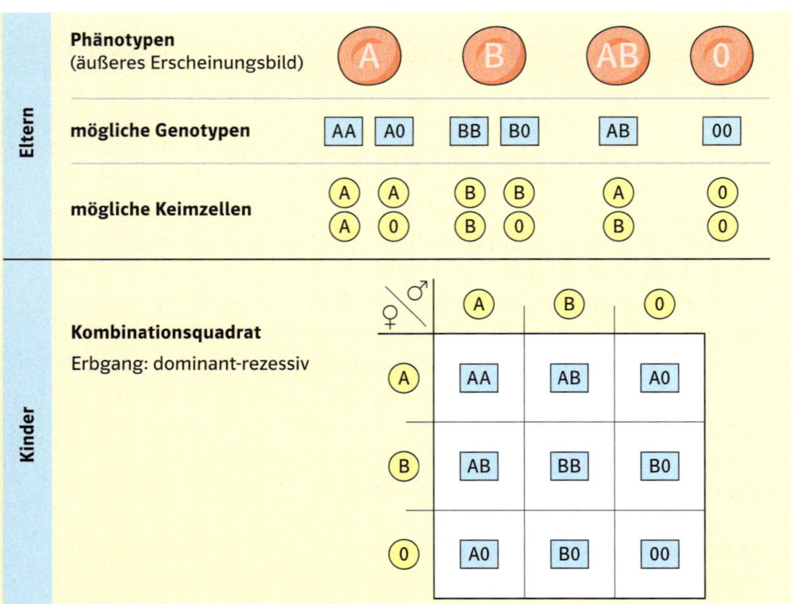

2 Kreuzungsschema: Vererbung der Blutgruppen

Es gibt drei unterschiedliche Allele für die Blutgruppen A, B und 0. Jeder Mensch besitzt zwei dieser Allele. Sind beide Allele gleich, so ist dieser Mensch für diese Blutgruppe reinerbig. Ein Mensch mit den Allelen AA hat also die Blutgruppe A. Unterscheiden sich die beiden Allele, so sind A und B dominant gegenüber 0.

Bei einer Kombination von A und 0 prägt sich Allel A aus und bildet Antigen A auf den roten Blutzellen: Der Mensch hat die Blutgruppe A, ist aber mischerbig. Treffen die Allele A und B zusammen, werden beide Antigene gebildet. Man sagt, die Allele A und B sind **kodominant**, d.h. beide prägen sich aus. Dieser Mensch hat die Blutgruppe AB. Ein Mensch mit der Blutgruppe 0 muss zweimal das Allel 0 besitzen.

Der Rhesusfaktor

Neben den Antigenen A und B kann auf den roten Blutzellen noch ein weiteres Antigen vorkommen: der **Rhesusfaktor**. 85 % aller Europäer tragen dieses Antigen auf den roten Blutzellen. Man bezeichnet sie als **rhesuspositiv** (Rh^+). Fehlt der Rhesusfaktor bzw. das Rhesusantigen, spricht man von **rhesusnegativ** (rh^-). Der Rhesusfaktor wird dominant vererbt.
Im Genotyp ordnet man dem Allel für den Rhesusfaktor ein großes „D" zu. Fehlt dieser, so verwendet man ein kleines „d". Der Rhesusfaktor kann genotypisch reinerbig oder mischerbig vorliegen.
(► Struktur und Funktion, S. 140/141)

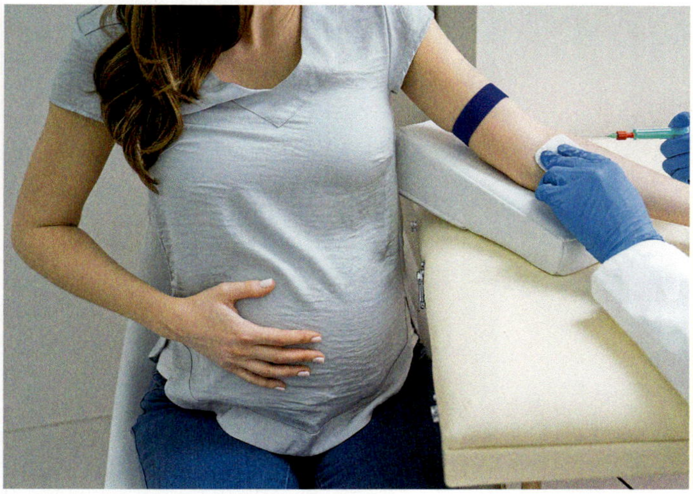

3 Schwangere bei der Blutabnahme

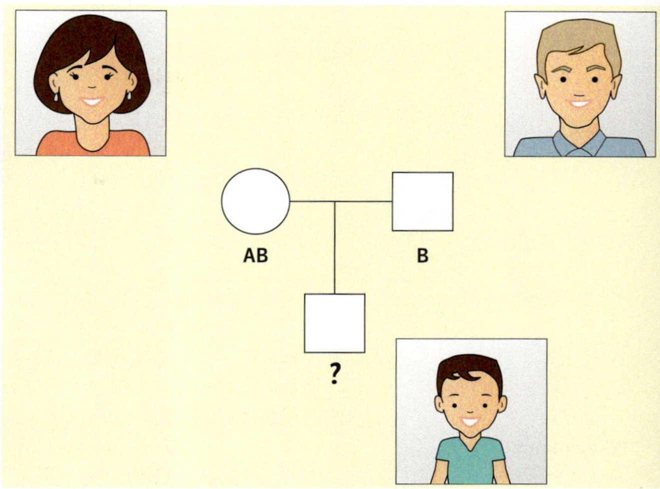

4 Stammbaum zu Aufgabe 3

Antikörper gegen den Rhesusfaktor

Menschen, die rhesusnegativ (rh^-) sind, bilden **Antikörper** gegen den Rhesusfaktor. Das allerdings nur, wenn ihr Blut mit rhesuspositivem Blut (Rh^+) in Berührung kommt. Dann bewirken die Antikörper eine **Verklumpung** der roten Blutzellen des rhesuspositiven Blutes.

Entstehung der Rhesusunverträglichkeit

Ist eine rhesusnegative Frau zum ersten Mal schwanger mit einem rhesuspositiven Baby, verläuft die Schwangerschaft normal. Die Plazentaschranke verhindert einen Blutaustausch von Mutter und Kind. Bei der Geburt kommt jedoch das mütterliche Blut mit dem des Kindes in Kontakt. Das Immunsystem der Mutter bildet nun Antikörper gegen den Rhesusfaktor des Kindes. Bei einer zweiten Schwangerschaft mit einem rhesuspositiven Baby gelangen die Antikörper über die Plazentaschranke in den Blutkreislauf des Ungeborenen (⊳ B 3). Dort zerstören sie die roten Blutzellen mit lebensbedrohlichen Folgen für das Kind.

Vorbeugende Hilfe

Heute verhindert man die Bildung von Antikörpern, indem man der rh^--Mutter direkt nach der Geburt eines Rh^+-Kindes Antikörper gegen das Rhesusantigen spritzt. Diese zerstören die aufgenommenen roten Blutzellen des Kindes. Das Immunsystem der Mutter bildet dann keine Antikörper.

Die Blutgruppen werden im AB0-System erfasst. Die Allele A und B sind kodominant. Das Allel 0 ist rezessiv. Der Rhesusfaktor wird dominant vererbt.

AUFGABEN

1 Erkläre anhand von Bild 2, wie es dazu kommt, dass Leon die Blutgruppe 0 hat.

2 Nenne alle Genotypen der Blutgruppen A, B, AB und 0.

3 Sieh dir den Stammbaum in Bild 4 an.
a) Nenne alle möglichen Genotypen zu den angegebenen Phänotypen der Eltern.
b) Bestimme alle möglichen Blutgruppen, die der Sohn haben könnte.

4 Begründe, warum ein Vergleich der Blutgruppen für einen Vaterschaftstest nicht ausreicht.

5 Leon hat die Blutgruppe 0, Rh+, sein Vater A, Rh+ und die Mutter B, rh-.
a) Erstelle einen Stammbaum (► S. 52) mit den Phänotypen und allen möglichen Genotypen.
b) Leons Eltern erwarten ein weiteres Kind. Beurteile, ob es zu Komplikationen kommen kann.

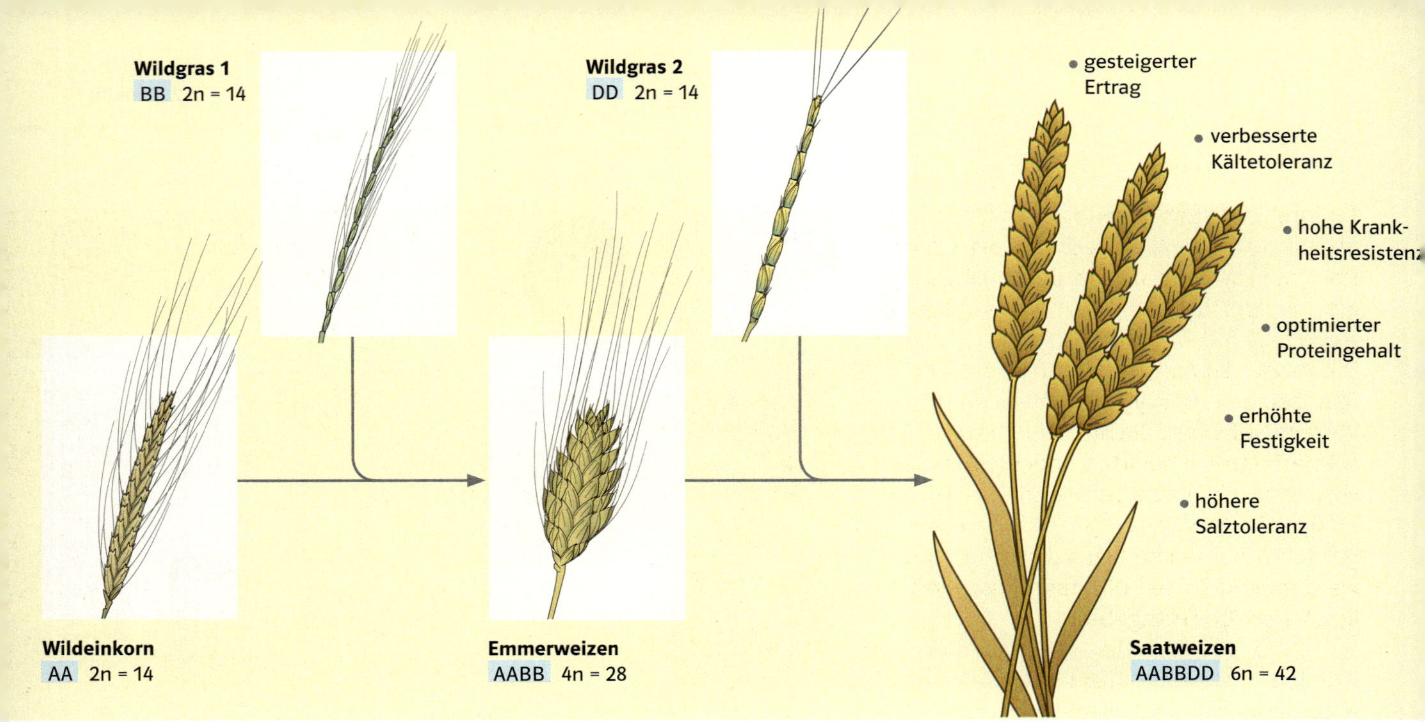

1 Kreuzungszucht von Saatweizen

Konventionelle Pflanzen- und Tierzucht

Zucht durch Auslese

Unsere heutigen Haus- und Nutztiere sowie unsere Nutzpflanzen unterscheiden sich erheblich von ihren Wildformen. Bereits seit Tausenden von Jahren verbessern die Menschen durch gezielte **Zucht** die nützlichen Eigenschaften von Tieren und Pflanzen. Immer wieder kam es bei den Nachkommen zufällig zu vorteilhaften Mutationen (► S. 36/37). Die Individuen mit den neuen und besseren Merkmalen wurden für die weitere Zucht ausgelesen.

Die **Zuchtziele** waren ganz unterschiedlich: Bei den Nutzpflanzen kam es vor allem auf Ertragssteigerung und Widerstandsfähigkeit gegen äußere Einflüsse an. Bei den Nutztieren waren darüber hinaus auch Charaktereigenschaften wichtig. Bis zum Ende des 19. Jh. war diese **Auslesezucht** die einzige Möglichkeit, die angestrebten Merkmale zu erreichen. Sie führte z. B. bei Mastschweinen (▻ B 2) zu einem höheren Fleischanteil. Bei Zuckerrüben konnte man sowohl die Erträge als auch den Zuckergehalt steigern.

Kreuzungszucht

Die auf den Mendelschen Regeln beruhende **Kreuzungszucht** macht die Züchtung deutlich einfacher. Zudem lassen sich die Zuchtziele sehr viel schneller erreichen. Pflanzen und Tiere einer Art kann man gezielt kreuzen, um Merkmale neu zu kombinieren. Bei der Kreuzungszucht werden aber auch die unerwünschten Merkmale weitergegeben. Daher müssen auf jede Kreuzung mehrere Generationen der Auslese folgen, um den Anteil unerwünschter Merkmale zu verringern.
(► Entwicklung, S. 146/147)

Hybridpflanzen haben Vorteile ...

Verschiedene Nutzpflanzen-Sorten haben unterschiedliche Vorteile. Um möglichst viele Vorteile in einer Pflanze zu vereinen, kreuzt man die Sorten. Dazu wählt man Zuchtlinien, die homozygot, also reinerbig für ihre wichtigen Merkmale sind. Dabei ist es auch wichtig, dass die Zuchtlinien der Pflanzen, die gekreuzt werden sollen, möglichst unterschiedliche Merkmale haben. Aus dieser Kreuzung entsteht ein **Hybride**. Dieser ist heterozygot und weist gegenüber seinen homozygoten Eltern oft große Vorteile auf. Diese Zuchtmethode wird sehr erfolgreich bei Mais angewendet. Die Hybridform ist ertragreicher als die reinerbigen Sorten. Das äußert sich etwa an größeren Maiskolben. Aus diesem Grund werden etwa in den USA fast ausschließlich Maishybride angebaut.

... aber nur in einer Generation

Hybridpflanzen sind mischerbig und gegenüber reinerbigen Sorten häufig ertragreicher. Kreuzt man aber die Hybridpflanzen untereinander, so entstehen nach der Spaltungsregel ganz unterschiedliche Merkmalskombinationen. Nutzt man diese als Saatgut für die nächste Ernte, entstehen wieder Pflanzen mit den unerwünschten, großelterlichen Eigenschaften. Beim Anbau von Saatgut aus Maishybriden geht der Ernteertrag um bis zu 30 % zurück.

Den Chromosomensatz vervielfachen

Bei der Kreuzung von verschiedenen Nutzpflanzenarten kommt es oftmals vor, dass der Chromosomensatz der Tochtergeneration verdoppelt wird (⊳ B 1). Diese Pflanzen behalten ihre positiven Eigenschaften. Die ältesten Weizensorten stammen vom **Wildeinkorn** ab (⊳ B 1). Er besitzt einen diploiden Chromosomensatz von 14 Chromosomen: $2n = 14$. Durch die Einkreuzung von verschiedenen Wildgräsern wurden die Chromosomensätze vervielfacht. Das bewirkte, dass der Weizen immer ertragreicher wurde. Die Weizenzüchter der vergangenen Jahrhunderte haben die ertragreichsten Pflanzen für ihre Zucht weiterverwendet – ohne zu wissen, dass sie damit den Chromosomensatz vervielfältigt haben. Unser heutiger Brotweizen ist daher **polyploid**. Er verfügt über 42 Chromosomen: $6n = 42$.

2 Zuchtschwein

Bei der Auslesezucht züchtet man nur die Nachkommen mit den gewünschten Eigenschaften weiter. Für die Kreuzungszucht nutzt man die Mendelschen Regeln. Die Züchtung wird dadurch effektiver.

AUFGABEN

1 Erläutere, warum die Auslese bei jeder Zucht sehr wichtig ist.

2 Beschreibe die Vorteile der Kreuzungszucht gegenüber der Auslesezucht.

3 Erkläre, warum Hybriden in der Landwirtschaft eine so große Bedeutung zukommt.

4 Ein Landwirt beschließt, einen Teil seiner Ernte aus Pflanzenhybriden als Saatgut zu verwenden. Begründe mithilfe eines Kreuzungsschemas, warum das nicht sinnvoll ist.

5 Landwirte müssen das Saatgut für Hybridpflanzen von Saatgutherstellern jedes Jahr aufs Neue kaufen. Beurteile die daraus entstehende Abhängigkeit.

1 Die Tomoffel: ein Produkt aus Tomate und Kartoffel

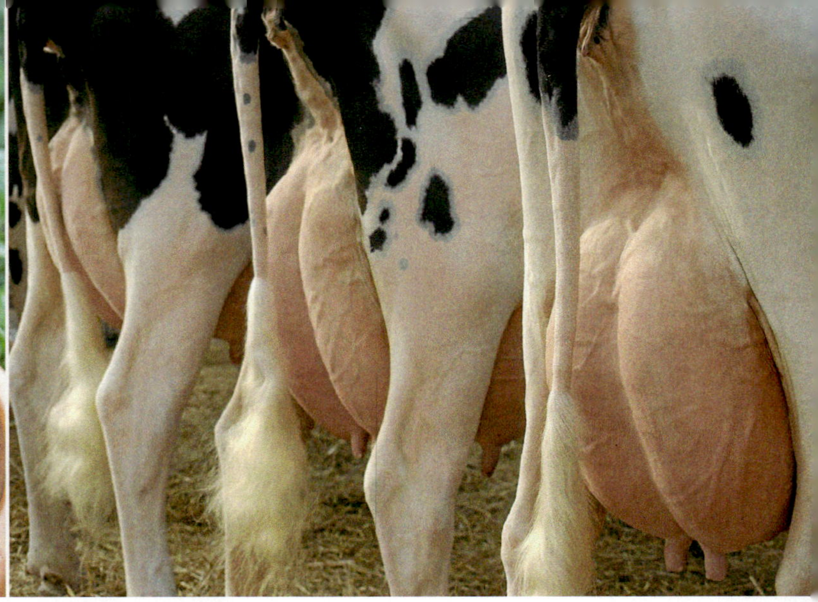

2 Hochleistungsmilchkühe

Züchtung mithilfe der Biotechnik

Biotechnik

Das Erzeugen von veränderten Lebewesen mithilfe von technischen Verfahren nennt man **Biotechnik**. Sie wird vielfach eingesetzt, um Lebewesen für die Nutzung durch den Menschen zu optimieren.

Tomate + Kartoffel = Tomoffel

Im Jahr 1978 gelang es dem Wissenschaftler GEORG MELCHERS mithilfe der Biotechnik, eine neue Pflanze aus Tomate und Kartoffel zu erzeugen. Er nannte sie „Tomoffel" (▻ B 1). Sie war oberirdisch eine Tomate und unterirdisch eine Kartoffel. In der Biologie nennt man eine solche Pflanze eine **Chimäre**.

Durch Zugabe bestimmter Enzyme entfernt man die Zellwände von Zellen beider Pflanzenarten. Es entstehen **Protoplasten**, das sind Zellen ohne Zellwände. Durch die Zugabe von Strom oder Chemikalien verschmelzen beide Protoplasten miteinander. Diese Verschmelzung funktioniert bei Tomate und Kartoffel gut, weil beide nahe verwandt sind. Sie gehören zur Familie der Nachtschattengewächse. Die Tomoffel ist jedoch genetisch so instabil, dass sie keine fruchtbaren Samen bilden kann. Außerdem sind die Früchte und Knollen für eine wirtschaftliche Nutzung viel zu klein.

Moderne Rinderzucht

Die Zucht von Rindern ist besonders zeitaufwendig, denn sie haben eine Tragzeit von rund 285 Tagen. Erst im Alter von zwei Jahren sind sie geschlechtsreif. Bei der **Auslesezucht** dauert es oft mehrere Generationen, bis man die gewünschten Zuchtziele – eine hohe Milchleistung oder eine gute Fleischqualität – erreicht. Die langen Zeiträume kann man mithilfe der Biotechnik verkürzen. In speziellen **Besamungsstationen** hält man Zuchtbullen mit besonders guten Eigenschaften. Betriebe mit Milchkühen können das Sperma von Bullen mit den gewünschten Eigenschaften bestellen und ihre Kühe damit besamen lassen.

Embryonentransfer

Um die Anzahl der Nachkommen einer züchterisch besonders wertvollen Kuh zu steigern, kann der **Embryonentransfer** zum Einsatz kommen. Dafür wird diese Kuh mit Sperma eines Zuchtbullen besamt. Eine Woche nach der Befruchtung werden die

Embryonen aus der Gebärmutter entnommen. Sie werden auf **Empfängertiere** übertragen, welche die Kälber zur Welt bringen (▻ B 4).

Herausforderungen in der Züchtung

Die Nutztier-Züchtung ist auf Wirtschaftlichkeit ausgelegt. Oftmals wird darüber die Tiergesundheit vernachlässigt. Hausschweine wurden z. B. so gezüchtet, dass sie deutlich mehr Fleisch ansetzen als ihre Vorfahren. Das Skelett jedoch ist nicht im gleichen Maß „stärker" geworden und kann das höhere Gewicht der Tiere nicht mehr so gut tragen. Schäden an der Wirbelsäule und den Beinen können die Folge sein.

Hochleistungsmilchkühe (▻ B2) geben bis zu 10 000 Liter Milch pro Jahr (▻ B 3). Um diese Menge produzieren zu können, muss den Kühen Kraftfutter zugefüttert werden. Eine reine Weidehaltung ohne Zufütterung ist nicht möglich. Eine solche Hochleistungskuh lebt nur fünf bis sechs Jahre. Die natürliche Lebenserwartung eines Rindes beträgt dagegen ca. 25 Jahre. (► Entwicklung, S. 146/147)

Bei der Züchtung von Nutztieren werden biotechnische Verfahren eingesetzt, um die Erträge zu steigern.

AUFGABEN

1 Erkläre warum sich die Tomoffel in der Landwirtschaft nicht durchgesetzt hat.

2 Beschreibe den Embryonentransfer anhand von Bild 4.

3 In Bild 3 ist die Entwicklung der Milchleistung von Kühen seit 1950 angegeben.
a) Erstelle ein Diagramm, das diese Werte veranschaulicht.
b) Berechne die Steigerung in Prozent.

4 Stelle Vermutungen an, warum die Spenderkühe ihre Kälber nicht selbst austragen.

5 Erläutere, inwiefern Wirtschaftlichkeit und Tierschutz häufig im Widerspruch zueinander stehen. Diskutiert eure Meinungen dazu in der Gruppe oder in der Klasse.

Jahr	Durchschnittliche Milchleistung einer Kuh in kg/Jahr
1950	1 818
1980	4 279
2000	5 403
2019	7 433

Quelle = Bayerische Landesanstalt für Landwirtschaft „Statistik der Bayerischen Milchwirtschaft", Stand: 2019

3 Tabelle zu Aufgabe 3

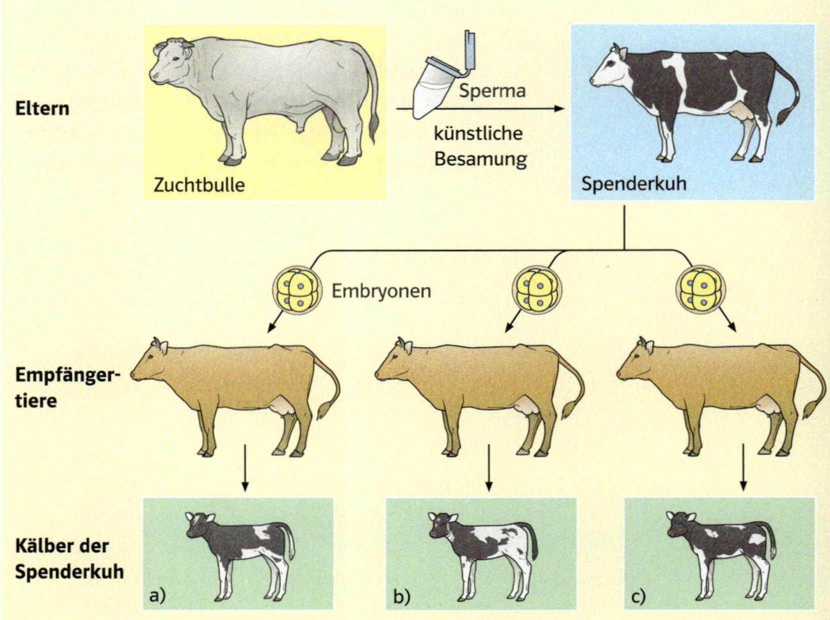

4 Embryonentransfer bei Kühen

1 Geklonte Möhrenpflanzen sehen alle gleich gut aus.

2 Erwachsene Dolly mit ihrem Lamm

Klone: Erbgleiche Nachkommen

Die Züchtung von Pflanzen und Tieren mit neuen Eigenschaften dauert oft sehr lange. Hat man bei einem Lebewesen schließlich das Zuchtziel erreicht, möchte man möglichst schnell viele erbgleiche Nachkommen erzeugen. Diese Methode nennt man **Klonen**. (► Entwicklung, S.146/147)

Natürliche Klone

Viele Lebewesen vermehren sich ungeschlechtlich. Diese Vermehrung findet ausschließlich durch mitotische Teilungen (► S.24/25) statt. Die Nachkommen haben alle das gleiche Erbmaterial, sie sind **Klone**. Bei Einzellern geschieht dies durch einfache Zellteilung. Bei Pflanzen entsteht ein Klon durch Bildung von Ablegern, Ausläufern oder Stecklingen.

Klone beim Menschen

Säugetiere können sich nicht ungeschlechtlich vermehren. Dennoch gibt es auch bei Säugetieren natürliche Klone: die eineiigen Zwillinge (► S.40/41). Da sie aus einer einzigen befruchteten Eizelle entstehen, haben sie das gleiche Erbmaterial. Sie sind allerdings keine Klone ihrer Mutter. Ein Zwilling ist der Klon des anderen.

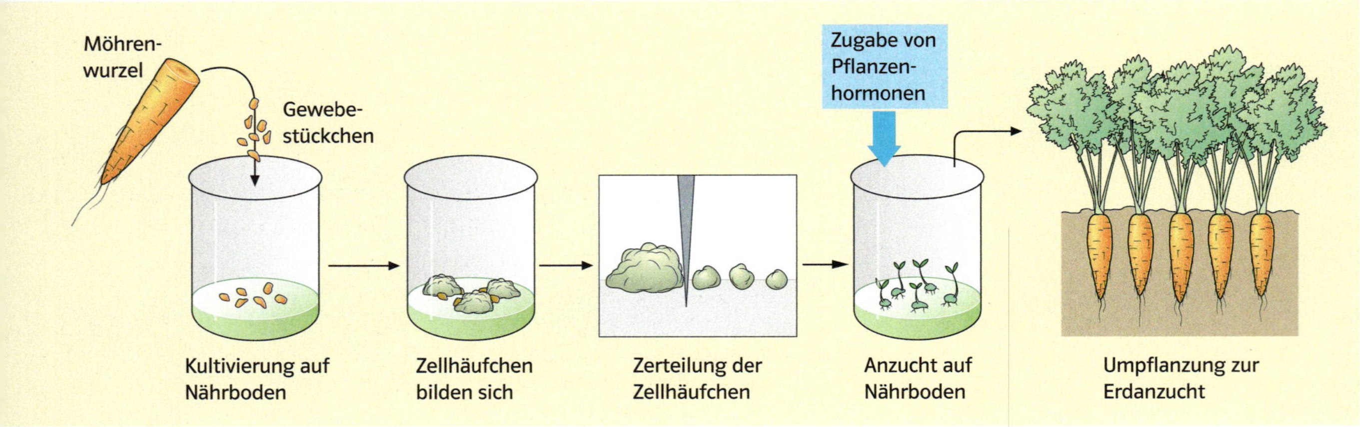

3 Klonen von Möhrenpflanzen

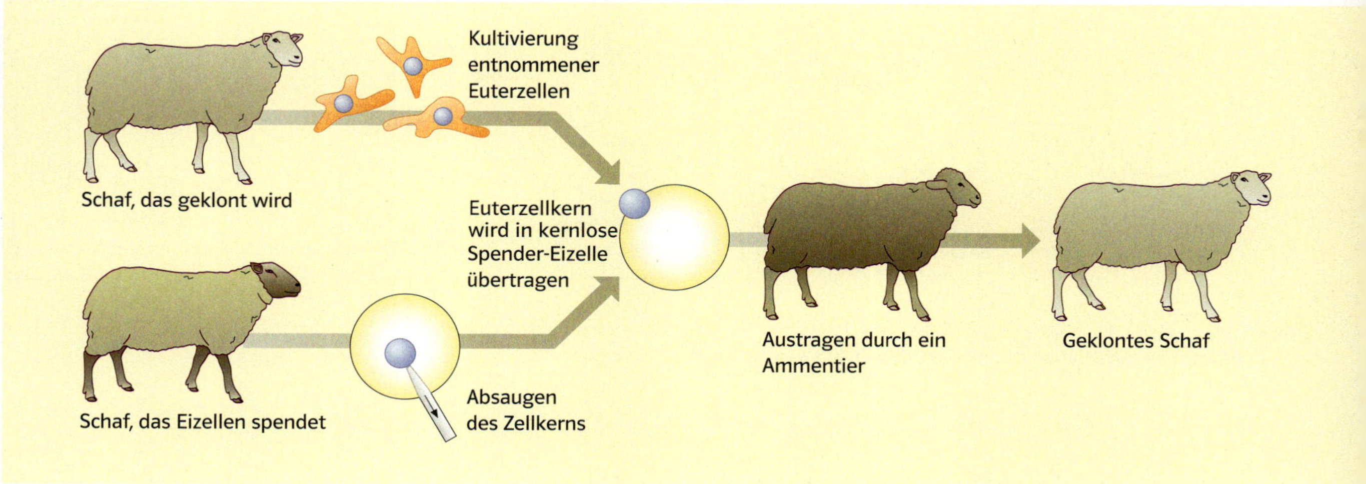

4 Methode des Klonens beim Schaf

Künstliche Klone

Im Jahr 1950 gelang es, aus kleinen Gewebestücken einer Möhre wieder vollständige Pflanzen zu erzeugen (▷ B 3). Auf diese Weise erhält man aus einer Möhren-Wurzel viele Klone derselben Pflanze.

Dolly – das Klonschaf

Im Jahr 1996 wurde erstmals ein Säugetier geklont: das **Klonschaf Dolly**. Dafür entnahm man einem Spenderschaf Zellen aus dem Euter und isolierte deren Zellkerne (▷ B 4). Einem zweiten Spenderschaf entnahm man Eizellen, entkernte sie und übertrug in sie die Zellkerne der Euterzellen. Eine solche Eizelle pflanzte man in die Gebärmutter eines dritten Schafes, dem **Ammentier**, ein. Dieses trug das Lamm „Dolly" aus (▷ B 2).

Trotz des hohen technischen Aufwands wurden in den letzten 20 Jahren viele verschiedene Säugetiere erfolgreich geklont, u. a. Mäuse, Rinder, Katzen, Hunde, Pferde und Rhesusaffen.

Klonen ist keine Gentechnik

Klonen und Gentechnik werden häufig gleichgesetzt. Das stimmt jedoch nicht. Beim Klonen wird das Erbmaterial der Mutterpflanze oder des Spendertieres nicht verändert. Bei der Gentechnik dagegen überträgt oder verändert man das Erbmaterial, um ein Lebewesen mit neuen Eigenschaften zu schaffen (► S. 62/63).

Genetisch identische Lebewesen bezeichnet man als Klon. Es gibt natürliche und durch Klonen künstlich erzeugte Klone.

AUFGABEN

1 Erläutere den Unterschied zwischen Gentechnik und Klonen.

2 Beschreibe das Vorgehen beim Klonen von Tieren mithilfe von Bild 4.

3 Auch bei geklonten Lebewesen findest du Unterschiede. Nenne den Grund.

4 Begründe, warum man beim Klonen den Zellkern aus der Eizelle absaugt (▷ B 4)

5 2005 war der erste geklonte Hund „Snuppy" der einzige lebensfähige Klon aus 1095 Versuchen. Diskutiert diesen Sachverhalt in der Gruppe.

6 Eine Firma in den USA bietet an, Hunde und Katzen zu klonen.
a) Beurteile, inwiefern der Klon als „Ersatz" für das geliebte Haustier dienen kann.
b) Informiere dich über dieses Angebot im Internet und beurteile es kritisch.

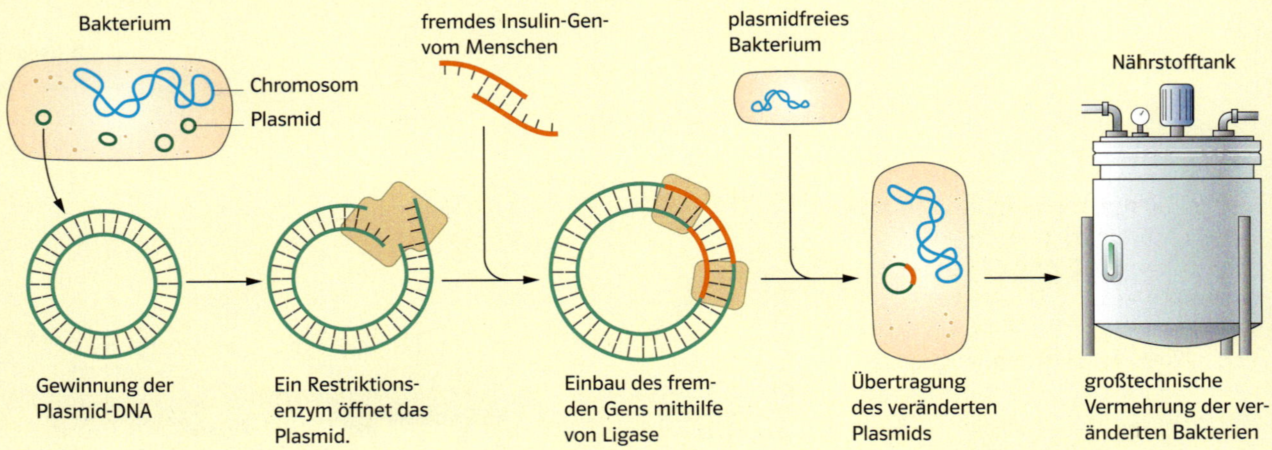

1 Produktion von Humaninsulin mithilfe gentechnisch veränderter Bakterien

Gentechnik

Gentechnik verändert Lebewesen

Die **Gentechnik** ist ein Teilbereich der Biotechnik. Mithilfe gentechnischer Verfahren wird das Erbmaterial eines Lebewesens verändert. Im Gegensatz zur herkömmlichen Züchtung kann die Gentechnik Merkmalskombinationen hervorbringen, die so in der Natur nicht möglich sind.
Durch die Methoden der Gentechnik können Gene einer Art auf eine andere Art übertragen werden. Man spricht von **Gen-Transfer**. Den gentechnisch veränderten – **transgenen** – Lebewesen werden damit bestimmte, neue Eigenschaften verliehen. (► System, S. 146/147)

Plasmide als Gen-Fähren

Bakterien verfügen über eine besondere Struktur: die **Plasmide**. Sie liegen zusätzlich zur eigentlichen DNA als kleine, ringförmige DNA-Stücke im Zellplasma vor (▻ B 1). Viele Bakterien können diese Plasmide kopieren und untereinander weitergeben. Mit einem speziellen **Restriktionsenzym**, einer DNA-Schere, kann man ein solches Plasmid öffnen. Zwischen die offenen Enden kann ein Gen eines anderen Lebewesens eingesetzt werden, welches das gewünschte Merkmal trägt. Mit dem Enzym **Ligase**, einem „genetischen Kleber", verschließt man das Plasmid wieder. Anschließend wird das veränderte Plasmid wieder in ein Bakterium eingebracht. Die Plasmide dienen als Überträger der fremden Gene. Man spricht daher auch von **Gen-Fähren**.

Bakterien mit menschlichen Genen

Gen-Fähren werden beispielsweise bei der Produktion von **Humaninsulin** eingesetzt (▻ B 1). Das menschliche Gen für das Hormon Insulin wurde mithilfe eines Plasmids in Bakterienzellen eingeschleust. Diese gentechnisch veränderten Bakterien produzieren in großen Nährstofftanks kostengünstig große Mengen Insulin (▻ B 2). Nur auf diese Weise kann der Bedarf an dem für viele Diabetiker lebenswichtigen Hormon gedeckt werden.

Der Weg in andere Lebewesen

Die meisten Plasmide können nur zwischen Bakterien weitergegeben werden. Einige Bakterien wie das Bodenbakterium **Agrobacterium tumefaciens** haben jedoch die Fähigkeit, Teile der Plasmid-DNA in Pflanzenzellen zu übertragen. Nutzpflanzen wie Kartoffeln, Raps, Soja, Tabak und die wichtigen Getreidesorten konnten so bereits gentechnisch verändert werden.

Gen-Kanonen

Neben biologischen Mitteln kommen für den Gen-Transfer auch physikalische Methoden zum Einsatz. Mithilfe von **Gen-Kanonen** werden gewünschte Gene mit hohem Druck in eine Zelle geschossen und von dieser in ihr Genom eingebaut.

Gentechnik 2.0

Den Wissenschaftlerinnen EMMANUELLE CHARPENTIER und JENNIFER DOUDNA gelang 2012 ein großer Durchbruch bei gentechnischen Verfahren. Gemeinsam mit ihrer Arbeitsgruppe entwickelten sie eine ganz neue Technik: das **CRISPR/Cas-Verfahren**. Mit dieser Methode kann man DNA sehr gezielt schneiden und verändern. Das neue Werkzeug besteht aus dem **Cas9-Schneideprotein** und einer RNA-Erkennungssequenz. Je nachdem, welche Erkennungssequenz hinzugefügt wird, schneidet das Cas-Protein eine ganz bestimmte Stelle der DNA auf (▻ B 3). An dieser Stelle kann ein Teil der DNA entfernt oder eine veränderte DNA eingebracht werden. Man spricht bei dieser und ähnlichen Methoden von „**Gene Editing**", was so viel wie „Genomchirurgie" bedeutet.

Die Gentechnik verändert die DNA eines Lebewesens: Mit Plasmiden und Gen-Kanonen werden fremde Gene in einen anderen Organismus eingesetzt. Mit Techniken wie CRISPR/Cas gelingt es, DNA gezielt zu schneiden und zu verändern.

AUFGABEN

1 Erläutere den Begriff „Gentechnik" mit eigenen Worten.

2 Beschreibe das Verfahren der Insulinproduktion mithilfe von Bild 1.

3 Vergleiche Gen-Fähren, Gen-Kanone und CRISPR/Cas-Verfahren miteinander.

4 Viren übertragen ihr Erbmaterial auf fremde Zellen. Daher können sie auch als Gen-Fähren genutzt werden. Stelle in einer Grafik ähnlich Bild 1 einen Gen-Transfer mithilfe eines Virus dar.

5 Recherchiere im Internet je drei Argumente von Gentechnikbefürwortern und Gentechnikgegnern. Stelle dein Rechercheergebnis in Form einer Tabelle dar.
a) Ergänze die Tabelle um eigene Argumente.
b) Diskutiert in der Gruppe die Aussage: „Gentechnik soll gesetzlich verboten werden."

2 Großtechnische Insulinproduktion

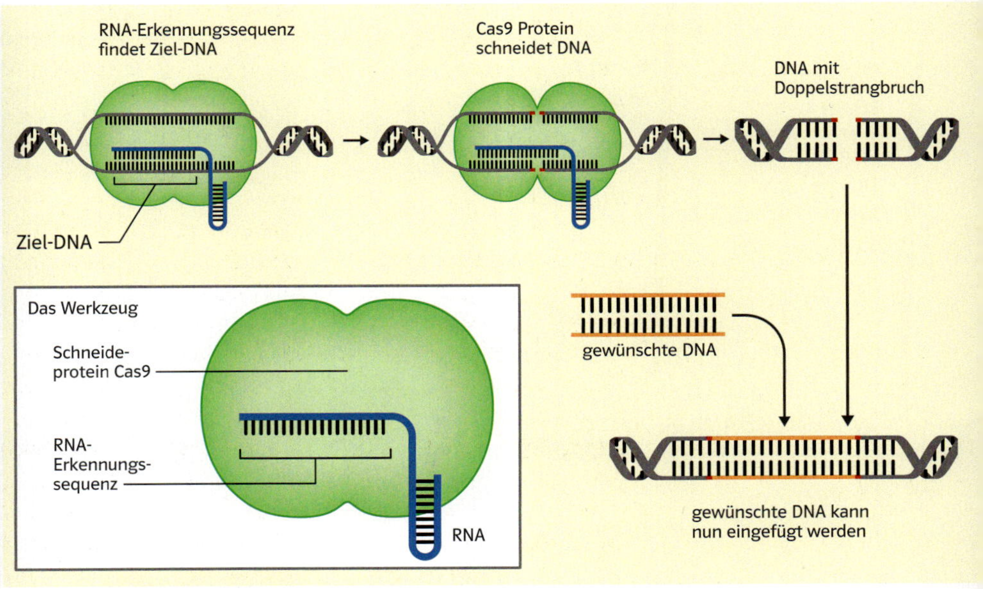

3 Crispr/Cas-Verfahren

Ethische Entscheidungen treffen

Wissenschaft und Verantwortung

Viele Fragen zu Risiken und möglichen Gefahren der **Gentechnik** sind heute noch offen. Wissenschaftler, Politiker, Juristen, Theologen und Ethiker versuchen Antworten auf diese Fragen zu finden. Da die Gentechnik Einfluss auf viele Bereiche unseres Alltags hat, sollte sich jeder darüber informieren und eine Meinung dazu haben.

Chancen und Risiken dieses Forschungsgebietes liegen sehr nahe beieinander. Aus diesem Grund ist es häufig nicht einfach, Entscheidungen zu treffen. Viele verschiedene Interessen, Standpunkte und Meinungen müssen dabei berücksichtigt werden. Moralisches Bewusstsein, persönlicher Vorteil, Nutzen für die Menschheit, Gefühle und verschiedene andere Werte stehen hier oft im Widerspruch.

Verschiedene ethische Ansätze

Die **Ethik** ist ein Fachgebiet der Philosophie und beschäftigt sich mit der „Theorie der Moral". Die Ethik soll den Menschen Hilfen bei moralischen Entscheidungen bieten.

Unter Moral versteht man Normen, Prinzipien, Werte oder Haltungen bestimmter Gruppen oder Kulturen. Man unterscheidet dabei grundsätzlich zwei Ansätze: **Teleologische Ethiktheorien** bewerten eine Handlung nur an den Folgen, die diese Handlung hat. Handlungen sind also umso besser, je mehr sie das Glück und Wohlergehen der Menschheit fördern. Die **deontologische Ethik** dagegen bemisst den Wert von Handlungen daran, ob sie bestimmten moralischen Geboten folgen. Die positiven oder negativen Folgen werden dabei nicht berücksichtigt.

Wer hat Recht?

Je nachdem, welchem der beiden Ansätze du bei einer Fragestellung eher folgst und welche Werte dir wichtig sind, wird deine Entscheidung anders ausfallen. Dabei gibt es keine richtige oder falsche Antwort. Vielmehr geht es darum, für dich selbst eine Entscheidung zu treffen, die du auf Grundlage deiner eigenen moralischen Grundsätze rechtfertigen kannst.

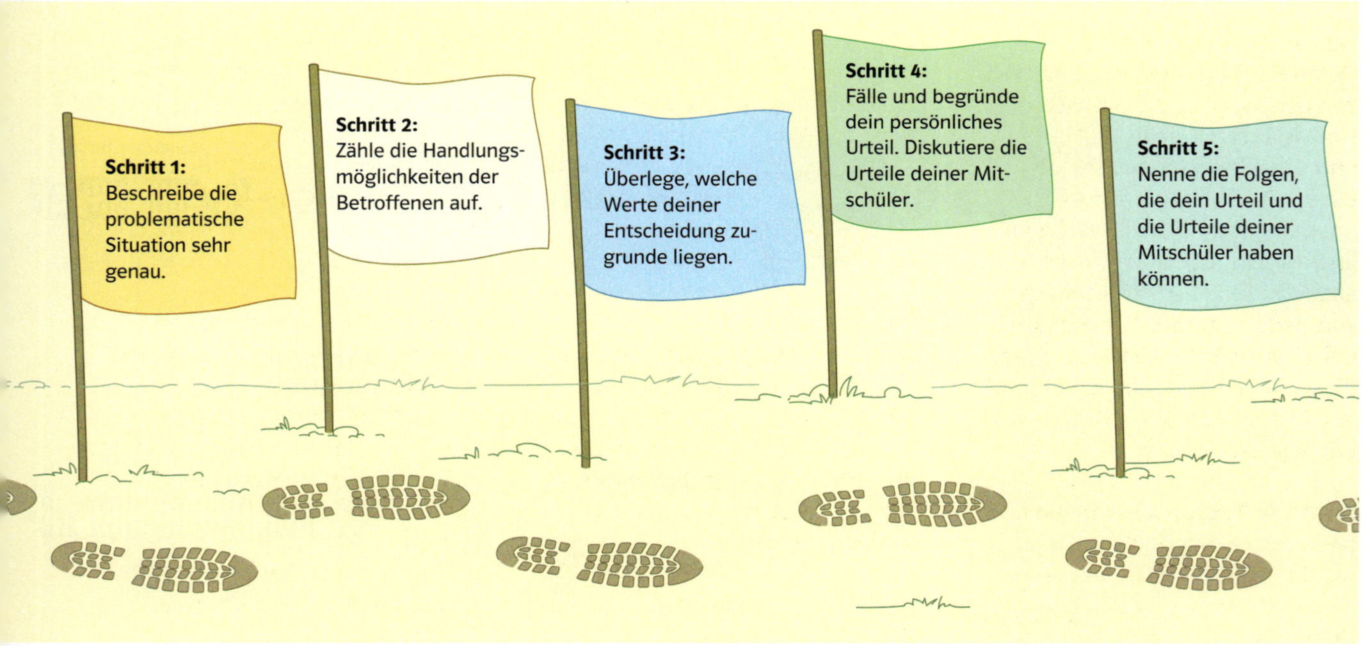

1 Schritte der Urteilsfindung

In fünf Schritten zur Entscheidung

Schritt 1: Die Situation beschreiben

Grundvoraussetzung für ein Urteil ist, dass du genau beschreibst, was das eigentliche Problem ist. Zum Beispiel: „Sollte die Gentechnik gesetzlich erlaubt sein?"

Schritt 2: Handlungsmöglichkeiten beschreiben

Meist gibt es kein einfaches Ja oder Nein. Deshalb musst du zunächst beschreiben, welche Handlungsoptionen eine Fragestellung zulässt.
- Welche Regelungen sind wirklich erforderlich?
- Sollte Gentechnik grundsätzlich verboten werden oder nur einige ihrer Teilbereiche?
- Sollte sie erlaubt sein, wenn gentechnisch veränderte Lebewesen und Produkte gekennzeichnet werden?

Schritt 3: Werte zuordnen

Deine Entscheidung ist abhängig von den Werten, die dir wichtig sind. Manche Werte wie Freiheit und Gerechtigkeit werden von einem Großteil der Menschheit anerkannt. Sie dienen als Grundlage für Entscheidungen, die für alle Mitglieder einer Gesellschaft von Bedeutung sind. Wähle aus der Liste (⊳ B 2) Werte aus, die für diese Entscheidung eine Rolle spielen. Ordne diese Werte nach ihrer Wichtigkeit für dich.

Erfolg Menschenwürde Geld Solidarität Sicherheit
Leben Bildung Gerechtigkeit Leistung Liebe
Nachhaltigkeit Toleranz Wohlstand Freiheit Weisheit
Naturverbundenheit Gesundheit Verantwortung
Anerkennung Menschenrechte Wahrheit Gehorsam
Selbstbestimmung Eigentum

2 Werteliste

Schritt 4: Begründetes Urteil fällen und andere Urteile diskutieren

Auf Grundlage deiner Werte musst du nun ein Urteil fällen. Du musst dabei die Chancen und Risiken, die die Gentechnik bietet, gegeneinander abwägen und mit deinen Werten vergleichen. Du wirst feststellen, dass dabei manche Werte im Widerspruch zueinander stehen. Wichtig für dein Urteil ist auch, dass du dich über das Problem oder Thema gut informierst. Dabei solltest du dich nicht von unwissenschaftlichen Informationen oder „Fake News" beeinflussen lassen, sondern dich bei zuverlässigen Quellen informieren. Dann kannst du deine Meinung auch fachlich begründen und ein fundiertes Urteil fällen. Dein Urteil entsteht nun, weil du bestimmten Werten mehr oder weniger Wichtigkeit zuweist. Andere Personen entscheiden aufgrund anderer Werte und kommen daher auch zu einem anderen Ergebnis.

In einer Diskussion mit deinen Mitschülern kann jeder sein Urteil erläutern und begründen, warum ihm oder ihr bestimmte Werte dabei besonders wichtig sind. So kannst du die Fragestellung noch einmal von einer ganz anderen Seite betrachten.

Schritt 5: Folgen benennen

Jede Entscheidung hat Folgen. Prüfe, ob die langfristigen Folgen deiner Entscheidung bestimmte Werte verletzen, die dir wichtig sind. Sollte dies der Fall sein, musst du deine Entscheidung noch einmal überdenken.

AUFGABEN

1 In den USA wurde das CRISPR/Cas-Verfahren nicht als Gentechnik eingestuft, da dabei meist keine fremde DNA in den Organismus eingebracht wird. Mit diesem Verfahren veränderte Lebewesen unterliegen dort also nicht der Gentechnik-Regulierung.
Wie würdest du entscheiden? Formuliere zu dieser Fragestellung die einzelnen Schritte der Urteilsfindung.

2 Informiere dich auf den folgenden Seiten über transgene Tiere und Pflanzen. Entscheide anschließend, ob es verboten werden sollte, die vorgestellten Lebewesen zu erzeugen.

3 Entwickelt zum Thema Gentechnik eigene moralische Fragestellungen. Tauscht eure Fragen untereinander aus und fällt jeweils ein begründetes Urteil.

1 Raupe des Maiszünslers

2 Der Goldene Reis enthält Beta-Carotin.

3 Magere Ernte: Wildkräuter verdrängen Nutzpflanzen.

Transgene Pflanzen

Gentechnik gegen den Welthunger?

Nach Schätzungen der Welthungerhilfe litten im Jahr 2019 ca. 10% der Weltbevölkerung Hunger. Aufgrund des Bevölkerungswachstums sowie der sich verändernden Klimabedingungen wird es immer schwieriger, genügend Nahrung zu produzieren. Die Gentechnik ist eine vielversprechende, aber umstrittene Methode, dieses Problem zu lösen: Indem Fremd-Gene in Pflanzen eingebracht werden, entstehen **transgene Pflanzen** mit neuen Eigenschaften.

Widerstand gegen Schädlinge

Mais stellt für rund eine Milliarde Menschen das wichtigste Grundnahrungsmittel dar. Ein Teil des angebauten Maises wird jedoch regelmäßig von Schädlingen vernichtet. Hauptschädling ist die **Raupe** des **Maiszünslers** (▻ B 1), einer Schmetterlingsart. Gentechniker fanden eine Lösung: Das Bodenbakterium **Bacillus thuringensis**, kurz „Bt" genannt, produziert ein Protein, das im Darm der Larve aufgelöst und von Verdauungsenzymen weiter aufgespalten wird. Es entsteht ein Giftstoff, der die Darmwand der Raupe durchlöchert. In Laboratorien ist es gelungen, das dafür zuständige Gen des Bakteriums zu isolieren und in die DNA der Maispflanze zu übertragen. Der gentechnisch veränderte Mais stellt in seinen Zellen dann das gleiche Protein her wie das Bodenbakterium. Die Raupe des Maiszünslers kann diesem **Bt-Mais** also nichts anhaben.

Der Giftstoff im Bt-Mais wirkt sich aber nicht nur auf die Schädlinge, sondern auch auf andere Insekten, z. B. Schmetterlinge, oder Regenwürmer aus. Darüber hinaus entwickeln die Schädlinge mit der Zeit **Resistenzen**. In Deutschland ist wegen dieser Umweltrisiken der Anbau von Bt-Mais verboten.

Weg mit der Konkurrenz

Jahr für Jahr verursachen **Wildkräuter** auf den Feldern große Ernteausfälle (▻ B 3). Um das zu verhindern, setzt man Unkraut-Vernichtungsmittel ein, auch **Herbizide** genannt. Diese belasten aber auch die Nutzpflanzen. Forscherteams entdeckten Bakterien, die widerstandsfähig gegen ein bestimmtes Herbizid sind. Sie isolierten das betreffende Gen und übertrugen es auf Soja-, Raps-, Mais- und Baumwollpflanzen. Nun vernichtet das Herbizid die unerwünschten Kräuter – während die

Nutzpflanzen daneben ungestört wachsen. Der Anbau dieser Pflanzen ist allerdings an bestimmte Bedingungen geknüpft: Landwirte können das Herbizid nur im Paket mit dem gentechnisch veränderten Saatgut von der Hersteller-Firma kaufen.

Das Golden-Rice-Projekt

Vitamin-A-Mangel stellt vor allem für die Bevölkerung in asiatischen Entwicklungsländern eine gesundheitliche Bedrohung dar. Die Folgen von Vitamin-A-Mangel können Erkrankungen der Augen und der Schleimhäute sein. Außerdem ist die Anfälligkeit für Infektionskrankheiten erhöht.

In gentechnischen Laboratorien gelang es mithilfe von Bodenbakterien, ein Gen aus Maispflanzen auf den Reis zu übertragen. Die gentechnisch veränderten Reispflanzen können **Beta-Carotin** herstellen. Dabei handelt es sich um einen Pflanzenstoff, der im Körper zu Vitamin A umgewandelt wird. Die Körner der Reispflanze sind goldgelb (▻ B 2), weshalb das Forschungsprojekt den Namen **Golden Rice** bekam. Bis heute steht der „Goldene Reis“ allerdings noch immer nicht auf den Feldern.

Komplizierte Kennzeichnung

Nach einer EU-Regelung müssen alle Lebensmittel gekennzeichnet werden, die ganz oder teilweise aus **gentechnisch veränderten Organismen (GVO)** hergestellt sind. Solche Lebensmittel, z. B. Stärke, Mehl oder Zuckersirup aus transgenem Mais, müssen einen entsprechenden Hinweis auf dem Etikett bzw. in der Zutatenliste tragen. Gleiches gilt auch für Futtermittel.
Dagegen müssen Lebensmittel, Zutaten oder auch Produkte nicht gekennzeichnet werden, bei denen nur für die Herstellung gentechnisch veränderte Organismen verwendet wurden. Um diese „Lücke“ bei der Kennzeichnung zu schließen und für Verbraucher eine zusätzliche Sicherheit zu schaffen, wurde in Deutschland das freiwillige **„Ohne Gentechnik“-Siegel** eingeführt (▻ B 4).

4 Dieses Siegel garantiert die Verwendung gentechnikfreier Futtermittel.

Gentechnisch veränderte Pflanzen, die ein Fremd-Gen enthalten, bezeichnet man als transgene Pflanzen. Sie besitzen neue Eigenschaften.
Lebensmittel, die gentechnisch veränderte Organismen (GVO) enthalten, müssen in Deutschland gekennzeichnet sein.

AUFGABEN

1 Erläutere, was man unter transgenen Pflanzen versteht.

2 Nenne Produkte, die den Hinweis „gentechnisch verändert“ tragen müssen.

3 Vergleiche den Einsatz genveränderter Baumwollpflanzen mit der herkömmlichen Herbizid-Anwendung.

4 Gentechnisch veränderter Mais enthält ein fremdes Protein, das wir sonst nicht zu uns nehmen. Stelle Vermutungen an, welche Probleme dadurch für uns entstehen könnten.

5 Herbizide werden als „Pflanzenschutzmittel“ bezeichnet. Nimm kritisch dazu Stellung.

6 Der Anbau gentechnisch veränderter Pflanzen ist sehr umstritten. Sammle mithilfe einer Internetrecherche Pro- und Contra-Argumente.

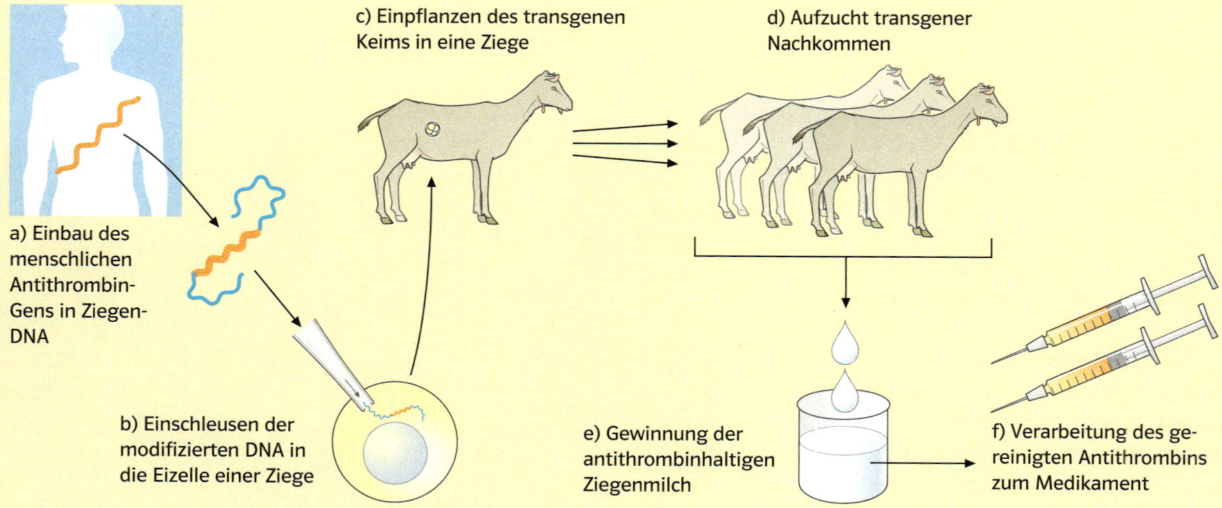

1 Gene-Pharming

Transgene Tiere

Tiere nach Plan

Mit gentechnischen Verfahren kann man artfremde Gene nicht nur in die DNA von Pflanzen, sondern auch in die von Tieren einbauen. Solche Tiere nennt man **transgene Tiere**.

Medikamente aus Ziegenmilch

Ein Anwendungsbereich für transgene Tiere ist das **Gene-Pharming**. Hierbei wird das Erbmaterial von Tieren so verändert, dass diese für den Menschen nützliche Wirkstoffe herstellen. Seit dem Jahr 2008 ist in einigen EU-Ländern das erste auf diese Weise erzeugte Arzneimittel auf dem Markt: Antithrombin III.

Das menschliche Antithrombin ist ein Protein, das die Blutgerinnung hemmt. Blutgerinnungshemmer setzt man bei Patienten mit Venenerkrankungen ein, um sie vor lebensbedrohlichen Thrombosen zu schützen.

Ursprünglich isolierte man den Wirkstoff Antithrombin aus menschlichem Spenderblut. In den USA gelang es mithilfe gentechnischer Verfahren, das Gen für das menschliche Antithrombin in das Genom von Ziegen einzuschleusen (⊳ B 1). Die transgenen Ziegen bilden das Protein und scheiden es mit der Milch aus. Mit relativ geringem Aufwand kann man den Wirkstoff zum Medikament weiterverarbeiten.

Das Euter der Ziegen erfüllt die Funktion eines **Bioreaktors**. Bioreaktoren sind im ursprünglichen Sinne Behälter, in denen man Mikroorganismen und Zellen kultiviert. Die Herstellerfirma gibt an, dass eine transgene Ziege pro Jahr dieselbe Menge Antithrombin produzieren kann, wie man aus 90 000 Blutspenden gewinnen könnte.

Tiere als Krankheitsmodelle

Transgene Tiere dienen häufig als Modell-Organismen. An ihnen erforscht man mögliche Ursachen genetisch bedingter Krankheiten. Bei den sogenannten **Knockout-Mäusen** werden gezielt ein oder mehrere Gene ausgeschaltet. Dies ermöglicht Rückschlüsse darüber, ob dieser DNA-Abschnitt an der Entstehung bestimmter Erkrankungen beteiligt ist oder nicht.

Transgene Stechmücken

Stechmücken übertragen die Erreger gefährlicher Infektionskrankheiten, z. B. die Erreger der Malaria oder des Dengue-Fiebers. Bei der Bekämpfung der Insekten setzt man auf die Gentechnik und manipuliert die Stechmücken so, dass sie sich nicht mehr fortpflanzen können. Dazu bringt man in die DNA männlicher Insekten ein Gen ein, das den Nachwuchs bereits im Larvenstadium absterben lässt.
Im Jahr 2014 ließ Brasilien als erstes Land den Einsatz der **transgenen Stechmücken** zu. Dadurch reduzierte sich nicht nur die Mückenpopulation deutlich, sondern auch die Zahl der Dengue-Infektionen.

Das Prinzip der transgenen Stechmücken könnte auch in der Landwirtschaft Verwendung finden. Denn hier sorgen Insekten wie die Kohlmotte oder die Olivenfruchtfliege für hohe Ernteausfälle. Kritiker weisen jedoch auf bisher ungeahnte Folgen für das Ökosystem hin, wenn die gentechnisch veränderten Tiere großflächig eingesetzt werden.

Der „Turbolachs"

Seit 2015 ist der „**Turbolachs**" in den USA zugelassen (▻ B 2). Seine DNA wurde an zwei Stellen modifiziert: Zum einen erhielt er das Wachstumshormon-Gen einer anderen Lachsart, zum anderen das Gen einer Fischart, die an kalte Gewässer angepasst ist. Auf diese Weise züchtet man „Turbolachse", die bereits nach etwa 16 Monaten das Schlachtgewicht von 18 kg erreichen. „Normale" Lachse benötigen dafür rund drei Jahre.

Neben dem „Turbolachs" gab es bis heute nur wenige Ansätze, transgene Nutztiere zu entwickeln. Die hohen Herstellungskosten wogen den erzielbaren Nutzen in der Landwirtschaft einfach nicht auf. Mithilfe des CRISPR/Cas-Verfahrens (► S. 66/67) könnte sich dies allerdings bald ändern, da diese Technik nicht nur weniger zeitintensiv, sondern auch noch extrem günstig ist.

2 Turbolachs

Gentechnisch veränderte Tiere, die ein Fremd-Gen enthalten, bezeichnet man als transgene Tiere. Sie finden in vielen Bereichen Verwendung, z. B. bei der Herstellung von Medikamenten.

AUFGABEN

1 Nenne Anwendungsbereiche transgener Tiere.

2 Gib die bei der Zucht des „Turbolachs" verfolgten Ziele an.

3 Beschreibe das Gene-Pharming in Bild 1.

4 Begründe, warum die Milch transgener Ziegen nicht zum Verzehr geeignet ist.

5 Eine Mitschülerin schlägt vor, in das Schulaquarium Glofish-Zebrabärblinge einzusetzen. Informiere dich über diese transgenen Fische und triff auf Basis dieser Informationen eine begründete Entscheidung.

6 Beschreibe anhand eines Beispiels Risiken, die von transgenen Tieren ausgehen können, wenn sie unkontrolliert in ein Ökosystem gelangen.

Stammzellen – die Alleskönner?

Jeder Mensch entwickelt sich aus einer einzigen befruchteten Zelle. Während sie sich immer wieder teilt, beginnen sich die Zellen auf verschiedene Aufgaben zu spezialisieren – sie differenzieren. So entstehen alle Zelltypen des Körpers. Mit der Differenzierung geht bei vielen Zellen die Teilungsfähigkeit verloren. Weil alle Zellen aber altern und irgendwann absterben, müssen sie immer wieder ersetzt werden. Die Quelle für diese neuen Zellen sind Stammzellen.

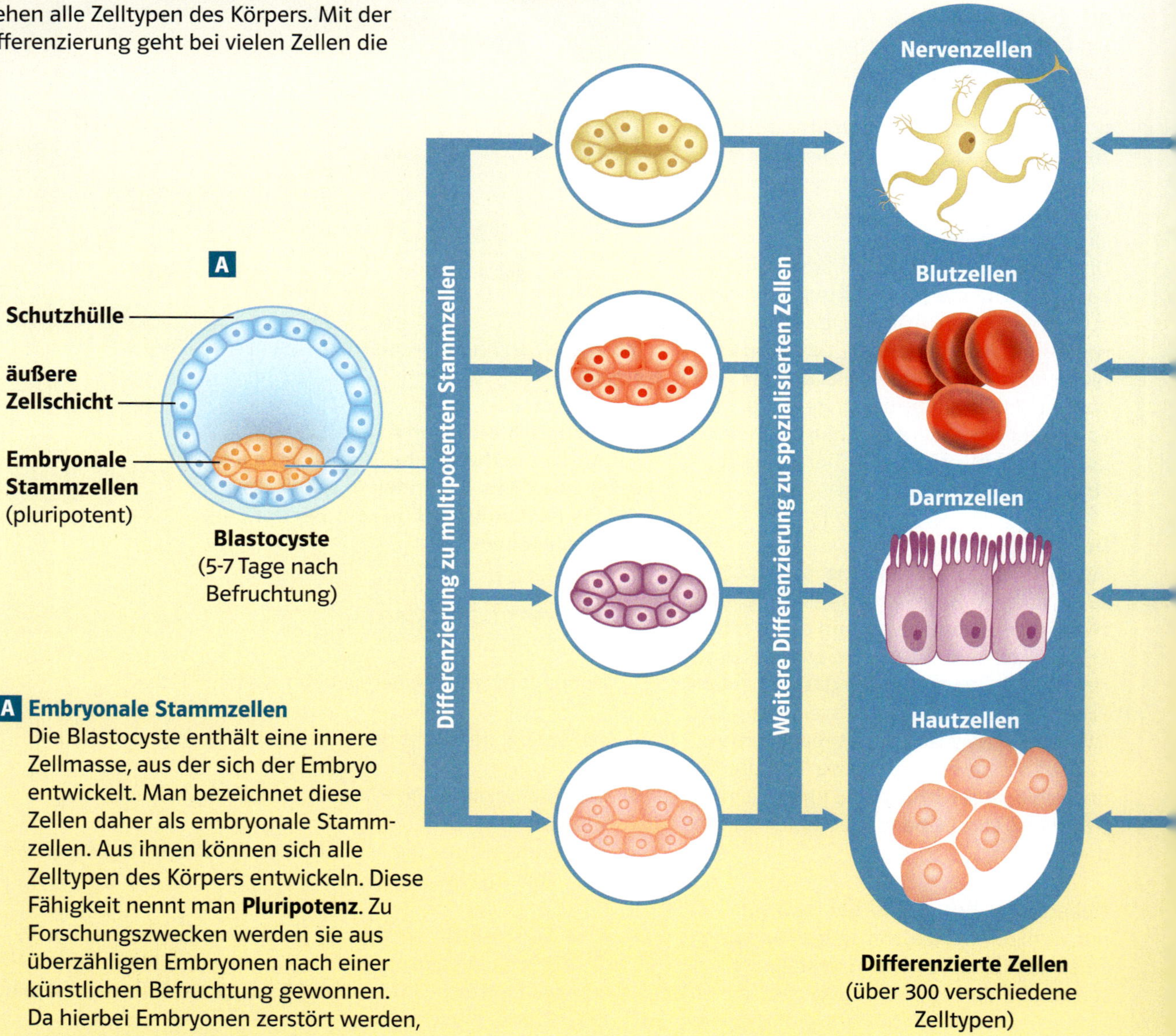

A Embryonale Stammzellen
Die Blastocyste enthält eine innere Zellmasse, aus der sich der Embryo entwickelt. Man bezeichnet diese Zellen daher als embryonale Stammzellen. Aus ihnen können sich alle Zelltypen des Körpers entwickeln. Diese Fähigkeit nennt man **Pluripotenz**. Zu Forschungszwecken werden sie aus überzähligen Embryonen nach einer künstlichen Befruchtung gewonnen. Da hierbei Embryonen zerstört werden, ist das in Deutschland verboten.

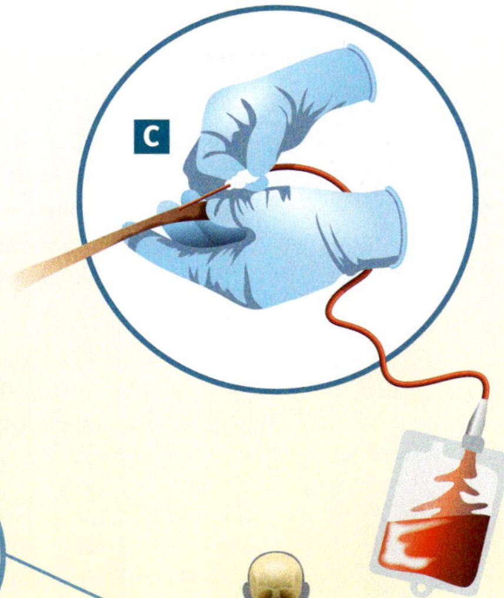

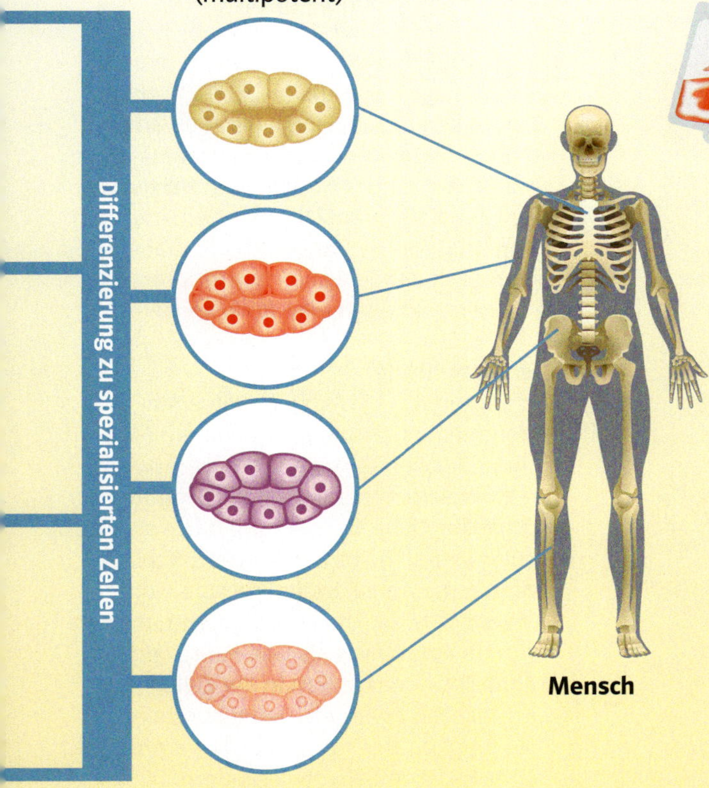

B **Adulte Stammzellen**
Auch nach der Geburt enthält der Körper noch Stammzellen. Allerdings können sich diese nicht mehr in alle, sondern nur noch in bestimmte Zelltypen entwickeln. Sie sind **multipotent** und werden als **adulte Stammzellen** bezeichnet. Im Knochenmark sitzen zum Beispiel Stammzellen, die die unterschiedlichen Zellen des Blutes bilden.

C **Stammzellen aus Nabelschnurblut**
Das Blut aus der Nabelschnur enthält adulte Stammzellen für die Blutbildung, aber auch für Knorpel-, Skelettmuskel- und Herzmuskelzellen. Die Stammzellen können zur Behandlung von Krankheiten wie Blutkrebs eingesetzt werden. Nabelschnurblut kann man nach der Geburt entnehmen und tiefgefroren jahrelang einlagern. Man kann es für eine zukünftige Behandlung des Neugeborenen einlagern oder auch spenden.

Embryonale Stammzellen können sich zu allen Körperzellen entwickeln, sie sind pluripotent. Adulte Stammzellen sind multipotent und können nur noch zu bestimmten Zelltypen werden.

AUFGABEN

1 Erstelle eine Tabelle mit den Unterschieden zwischen embryonalen und adulten Stammzellen.

2 Erkläre, warum viele Gewebe auch nach der Embryonalentwicklung Stammzellen enthalten müssen.

3 Erkläre den Unterschied zwischen den Begriffen Multipotenz und Pluripotenz.

4 Stelle Vermutungen an, warum embryonale Stammzellen für die Forschung und die Medizin so interessant sind.

Gentherapie beim Menschen

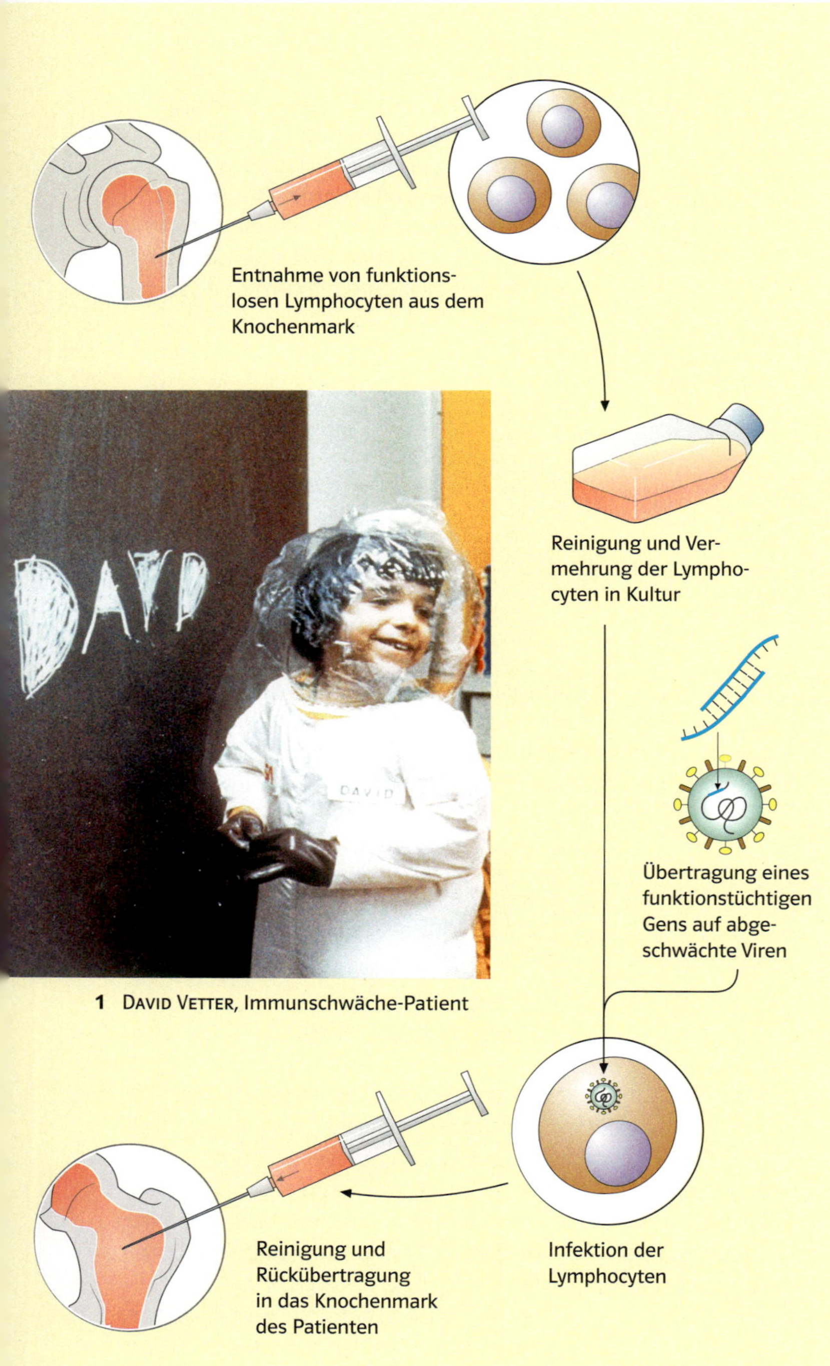

1 DAVID VETTER, Immunschwäche-Patient

2 Mit dieser Gentherapie konnte man Kinder wie ASHANTI DE SILVA oder DAVID VETTER aus ihrer Isolation befreien.

Die Ursache vieler genetisch bedingter Krankheiten ist ein einziger Gendefekt. Man könnte eine solche Krankheit heilen, indem man das eine fehlerhafte Gen durch das intakte ersetzt. Die Schwierigkeit einer solchen **Gentherapie** liegt darin, die Erbinformation in allen betroffenen Zellen gezielt zu verändern.

Das Human Genome Project

Damit eine Gentherapie erfolgreich durchgeführt werden kann, muss man die genaue Lage der Gene im menschlichen Genom kennen. Von 1990 bis 2003 arbeiteten Biologen- und Medizinerteams weltweit an der dafür notwendigen **Kartierung** aller Gene des menschlichen Genoms, dem „**Human Genome Project**" (HGP). Dabei ließen sich einige Gene identifizieren, die bei Erbkrankheiten eine Rolle spielen.

Der erste Erfolg

Im September 1990 gelang die erste erfolgreiche Gentherapie an einem Menschen. Die vierjährige ASHANTI DE SILVA litt an einer seltenen angeborenen **Immunschwäche**. Ohne Behandlung hätte sie ihr Leben in einem sterilen Kunststoffzelt verbringen müssen. Für die Therapie wurden ASHANTI defekte Abwehrzellen entnommen. Mithilfe eines Virus als Gen-Fähre (► S. 66) konnte das intakte Gen in die Zellen eingeschleust werden. Dabei nutzte man die Fähigkeit der Viren, in Zellen einzudringen und deren DNA zu verändern. Diese „reparierten" Zellen wurden anschließend wieder in den Körper des Mädchens übertragen. ASHANTI DE SILVA führt seitdem ein völlig normales Leben (▷ B 2).

Gentherapie und Mukoviszidose

Auch bei **Mukoviszidose** liegt die Ursache in einem einzigen fehlerhaften Gen (► S. 54). Wissenschaftler forschen an verschiedenen Methoden, um das intakte Gen zu verpacken, sodass es inhaliert werden kann (▻ B 3, B 4). Die korrigierte Erbinformation soll so in die Lungenzellen gelangen und die Symptome beseitigen. Erste Erfolge konnten bereits erzielt werden.

Gentherapie und Leukämie

Leukämie ist eine Form von **Blutkrebs**, die besonders Kinder trifft. 2018 wurde in Europa erstmals eine Gentherapie für bestimmte Leukämiearten zugelassen. In klinischen Studien hat diese Methode bereits beeindruckende Erfolge erzielt.

Die Schattenseiten der Gentherapie

Der erfolgreichen Gentherapie an ASHANTI DE SILVA folgten leider viele Fehlschläge. Zwar konnten weitere Kinder mit einer angeborenen Immunschwäche mithilfe der Gentherapie behandelt werden. Daraufhin erkrankten jedoch einige von ihnen an Leukämie. Ein Grund dafür ist, dass man beim Einsatz von Viren als Gen-Fähren nicht voraussehen kann, wo das intakte Gen im Genom eingebaut wird. Damit besteht das Risiko von Schäden. Auch die Viren selbst können zur Gefahr werden. Im Jahr 1999 starb der 18-jährige Amerikaner JESSE GELSINGER infolge einer Gentherapie. Das als Gen-Fähre verwendete Virus löste eine heftige Immunreaktion aus, an der er vier Tage nach der Injektion verstarb.

Gentherapie der Zukunft

Das CRISPR/Cas-Verfahren (► S. 66) eröffnet für die Gentherapie ganz neue Möglichkeiten. Damit könnte die DNA zielgenau verändert und nicht nur ein fehlerfreies Gen ersatzweise in die Zellen eingeschleust werden. Langfristig möchte man damit Gentherapien für verschiedene Krebsformen und AIDS entwickeln.
Im Labor können mithilfe der Gentherapie nicht nur Körperzellen, sondern auch Eizellen oder Embryonen verändert werden. Dadurch würde aber das gesamte Erbmaterial eines Menschen dauerhaft verändert. Da mögliche Folgen nicht absehbar sind, ist dieser Einsatz der Gentherapie derzeit sehr umstritten.

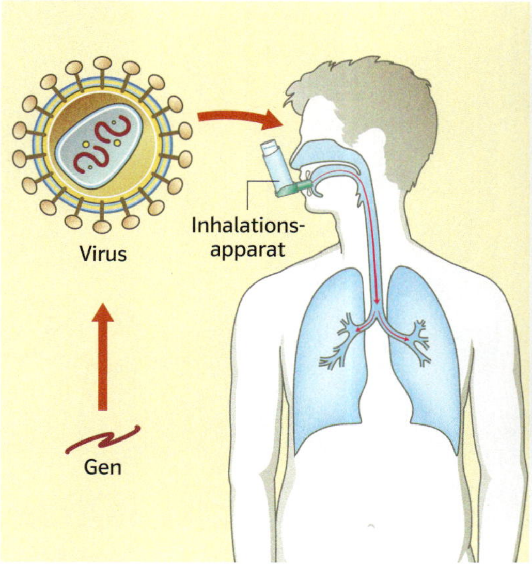

3 Gentherapie bei Mukoviszidose

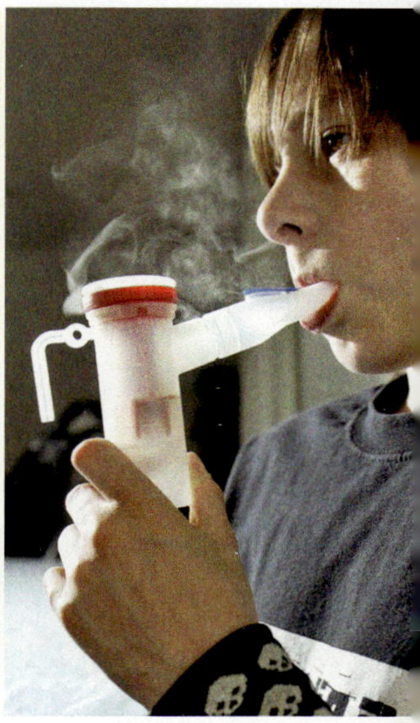

4 Mukoviszidose-Patient

Mithilfe von Gentherapien können verschiedene genetisch bedingte Krankheiten geheilt oder gelindert werden.

AUFGABEN

1 Nenne Krankheiten, die bereits mithilfe der Gentherapie geheilt werden konnten.

2 Beschreibe mithilfe von Bild 2 den Ablauf der Gentherapie, die bei ASHANTI DE SILVA zur Heilung führte.

3 Bild 3 zeigt die Gentherapie-Form, die bei Mukoviszidose angewandt wird.
a) Vergleiche sie mit der Therapie-Methode in Bild 2.
b) Beschreibe für beide Fälle, wo das modifizierte Virus ansetzt.

4 Erläutere, welchen Vorteil das CRISPR/Cas-Verfahren im Vergleich zu Viren als Gen-Fähren hat.

5 Einige Menschen halten die Erkenntnisse des Human Genome Project für gefährlich.
a) Sammelt und nennt Gründe für diese Meinung.
b) Führt in der Klasse eine Pro-Contra-Diskussion zu diesem Thema durch.

6 Sollte Gentherapie nur an Körperzellen oder auch an Keimzellen erlaubt sein? Triff eine ethische Entscheidung (► S. 68/69).

1 Protest-Aktion: Der Anbau gentechnisch veränderter Pflanzen ist umstritten.

Gen-Ethik

Verantwortungsvoll handeln

Wissenschaftler, Politiker, Juristen, Theologen und Ethiker müssen auf viele Fragen zu den Methoden und Anwendungen der Gentechnik Antworten finden. Es ist sehr wichtig, verantwortungsvoll mit diesem Thema umzugehen. Da bei der Veränderung von Erbinformationen Nutzen und Gefahren sehr nahe beieinander liegen, ist es oft sehr schwer, Entscheidungen zu treffen (► S. 68/69). Daher ist die Anwendung der Gentechnik in der Landwirtschaft (**grüne Gentechnik**) ebenso umstritten wie die Anwendung in der Medizin (**rote Gentechnik**). (► System, S. 146/147)

Grüne Gen-Ethik

Befürworter der grünen Gentechnik argumentieren, dass mithilfe transgener Pflanzen der Hunger in der Welt bekämpft werden könnte. Gegner sehen unter anderem ein Risiko in der unkontrollierten Ausbreitung der transgenen Pflanzen. Dabei werden vor allem solche Pflanzen kritisch betrachtet, die **resistent** gegen „Unkraut"-Vernichtungsmittel sind. Sie ermöglichen einen unbedachten Einsatz von schädlichen Spritzmitteln. Außerdem ist eine Übertragung der Resistenzen auf unerwünschte Wildkräuter nicht ausgeschlossen. Die Folgen für ein Ökosystem (► S. 104/105) sind nicht absehbar.

Kennzeichnungspflicht

Auch die Langzeitfolgen für uns Menschen sind noch völlig unklar. Gegner der grünen Gentechnik warnen, dass der Verzehr von gentechnisch veränderten Nahrungsmitteln unter Umständen Krankheiten auslösen kann.

Aus diesem Grund müssen innerhalb der Europäischen Union alle gentechnisch veränderten Lebensmittel gekennzeichnet werden. Die **Kennzeichnungspflicht** gilt selbst dann, wenn man im Endprodukt keine gentechnisch veränderten Bestandteile nachweisen kann.

Rote Gen-Ethik

Mit genetischen Analyseverfahren kann man die komplette genetische Information eines Menschen aufschlüsseln. In Zukunft könnte dieser **genetische Fingerabdruck** für bestimmte Firmen, beispielsweise für Arbeitgeber oder Versicherungen, sehr viel wert sein. Die Unternehmen könnten möglichen „Risikopatienten" aufgrund dieser Informationen einen Vertragsabschluss oder eine Anstellung verweigern. Dies könnte zu einer genetischen Zweiklassengesellschaft führen. Auch im Bereich der künstlichen Befruchtung und der vorgeburtlichen Untersuchungen ergeben sich viele ethische Fragen (► S. 85).

Ethikkommissionen

Wird der Mensch zum Versuchsobjekt, sind ethische Fragen besonders schwer zu beantworten. In Deutschland wurde daher 1994 eine unabhängige **Zentrale Ethikkommission** (ZEKO) eingerichtet. Die 16 Mitglieder der ZEKO sind Spezialisten verschiedener Fachrichtungen. Sie beurteilen medizinische Fragen aus ethischer Sicht und geben eine entsprechende Stellungnahme ab.
Für die Stammzellenforschung wurde eine eigene Kommission ins Leben gerufen: die **Zentrale Ethik-Kommission für Stammzellenforschung** (ZES). Alle Forschungsvorhaben, in denen Stammzellen menschlicher Embryonen verwendet werden sollen, müssen genehmigt werden. Die ZES prüft jeden Forschungsantrag nach dem **Stammzellgesetz** (StZG) und gibt eine Stellungnahme ab.

Die Möglichkeiten der Gentechnik können gesellschaftliche Normen und Werte verletzen und moralische und ethische Grenzen überschreiten. Unabhängige Ethikkommissionen überwachen dies.

AUFGABEN

1 Erläutere, warum gentechnisch veränderte Lebensmittel in der EU gekennzeichnet werden müssen.

2 Erstelle eine Tabelle mit Argumenten für und gegen Gentechnik.

3 Überlege dir Argumente für und gegen die künstliche Befruchtung. Berücksichtige dabei ethische Maßstäbe und beziehe einen eigenen Standpunkt.

4 Stelle Vermutungen an, inwiefern genetische Analyseverfahren bei einer Schwangerschaft eine Rolle spielen können.

5 In der Europäischen Union dürfen keine gentechnisch veränderten Sojapflanzen angebaut werden. Betrachte dazu das Diagramm in Bild 3.
a) Beschreibe, was das Diagramm aussagt.
b) Erkläre, wie das möglich ist.
c) Erläutere, welche Bedeutung diese Tatsache für dich hat.
d) Formuliere deine Meinung zu diesem Thema und nenne mindestens zwei Argumente.

2 Gentechnisch verändertes Getreide auf dem Acker

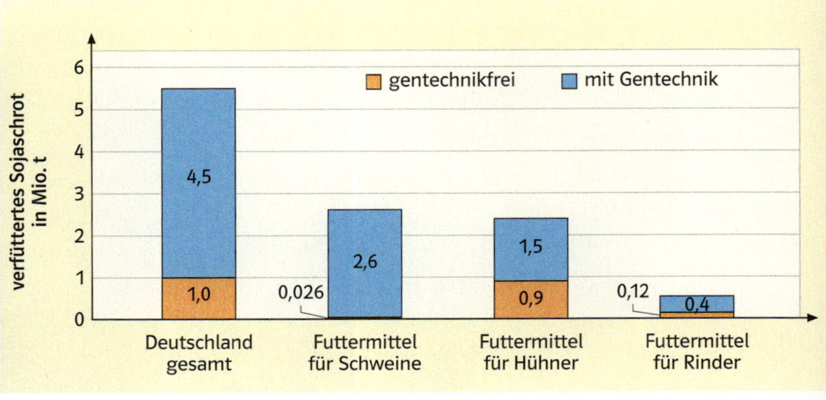

3 Verfütterung von Sojaschrot in Deutschland (2015)

Zusammenfassung

Mendel entdeckt die Erbregeln
Nach Kreuzungsversuchen mit Gartenerbsen erkannte der Augustinermönch Johann Gregor Mendel Gesetzmäßigkeiten bei der Vererbung. Er fasste sie in mehreren Regeln zusammen. Die wichtigsten sind die Uniformitätsregel, die Spaltungsregel und die Unabhängigkeitsregel.
Mithilfe eines Kreuzungsschemas kann man Genotyp und Phänotyp eines Organismus ermitteln.

Stammbäume verraten Zusammenhänge
Mithilfe eines Stammbaums kann man den Ursprung einzelner Merkmale, beispielsweise die Haarfarbe und die Haarform, innerhalb einer Familie nachverfolgen und aufzeigen. Auch die Vererbung der Blutgruppe oder einiger Krankheiten lässt sich so ermitteln.

Kreuzungszucht und Biotechnik
Durch die Kreuzungszucht gelang es, den Ertrag von Kulturpflanzen und die Leistungen von Nutztieren zu verbessern. Dazu nutzt man die Mendelschen Regeln. Mit biotechnischen Verfahren können in einigen Fällen die Erträge noch weiter gesteigert werden.

1 Hybride Kürbisse

Klone
Klone sind erbgleiche Nachkommen eines Lebewesens. Sie entstehen natürlicherweise bei der ungeschlechtlichen Vermehrung von Pflanzen. Tiere lassen sich nur unter Anwendung biotechnischer Methoden klonen.

Gentechnik
Mit der Gentechnik wird das Erbmaterial eines Lebewesens gezielt verändert. Dadurch entstehen Bakterien, Pflanzen oder Tiere mit neuen Eigenschaften. So stellt man Humaninsulin heute größtenteils mithilfe von gentechnisch veränderten Bakterien her. Auch bei der Heilung einiger Krankheiten kann heute eine Gentherapie helfen. Voraussetzung für gentechnische Eingriffe ist, dass man die Gene und Basensequenzen der Lebewesen kennt.

Stammzellen
Abgestorbene Zellen im Körper müssen durch Zellen ersetzt werden, die genau die gleichen Eigenschaften haben. Diese Ersatzzellen entstehen aus Stammzellen. Als embryonale Stammzellen bezeichnet man die ersten Zellen, die bei der Teilung einer Zygote entstehen. Sie können sich zu sämtlichen Zelltypen eines Organismus entwickeln. Adulte Stammzellen haben die Fähigkeit verloren, sich in alle Zelltypen des Körpers zu entwickeln.

Gen-Ethik
Die Anwendung gentechnischer Verfahren erfordert ein verantwortungsvolles Handeln. Was darf der Mensch tun, wo überschreitet er Grenzen? Wer setzt solche Grenzen? Wissenschaftler, Ethiker, Theologen und Juristen versuchen, Antworten auf diese ethischen Fragen zu finden und in der Gesellschaft allgemein akzeptierte Regeln aufzustellen.

AUFGABEN

1 Eine schwarze Maus wird mit einer weißen Maus gekreuzt. Die Nachkommen sind alle schwarz. Bestimme den Genotyp der Eltern und den der Nachkommen.

Super! ? ► S. 46/47

2 Erkläre, warum viel häufiger Männer von der Rot-Grün-Sehschwäche betroffen sind als Frauen.

Super! ? ► S. 54/55

3 Nenne die Unterschiede bei der Entstehung neuer Pflanzen durch natürliche Klone und durch Samen.

Super! ? ► S. 60/61

4 Eine rhesusnegative Frau und ein rhesuspositiver Mann wünschen sich mehrere Kinder. Beschreibe, wie ein Beratungsgespräch bei einem Arzt aussehen könnte.

Super! ? ► S. 58/59

5 Fasse das Verfahren des Klonens beim Schaf Dolly in eigenen Worten zusammen.

Super! ? ► S. 64/65

6 Erläutere die Entstehung einer Tomoffel.

Super! ? ► S. 62/63

7 Bei den Nachkommen eines schwarzen, rauhaarigen Meerschweinchenpaares treten auch einzelne weiße, glatthaarige Tiere auf.
a) Bestimme den Genotyp der Eltern.

2 Meerschweinchen

b) Erstelle das zugehörige Kreuzungsschema und zähle alle möglichen Phänotypen auf.
c) Beschreibe eine Vorgehensweise, die klarstellen könnte, welche der schwarzen, rauhaarigen Meerschweinchen reinerbig sind.

Super! ? ► S. 49

8 Plasmide sind als Gen-Fähren die „Werkzeuge" der Gentechniker. Beschreibe, wie sie eingesetzt werden.

Super! ? ► S. 66/67

9 Eine Frau mit Blutgruppe A behauptet, ihr Kind habe die Blutgruppe B.
a) Gib an, ob diese Blutgruppenkombination überhaupt möglich ist.
b) Stelle dazu die Genotypen aller beteiligten Personen, auch des Vaters, auf und begründe deine Entscheidung.

Super! ? ► S. 58/59

► Musterlösungen auf den Seiten 149 – 150

3 Verantwortungsvolle Elternschaft

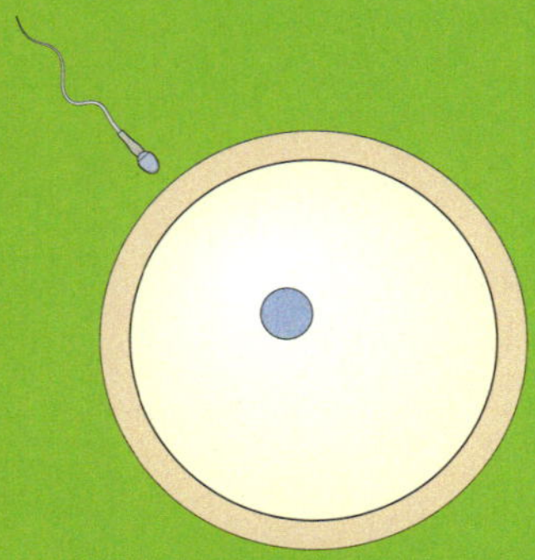

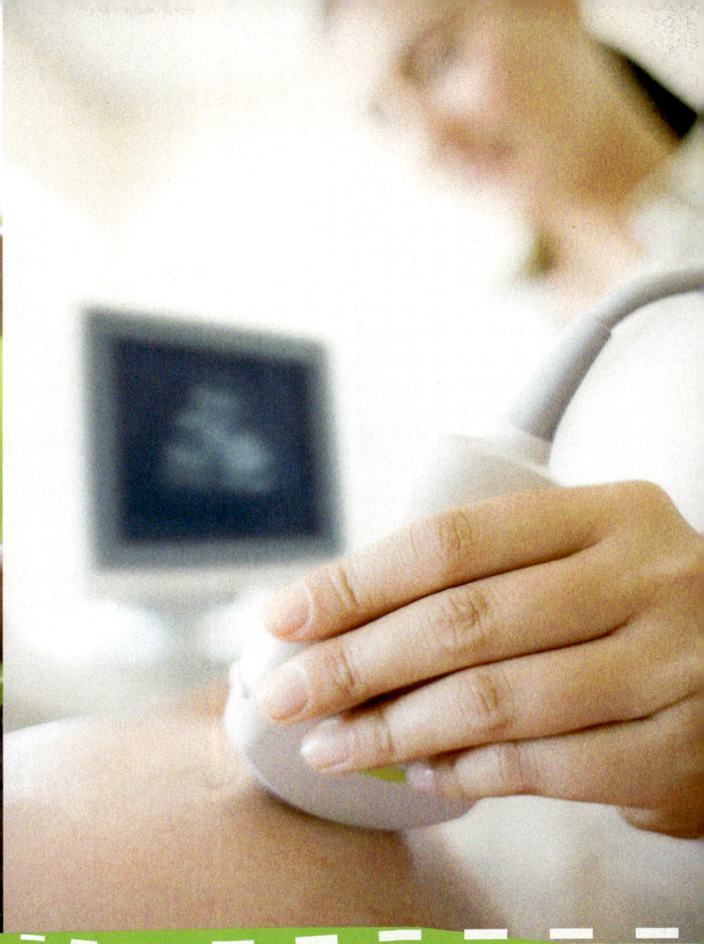

- Wie entwickelt sich aus einer Eizelle und einem Spermium ein Baby?
- Wie funktioniert die künstliche Befruchtung?
- Was sollten Eltern machen, damit es ihrem Kind gut geht?
- Woher weiß man, ob ein ungeborenes Kind gesund ist?
- Warum können manche Paare keine Kinder bekommen?

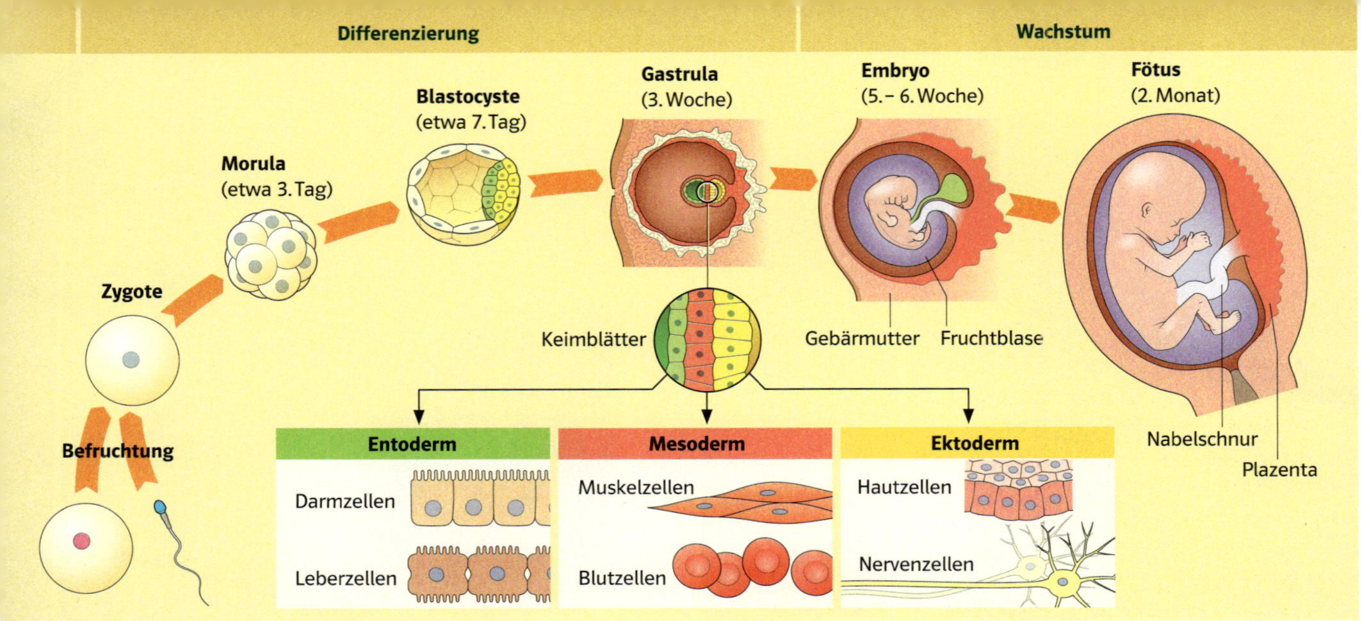

1 Embryonalentwicklung beim Menschen

Embryonalentwicklung

Der Embryo entsteht

Spermium und Eizelle verschmelzen zur Zygote. Kurz darauf erfolgen die ersten Teilungen. Auf dem Weg zur Gebärmutter entsteht ein Zellhaufen, der aussieht wie eine Maulbeere (Brombeere). Er wird **Morula** genannt. Im Folgenden differenzieren sich die Zellen. Es entsteht eine kleine, mit Flüssigkeit gefüllte Hohlkugel, die **Blastula**. Die Zellen an der Oberfläche übernehmen die Ernährung. Aus einem kleinen Zellhaufen an der Innenwand entsteht der Embryo. Nach etwa drei bis vier Tagen nistet sich die Blastula in der Gebärmutter ein.

An dieser Stelle entsteht der Mutterkuchen, die **Plazenta**. Da diese von mütterlichen und kindlichen Blutgefäßen durchwoben ist, kann hier der Austausch von Nährstoffen und Abfallstoffen erfolgen.Der Embryo kann nun wachsen und verändert sich. Die Blastula wandelt sich zur **Gastrula**. Es bilden sich drei **Keimblätter** aus: das innere (**Entoderm**), das mittlere (**Mesoderm**) und das äußere (**Ektoderm**). Sie sind die Grundlage für die Ausbildung der unterschiedlichen Organe.
(► Struktur und Funktion, S. 140/141)

Aus dem Embryo wird der Fötus

Nach etwa zwei Monaten sind im Embryo alle Organe angelegt. Er wird nun **Fötus** genannt und ist etwa 3 cm groß. Die Entwicklung der Organe ist nach ungefähr sieben Monaten abgeschlossen. 40 Wochen nach der Befruchtung wird er geboren: Er ist nun bereit für ein Leben außerhalb der Mutter. (► Entwicklung, S. 146/147)

Der Embryo durchläuft während seiner Entwicklung einige Stadien. Aus den Keimblättern bilden sich seine Organe. Die Plazenta versorgt ihn mit Nährstoffen.

AUFGABEN

1 Gib an, welche Zellen aus den drei Keimblättern gebildet werden.

2 Erkläre, warum der Keim erst nach der Einnistung in die Gebärmutterschleimhaut wachsen kann.

3 Unterscheide die Begriffe Differenzierung und Wachstum in Bezug auf die Embryonalentwicklung.

Pränataldiagnostik

Die genetische Beratung

Paare haben die Möglichkeit, vor einer Schwangerschaft eine **genetische Beratungsstelle** aufzusuchen. Hier wird auf Grundlage möglichst umfangreicher Informationen beider Partner ein Familienstammbaum erstellt. Damit lässt sich abschätzen, wie groß das Risiko ist, ein Kind mit einer genetischen Fehlbildung oder Behinderung zu bekommen. Eine sichere Aussage kann mittels genetischer Beratung allerdings nicht getroffen werden.

Pränataldiagnostik (PND)

Bei einer bestehenden Schwangerschaft kann die **Pränataldiagnostik (PND)** Auskunft über den Gesundheitszustand des ungeborenen Kindes geben. Dabei gilt, dass die Untersuchungen freiwillig sind und die Eltern ein Recht auf Bedenkzeit und Nichtwissenwollen haben. Bei der Pränataldiagnostik werden zwei Vorgehensweisen unterschieden:

Bei der **nichtinvasiven Methode** geben Ultraschallmessungen oder einfache Blutuntersuchungen der Mutter Auskunft über den Gesundheitszustand des Ungeborenen. Da diese Verfahren nicht in die Gebärmutter eingreifen, können sie ohne großes Risiko durchgeführt werden. Bei einem Verdachtsfall kann ein Arzt zu einem speziellen Bluttest raten, bei dem die kindliche DNA aus dem Blut der Mutter gewonnen und auf Auffälligkeiten hin untersucht wird. Erst bei weiteren Auffälligkeiten sollte eine invasive Methode gewählt werden.

Bei der **invasiven Methode** werden Gewebeproben aus dem Nabelschnurblut, dem Fruchtwasser oder der Plazenta entnommen. Die darin enthaltenen Zellen des ungeborenen Kindes werden auf genetische Auffälligkeiten hin untersucht. Invasive Verfahren liefern zwar eine sichere, meist eindeutige Diagnose. Sie erhöhen aber auch immer das Risiko einer Fehlgeburt.

Mittels genetischer Beratung und Pränataldiagnostik (PND) können vor und während einer Schwangerschaft Aussagen über den Gesundheitszustand des ungeborenen Kindes getroffen werden.

AUFGABEN

1 Vergleiche Vor- und Nachteile der im Text beschriebenen Untersuchungsmethoden.

2 Die Wahrscheinlichkeit, ein krankes Kind zu bekommen, ist nicht bei allen Eltern gleich groß. Informiere dich, welche Rolle z. B. das Alter der werdenden Mutter spielt.

3 Diskutiere mit deinen Klassenkameraden die folgende Frage: „Gibt es das Recht auf ein gesundes Kind?“

1 Ist unser Kind gesund?

Risiken für das ungeborene Kind

Eine schwangere Frau trägt nicht nur die Verantwortung für sich selbst, sondern auch für ihr ungeborenes Kind. Ihre Lebensweise beeinflusst während der gesamten Schwangerschaft das neue Leben. Nicht nur Nährstoffe und Sauerstoff gelangen über die Plazenta zum Embryo bzw. Fötus. Auch manche schädliche Stoffe können die Plazentaschranke überwinden. Außerdem können auch Einflüsse aus der Umwelt die Entwicklung des Kindes gefährden.

Alkohol

Schon geringe Mengen Alkohol, die in den Blutkreislauf des Ungeborenen gelangen, können bleibende Schäden verursachen. Besonders betroffen sind Gehirn und Nervensystem. Die Leber des Ungeborenen kann den Alkohol noch nicht abbauen. Er bleibt dadurch länger im Körper und kann die Nervenzellen des Gehirns zerstören. Mögliche Folgen sind u.a. geistige Schäden oder eine verzögerte körperliche Entwicklung. Man spricht von einem fetalen Alkoholsyndrom.

Medikamente

Medikamente sind weitere Risikofaktoren in der Schwangerschaft. Schwangere sollten diese daher soweit wie möglich meiden. Ist eine Einnahme von Medikamenten unerlässlich, z. B. bei Epilepsie oder Bluthochdruck, muss dies ausführlich mit einem Arzt besprochen werden.

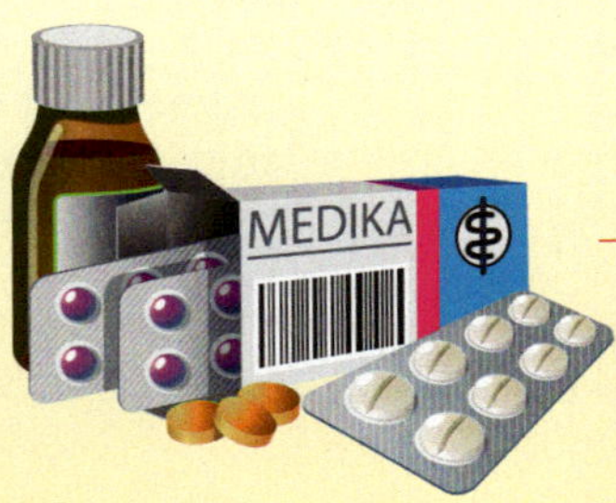

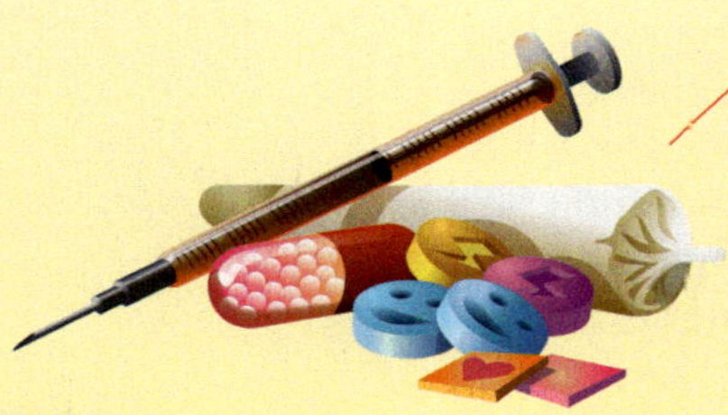

Drogen

Der Konsum illegaler Drogen wie Haschisch, Ecstasy und LSD kann zu einer Frühgeburt oder zum Absterben des Ungeborenen führen. Außerdem kann es zu schweren Fehlbildungen der Organe oder zur Drogen-Abhängigkeit des Embryos bzw. Fötus kommen.

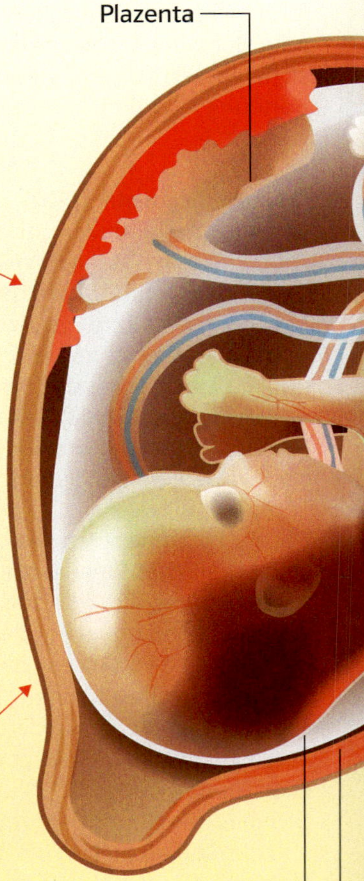

Lärm und Stress

Lärm und Stress kommen auch beim ungeborenen Kind an. Kinder, die solchen Belastungen während der Schwangerschaft dauerhaft ausgesetzt sind, sind später häufiger verhaltensauffällig oder leiden an Depressionen.

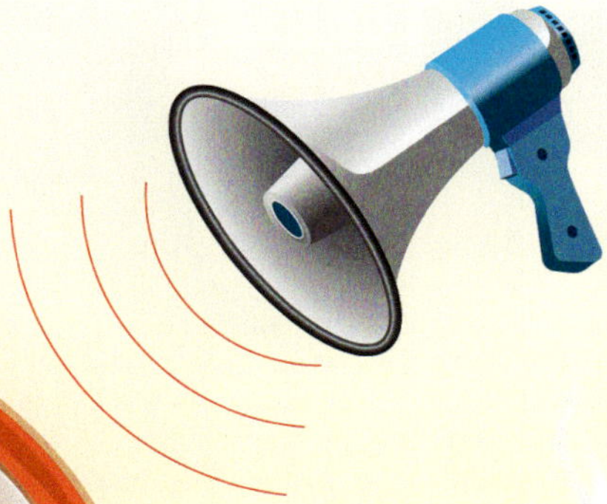

Giftstoffe im Zigarettenrauch

Durch aktives und auch passives Rauchen gelangen Nikotin, Kohlenstoffmonooxid und weitere Giftstoffe in den Blutkreislauf des Ungeborenen. Es wird nicht mehr ausreichend mit Sauerstoff versorgt. Raucherinnen haben häufig Fehl- oder Frühgeburten. Ihre Kinder sind oft untergewichtig und kleiner als die von Nichtraucherinnen.

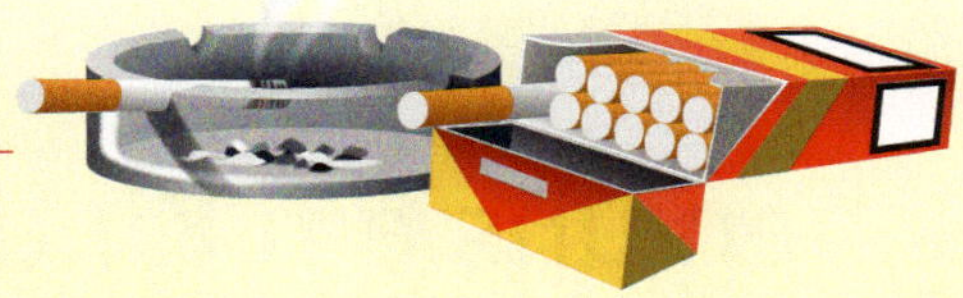

Ernährung

Ernährt sich eine Frau während der Schwangerschaft nur einseitig oder macht eine medizinisch nicht notwendige Diät, kann dies zu einem Mangel an Nährstoffen führen. Eine solche Mangelernährung kann massive Entwicklungsstörungen des ungeborenen Kindes zur Folge haben. Fehlt z. B. das Vitamin Folsäure, kann dies zu einem offenen Rücken beim Ungeborenen führen.

Eine schwangere Frau ist für ihr ungeborenes Kind verantwortlich. Sie sollte alle Risikofaktoren vermeiden, die die Entwicklung ihres Kindes stören können.

AUFGABEN

1 Nenne einige Risikofaktoren, die die Entwicklung des ungeborenen Kindes stören können.

2 Im Mutterschutzgesetz ist geregelt, dass Erzieherinnen mit Bekanntwerden der Schwangerschaft von der Arbeit freizustellen sind, sofern sie gegen bestimmte Kinderkrankheiten nicht immun sind. Stelle eine Vermutung über die Hintergründe an.

3 Stelle auf einem Infoblatt „Verhaltenstipps für Schwangere" zusammen.

4 Informiere dich über das Medikament „Contergan" und seine Nebenwirkungen. Bereite ein Kurzreferat vor.

1 Beratungsgespräch beim Arzt

2 Glückliche Eltern mit ihrem Wunschkind

Wir wünschen uns ein Kind

Viele Paare möchten eine Familie gründen und freuen sich auf ein Leben mit Kindern. Bei manchen erfüllt sich der ersehnte **Kinderwunsch** jedoch nicht auf Anhieb.

Mögliche Ursachen

Damit eine Eizelle befruchtet werden kann, müssen ausreichend viele bewegungsfähige Spermien in den oberen Teil des Eileiters gelangen. Durch Stress oder Infektionskrankheiten wie Mumps kann es jedoch passieren, dass zu wenige bzw. keine Spermien produziert werden. Außerdem kann das Zusammentreffen von Spermien und Eizelle verhindert werden, wenn beim Mann die Spermienleiter oder bei der Frau die Eileiter verklebt sind. Eine weitere Ursache für eine **Unfruchtbarkeit** ist eine hormonelle Störung bei der Frau.

Behandlungsmöglichkeiten

In den meisten Fällen helfen Medikamente oder ein operativer Eingriff. Bleibt der Kinderwunsch dennoch unerfüllt, können zwei häufig angewandte medizinische Verfahren zur Schwangerschaft führen. In beiden Fällen muss sich die Frau zunächst einer **Hormonbehandlung** unterziehen. Bestimmte weibliche Geschlechtshormone in erhöhter Dosis fördern die Reifung der Eizellen. Dabei reifen häufig mehrere Eier zugleich heran.

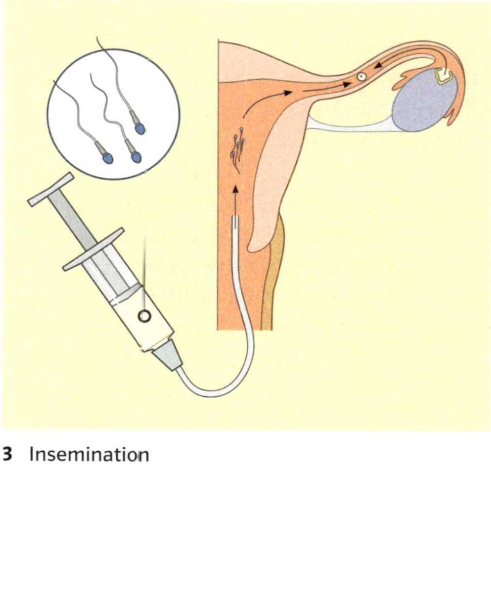

3 Insemination

Insemination

Das häufigste Behandlungsverfahren bei ungewollter Kinderlosigkeit ist die **Insemination**. Hierbei werden kurz vor dem Eisprung aufbereitete Spermien in die Gebärmutter übertragen (▷ B 3). Die Befruchtung der Eizelle findet im Körper der Frau statt. Bei der Insemination können sowohl die Spermien des Partners als auch die eines Spenders übertragen werden.

Künstliche Befruchtung

Die Befruchtung außerhalb des Körpers wird **In-vitro-Fertilisation (IVF)** genannt (▷ B 4): Man entnimmt dem Eierstock mehrere befruchtungsfähige Eier und bringt sie in einem Reagenzglas oder einer Petrischale („in vitro" bedeutet „im Glas") mit Spermien zusammen. Nach der Befruchtung wachsen Keime in einer Nährlösung heran. Nach etwa zwei Tagen werden ein bis drei Embryonen in die Gebärmutter übertragen.

Ein belastendes Verfahren

Die Methoden der Fortpflanzungsmedizin sind körperlich und seelisch belastend. Hormonbehandlung, Fehlversuche und Wiederholungen lassen manche Paare verzweifeln. Außerdem verursacht die künstliche Befruchtung erhebliche Kosten. Rechtliche Regelungen sorgen dafür, dass die Versuche nur begrenzt wiederholt werden dürfen.

Das Embryonenschutzgesetz

Die IVF ist eine vergleichsweise erfolgreiche Behandlungsmöglichkeit: Jeder fünfte Versuch führt zu einer Schwangerschaft. Trotzdem wird sie stark kritisiert. Infolge der Hormonbehandlung entstehen mehr Keime, als in die Gebärmutter übertragen werden. Was soll mit den überzähligen Keimen geschehen? Diese Frage wurde von Politikern und Wissenschaftlern heftig diskutiert. Die weitere Verwendung von Keimen für die medizinische Forschung wurde schließlich gesetzlich verboten. Das **Embryonenschutzgesetz** gilt seit 1990. Danach ist die künstliche Befruchtung nur dann zulässig, wenn damit eine Schwangerschaft herbeigeführt werden soll. Weiterhin verbietet das Gesetz die Leihmutterschaft und die Eizellenspende.

Insemination und In-vitro-Fertilisation sind medizinische Hilfen, um eine Schwangerschaft herbeizuführen. Sie führen häufig zum Erfolg, sind für die Betroffenen aber oft sehr belastend.

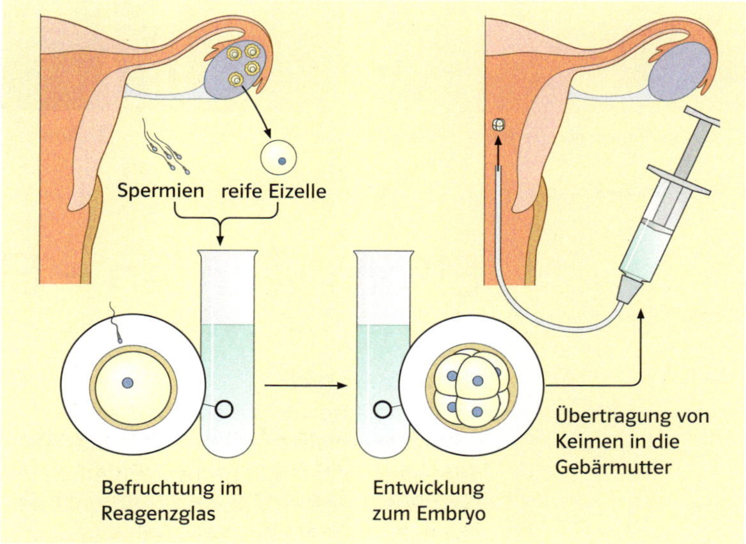

4 Künstliche Befruchtung (IVF)

AUFGABEN

1. Nenne mögliche Ursachen für Unfruchtbarkeit beim Mann und bei der Frau.
2. Beschreibe die Vorgehensweise bei der Insemination.
3. Erkläre, warum Mehrlingsgeburten nach einer Insemination oder einer IVF besonders häufig vorkommen.
4. Recherchiere im Internet über die Möglichkeiten von Spenderkindern, Auskunft über ihren genetischen Vater zu erhalten.
5. Diskutiert in der Gruppe über die Probleme von Spenderkindern, die nicht erfahren können, wer ihr leiblicher Vater ist.
6. Stelle die Bestimmungen des Embryonenschutzgesetzes dar und begründe deren Notwendigkeit.

1 Das Kennenlernen nach der Geburt

2 Zuneigung schafft Urvertrauen

Eltern werden – Eltern sein

Ein positiver Test

Für viele Paare kommt ein **positiver Schwangerschaftstest** überraschend, andere haben ihn lange herbeigesehnt. In jedem Fall ändert sich ab dem Zeitpunkt des positiven Tests für alle Beteiligten etwas: Die werdenden Eltern sind verantwortlich für ein kleines Wesen. Für die Frau bedeutet das z. B. den Verzicht auf bestimmte Verhaltensweisen, die gefährlich für das Ungeborene werden können (► S. 86). Andere Dinge sollten dagegen wichtig werden, z. B. vermehrte Ruhepausen. Sobald die ersten Kindsbewegungen spürbar sind, beginnt die Mutter eine Bindung zu dem Kind aufzubauen. Mit zunehmender Größe des Ungeborenen kann auch der Vater diese Bewegungen wahrnehmen und Kontakt zu seinem Kind aufnehmen.

Geburt und die ersten Wochen danach

In Europa entscheiden sich viele Paare für eine **Geburt** im Krankenhaus, da dort während und nach der Geburt die optimale Betreuung von Mutter und Kind gewährleistet ist. Die Mutter bekommt rund um die Uhr Unterstützung bei der Versorgung des Kindes und kann sich von den Strapazen der Geburt erholen. Zuhause müssen sich Eltern und Kind langsam kennenlernen und aneinander gewöhnen (▻ B 1). Die Eltern müssen in die neue Rolle hineinwachsen. Daher sind die meisten Paare froh, wenn sie in der ersten Zeit regelmäßig Besuch von ihrer **Hebamme** bekommen. Sie hilft, erste Unsicherheiten zu überwinden und auftretende Probleme zu lösen. (► System, S. 138/139)

Urvertrauen

Ein Kind muss erfahren, dass es sich immer auf seine Eltern verlassen kann. Deshalb darf man ein Baby niemals lange schreien lassen. Wird das Weinen gehört und das Bedürfnis möglichst schnell befriedigt, stärkt das das **Urvertrauen** in die Eltern (**Bonding**). Das Kind fühlt sich sicher und geborgen (▻ B 2). Dieses Urvertrauen begleitet Menschen ein Leben lang. Nur wer schon in frühester Kindheit gelernt hat, anderen zu vertrauen, kann auch später vertrauensvolle Beziehungen aufbauen.

Stillen

Das Füttern von Muttermilch an der Brust, das **Stillen**, ist für das Baby die perfekte, „maßgeschneiderte" Ernährung, eine wichtige Unterstützung für sein Immunsystem und gleichzeitig gibt es körperliche Nähe. Stillen fördert daher das Bonding. (► Stoff- und Energieumwandlung, S. 142/143)

Die Rolle des Vaters

Heute weiß man, dass auch der Vater für die gesunde Entwicklung eines Kindes sehr wichtig ist. Beschäftigt sich der Vater intensiv mit dem Nachwuchs, wird die Beziehung positiv beeinflusst.

365 Tage und 24 Stunden pro Tag

Vor allem die ersten Lebenswochen sind sehr kräftezehrend, denn die Eltern sind rund um die Uhr mit Wickeln, Stillen und Tragen gefordert. Viele Eltern sind auch noch sehr unsicher: Zum einen können sie noch nicht genau erkennen, welches Bedürfnis der Säugling im Moment hat. Zum anderen wollen sie keinen Fehler machen. Aber auch später kann die Betreuung und die Erziehung manchmal zu einer Belastung bzw. Herausforderung werden. In solchen Fällen sollten sich die Eltern nicht scheuen, um **Hilfe** und **Unterstützung** zu bitten. Dabei können sie sich neben der eigenen Familie und Freunden z. B. auch an die Hebamme, Beratungsstellen, Ärzte, den Kindergarten oder die Schule wenden.

Erziehung ist notwendig

Eltern können die Entwicklung ihres Kindes durch **Erziehung** positiv und negativ beeinflussen. Gute Erziehung zeichnet sich immer durch ein hohes Maß an **Wertschätzung** aus, wobei das Maß der Lenkung vom Alter der Kinder abhängig ist. Kleine Kinder brauchen noch viel Führung, wohingegen ältere Kinder zunehmend gleichberechtigt mitbestimmen dürfen. Zu jeder Zeit sollte aber ein wichtiges Erziehungsziel sein, das **selbstbestimmte Handeln** der Kinder zu fördern und sie in ihrem Handeln zu ermutigen. Psychologen und Pädagogen haben verschiedene Arten von Führungs- und **Erziehungsmodellen** (▻ B 3) entwickelt. Diese unterscheiden sich durch das Maß an Lenkung und Wertschätzung, die den Kindern entgegengebracht wird.

Trennung der Eltern

Wenn eine Partnerschaft zerbricht, fühlen sich die Kinder oft mitschuldig und leiden unter dem Verlust des einen Elternteils. Beide Elternteile müssen sich ihre Verantwortung für die Kinder bewusst machen und gemeinsam eine gute Lösung für alle Beteiligten finden.

Die Pflege, Betreuung und Erziehung eines Kindes sind wichtige Aufgaben für beide Elternteile. Eine von liebevoller Zuwendung geprägte Atmosphäre in der Familie trägt zur Bildung des Urvertrauens bei.

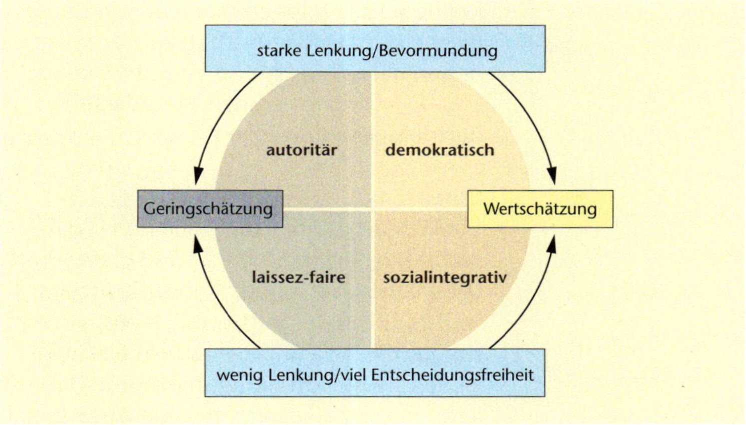

3 Erziehungsmodell

AUFGABEN

1 Nenne Gründe, warum so viele Kinder in Deutschland in einem Krankenhaus geboren werden.

2 a) Nenne Werte, die dir in der Erziehung wichtig sind.
b) Gib an, mit welchem Erziehungsstil diese Werte erreicht werden können.

3 Im Laufe der Zeit verändern sich die Rollen in der Erziehung.
a) Zeige diese Veränderungen auf.
b) Bewerte diese Veränderungen.

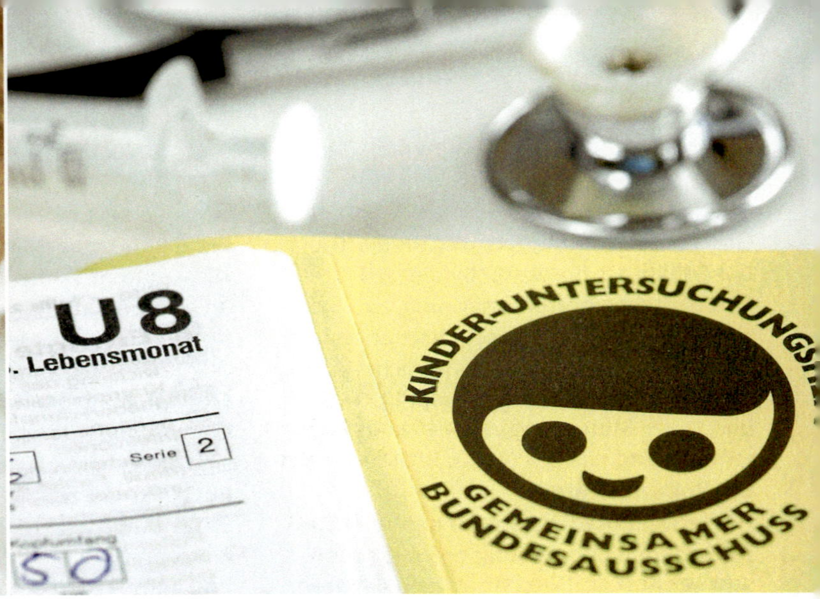

1 Muttermilch enthält alle notwendigen Nährstoffe. **2** Impfungen gehören zur Vorsorgeuntersuchung.

Was Kinder brauchen

Kleine Kinder können ihre eigenen Bedürfnisse noch nicht selbst befriedigen. Eltern haben daher eine große **Verantwortung**: Sie müssen dafür sorgen, dass diese Bedürfnisse erfüllt werden.

Ernährung

Die Weltgesundheitsorganisation (WHO) empfiehlt, kleine Kinder in den ersten fünf Lebensmonaten ausschließlich zu **stillen** (▷ B 1). Die in der **Muttermilch** enthaltenen Nährstoffe sind optimal auf die Bedürfnisse des Neugeborenen abgestimmt. Danach kann mit der Gabe von Beikost begonnen werden. Kinder, die von der Muttermilch schon vor diesem Zeitpunkt nicht ausreichend satt werden, bekommen ergänzend spezielle **Milchnahrung**. (► Stoff- und Energieumwandlung, S. 142/143)

Nach der Stillzeit müssen Kinder alle notwendigen Nährstoffe und Vitamine mit der Nahrung aufnehmen. Dazu ist es wichtig, dass man den Kindern eine **abwechslungsreiche** und **ausgewogene Ernährung** bietet. Diese sollte Obst, Gemüse, Fisch, Kohlenhydrate und Fleisch umfassen. Nur so ist eine gesunde Entwicklung möglich. Gesättigte Fettsäuren, Zucker und Salz sollten in der Nahrung nur in kleinen Mengen enthalten sein. Als Getränke sollten Wasser und ungesüßte Tees gegeben werden.

Medizinische Versorgung

Bis zum 6. Lebensjahr sollte ein Kind in Deutschland im Rahmen von speziellen **U-Untersuchungen** regelmäßig vom Kinderarzt untersucht werden. Die Kosten dieser Vorsorge-Untersuchungen übernehmen die Krankenkassen, wenn sie regelmäßig und im vorgegebenen Alter durchgeführt werden. Die Altersvorgaben sind darum bedeutsam, da der Kinderarzt/die Kinderärztin so bestimmte motorische, geistige und soziale Entwicklungsstufen, beispielsweise die Sprachentwicklung, überprüfen kann. Auffälligkeiten können auf diese Weise schneller erkannt, entsprechend zeitnah behandelt und behoben werden, um möglichst weitere Entwicklungsverzögerungen zu verhindern.

Während der U-Untersuchungen werden außerdem der ganze Körper und die Funktionstüchtigkeit der Sinnesorgane überprüft. Die Ergebnisse dieser

Untersuchungen werden in dem gelben **U-Heft** (⊳ B 2) dokumentiert, während durchgeführte Impfungen im Impfpass eingetragen werden.

Bewegung

Bereits mit den ersten Bewegungen im Bauch der Mutter beginnt die **motorische Entwicklung** des Ungeborenen. Diese setzt sich in der weiteren Schwangerschaft und verstärkt in den Monaten nach der Geburt fort. Die Kinder lernen gezielt zu greifen und sich fortzubewegen. Die motorische Aktivität trainiert die Muskulatur, den Gleichgewichtssinn und das Herz-Kreislauf-System. Sich zu bewegen, ist ein natürliches **Grundbedürfnis** der Kinder. Es nimmt jedoch nach einem Maximum im 5. und 6. Lebensjahr bis zur Pubertät immer mehr ab. Wird die Bewegungsfreude der Kinder unterdrückt, werden sie missmutig und träge. Das kann zu psychischen Problemen und in Verbindung mit einer falschen Ernährung zu Gewichtsproblemen und körperlichen Beschwerden führen.

Feste Bezugspersonen

Heutzutage ist es ganz normal, dass Frauen nach der Geburt der Kinder wieder in ihren Beruf zurückkehren. Daher ist die Mutter inzwischen oft nicht mehr die einzige **Betreuungs-** und **Bezugsperson**. Sofern es aber keinen ständigen Wechsel der Bezugspersonen gibt und diese liebevoll und fürsorglich mit ihm umgehen, hat das keinerlei negative Auswirkungen auf die Entwicklung.

Spielkameraden

Spätestens im zweiten Lebensjahr sollten Kinder mit anderen Kindern in Kontakt kommen, z. B. in der Nachbarschaft, in **Spielgruppen** oder in der **Krippe**. Diese Kontakte tragen wesentlich zur **Sozialisierung** bei: Freunde finden, sich streiten, teilen. All das lernen Kinder vor allem im Umgang mit anderen, insbesondere mit älteren Kindern.

Die Rolle des Spielens

„Erwachsene arbeiten und Kinder spielen." Diese Aussage erweckt den Eindruck, dass nur die Tätigkeiten der Erwachsenen sinnvoll sind. Die allen Kindern angeborene Lust zum **Spielen** hat aber einen wichtigen Zweck, auch wenn sich dieser nicht unmittelbar, sondern erst langfristig zeigt.
Durch Spielen:
- üben und perfektionieren Kinder motorische Fertigkeiten und Verhaltensweisen, z. B. Greifen, Krabbeln und Laufen,
- sammeln Kinder Erfahrungen über ihre Umwelt, indem sie Gegenstände zunächst mit dem Mund, später mit den Händen und den Augen erkunden,
- entdecken Kinder kausale Zusammenhänge (ich ziehe an der Schnur – diese macht Musik) und physikalische Zusammenhänge (Bälle fallen nur von oben nach unten),
- ahmen Kinder soziale Verhaltensweisen und Sprache der Erwachsenen nach: Puppen werden ins Bett gebracht, am Spieltelefon wird mit der Oma und dem Opa telefoniert, usw.

Eine ausgewogene Ernährung, die liebevolle Betreuung durch feste Bezugspersonen sowie der Kontakt mit anderen Kindern und viel Zeit zum Spielen und Ausprobieren sind wichtig für die gesunde körperliche und geistige Entwicklung von Kindern.

AUFGABEN

1 Gib die Bedeutung der Vorsorge-Untersuchungen an.

2 Nenne wichtige Bedürfnisse von Kindern, die unbedingt befriedigt werden müssen.

3 Während der Corona-Pandemie 2020/2021 mussten Kontakte stark eingeschränkt werden. Nenne Folgen, die sich daraus für Familien mit Kindern ergaben.

4 Erstelle einen Speiseplan für ein Kleinkind, der alle wichtigen Nährstoffe und Vitamine enthält.

1 Demonstration für legale Abtreibungen

2 Demonstration gegen legale Abtreibungen

Schwangerschaftsabbruch

Eine Schwangerschaft ist in den meisten Fällen ein freudiges Ereignis im Leben eines Paares. Unter Umständen kann es jedoch sein, dass sich das Paar, insbesondere die Frau, der Frage stellen muss, ob die Schwangerschaft fortgesetzt oder abgebrochen werden soll.

Gründe für den Schwangerschaftsabbruch

Die Entscheidung für einen **Schwangerschaftsabbruch** kann ganz unterschiedliche Gründe haben. Ein möglicher Grund kann sein, dass bei einer der Kontrolluntersuchungen (► S. 85) festgestellt wurde, dass das Kind mit einer **Behinderung** oder einer schweren **Krankheit** zur Welt kommen wird.

Je nach Art der Missbildung oder Fehlentwicklung des Ungeborenen kann man heute in vielen Fällen die damit verbundenen Einschränkungen bzw. die Lebenserwartung abschätzen. In einer solchen Situation müssen die Eltern oder unter Umständen die Frau allein entscheiden, ob sie in der Lage sind, ein Kind mit so hohem Unterstützungsbedarf zu betreuen.

3 Junges Mädchen mit positivem Schwangerschaftstest

Ein weiterer Grund könnte sein, dass sich die Frau nicht dazu in der Lage fühlt, in ihrer momentanen **Lebenssituation** ein Kind zu bekommen. Vielleicht ist sie zu jung, bekommt keine Unterstützung von dem Erzeuger des Kindes bzw. von der eigenen Familie oder ist Opfer einer Vergewaltigung geworden.

Beratungsstellen

Die betroffenen Frauen können sich an unabhängige und zur Verschwiegenheit verpflichtete Ansprechpartner wenden, z. B. an Ärzte, das Jugendamt oder spezielle **Beratungsstellen**. Dort sollte die jeweilige Situation der Frau aus verschiedenen

Perspektiven betrachtet und weitere Hilfsangebote aufgezeigt werden.
Eine solche Beratung muss immer ergebnisoffen erfolgen. Das bedeutet, dass die Schwangere die Entscheidung in Ruhe selbst treffen soll. Vom Gesetzgeber sind drei Tage Bedenkzeit vorgegeben. Die Frau sollte jedoch darauf hingewiesen werden, dass die zunächst erhoffte Erleichterung von Schuldgefühlen und Trauer überschattet werden kann.

Beginn des Lebens

Die Frage nach dem Beginn des menschlichen Lebens ist umstritten. Sie wird aus verschiedenen Perspektiven unterschiedlich beantwortet:
- Römisch-katholische Kirche: das Leben beginnt mit der Befruchtung.
- medizinische Sicht: das Leben beginnt mit der Einnistung des Keims in die Gebärmutterschleimhaut.
- Biologische Sicht: Das Leben beginnt mit dem Verschmelzen der Zellkerne von Eizelle und Spermium.

Geltendes Recht in Deutschland

In Deutschland sind die rechtlichen Grundlagen für einen Schwangerschaftsabbruch in den §§218ff des Strafgesetzbuches geregelt. Danach ist ein Schwangerschaftsabbruch grundsätzlich strafbar. Er bleibt nur dann straffrei, wenn die folgenden Punkte erfüllt sind:
- Die Schwangere hat mindestens drei Tage vor dem Eingriff in einer staatlich anerkannten Beratungsstelle an einer Schwangerschaftskonfliktberatung teilgenommen.
- Die Schwangere verlangt den Eingriff.
- Den Eingriff führt ein Arzt durch.
- Die Abtreibung wird innerhalb der ersten 12 Schwangerschaftswochen durchgeführt.

Ein Abbruch nach der 12. Schwangerschaftswoche ist nur möglich, wenn eine Gefahr für das Leben der Schwangeren gegeben ist oder die Gefahr einer schwerwiegenden Beeinträchtigung des körperlichen oder seelischen Gesundheitszustandes der Schwangeren abgewendet werden soll.

Es gibt verschiedene Gründe für einen Schwangerschaftsabbruch. In den ersten zwölf Schwangerschaftswochen bleibt dieser unter bestimmten Voraussetzungen straffrei.

AUFGABEN

1 Nenne Gründe für einen Schwangerschaftsabbruch.

2 Beschreibe, wann ein Schwangerschaftsabbruch straffrei erfolgt.

3 Vergleiche die verschiedenen Sichtweisen zum Beginn des Lebens.

4 a) Versucht, euch in die in Bild 4 geschilderten Situationen hineinzuversetzen. Überlegt, wie ihr reagieren würdet, und wägt Für und Wider ab.
b) Zeigt den Betroffenen mögliche Hilfen auf.

5 Vergleiche die aktuell in Deutschland geltenden Gesetze, die einen Schwangerschaftsabbruch regeln, mit denen in einem benachbarten Land.

1 Agnes (35) und ihr Mann (37) wünschen sich ein Kind. Nun erfahren sie, dass ihr Ungeborenes das Down-Syndrom hat.

2 Liz (27) ist drogenabhängig. Sie weiß nicht, wer der Vater ihres ungeborenen Kindes ist.

3 Meike (23) hat eine abgeschlossene Ausbildung und ist seit zwei Jahren mit ihrem Freund zusammen. Als dieser von der ungeplanten Schwangerschaft erfährt, trennt er sich von Meike.

4 Monika (42) erwartet zusammen mit ihrem Mann das dritte Kind. Ihre beiden anderen Kinder sind schon erwachsen.

5 Marie (15) hat erst kurz zuvor ihren Ausbildungsvertrag unterschrieben, als sie von der Schwangerschaft erfährt.

4 Zu Aufgabe 4

1 Die traditionelle Familie

2 Vater – Vater – Kind

Partnerschaften

Partnerschaften

Wenn von einer „Partnerschaft" gesprochen wird, denken die meisten Menschen wohl nach wie vor an einen Mann und eine Frau aus demselben Kulturkreis, die zusammenleben. Dieses Bild ist jedoch längst überholt. Als Folge der Globalisierung treffen immer mehr Menschen unterschiedlicher Herkunft und Religion aufeinander und gehen eine Partnerschaft ein. Außerdem trifft man inzwischen häufig auch auf gleichgeschlechtliche Paare, die ihre Liebe ganz offen zeigen und leben.
In Deutschland hat jeder Mensch das Recht, seine eigene Form der Partnerschaft zu finden und zu leben. Entscheidend ist dabei nur, dass beide die Beziehung als Bereicherung empfinden. Erst wenn aus dem Verhalten der Partner Schaden entsteht oder eine Straftat vorliegt, z. B. bei Anwendung von Gewalt, ist man als Außenstehender berechtigt einzugreifen.

Familien

Entscheiden sich die Partner für Kinder, wird aus der Partnerschaft eine Familie. Sofern die Familie dem traditionellen Bild entspricht, wird sie in der Regel problemlos anerkannt und respektiert (▻ B 1). Familien, die vom klassischen Bild abweichen, müssen aber oft gegen Vorurteile ankämpfen (▻ B 2). Dabei spielt es keine Rolle, ob die Eltern Mann und Frau oder ein gleichgeschlechtliches Paar sind. Denn allen Eltern ist gemeinsam: Sie haben die Pflicht, ihren Kindern Schutz, Fürsorge und Geborgenheit zu geben.

Alleinerziehende Eltern

Leben die Kinder nur bei einem Elternteil, spricht man von **alleinerziehenden Eltern** (▻ B 3). Zu einer solchen Situation kommt es z. B. durch den Tod eines Elternteils oder wenn die Kinder nach einer Trennung ausschließlich bei einem Elternteil leben und von diesem erzogen werden.
Nach einer Scheidung teilen sich heute in der Regel viele Eltern das **Sorgerecht**. Das bedeutet, dass die Kinder zwar überwiegend bei dem einen Elternteil leben, der andere Elternteil aber bei wichtigen Entscheidungen ein Mitspracherecht hat.

„Patchwork-Familie"
Eine **„Patchwork-Familie"** entsteht, wenn Alleinerziehende neue Partner mit Kindern finden und alle im gleichen Haushalt leben. Oft kommen zu den Kindern aus den früheren Partnerschaften noch gemeinsame hinzu. Dies kann im Alltag für alle Beteiligten eine große Herausforderung sein.

Adoption als Weg zur Familie
Wenn ein Paar keine eigenen Kinder bekommen kann, ist die **Adoption** eine Möglichkeit, eine Familie zu gründen (▻ B 4). In Deutschland gibt es dazu strenge Vorschriften und Gesetze. Ein adoptiertes Kind hat die gleichen Rechte wie ein leibliches Kind.

Pflegefamilie
Aus verschiedenen Gründen können manche Kinder nicht bei ihren leiblichen Eltern leben. Damit sie nicht in ein Heim müssen, können sie bei **Pflegefamilien** untergebracht werden. Die Pflegeeltern übernehmen dann die Erziehung und geben dem Kind die Geborgenheit und Zuwendung, die es in der eigenen Familie nicht hatte. Anders als bei einer Adoption, haben die leiblichen Eltern weiterhin Kontakt zu ihren Kindern und können mit Unterstützung des Jugendamtes bei wichtigen Entscheidungen mitreden.

„Regenbogen-Familie"
In **Regenbogenfamilien** wachsen die Kinder bei gleichgeschlechtlichen Partnern auf (▻ B 2). Sie stammen z. B. aus früheren heterosexuellen Partnerschaften, aus einer Adoption oder es sind Pflegekinder.

Es gibt verschiedene Familienmodelle. Wichtig ist in jedem Fall, dass die Kinder Fürsorge, Schutz und Geborgenheit erfahren.

AUFGABEN

1 Beschreibe verschiedene Familienmodelle.

2 Überlege, warum Kinder in eine Pflegefamilie kommen.

3 Formuliere Vorurteile, denen Kinder begegnen können, die nicht aus einer „klassischen" Familie kommen. Überlege dir Argumente gegen solche Vorurteile.

4 Gib an, warum Adoptiv- oder Pflegeeltern noch mit anderen Herausforderungen bei der Erziehung konfrontiert werden.

5 Anders als Homosexualität unter Männern war Homosexualität unter Frauen nie strafbar. Stelle Vermutungen an, wie es zu so unterschiedlichen Bewertungen gekommen ist.

6 Diskutiert die folgende Frage: „Haben wir das Recht, einen Menschen nach seiner sexuellen Orientierung zu bewerten?"

3 Alleinerziehend

4 Familie mit Adoptiv-Kindern

Zusammenfassung

Vom Embryo zum Fetus
Aus der befruchteten Eizelle entwickelt sich durch zahlreiche Zellteilungen der Embryo. Dieser wird über die Plazenta mit Nährstoffen versorgt. Nach etwa zwei Monaten sind alle Organe angelegt. Sie reifen nun heran und werden funktionstüchtig. Ab diesem Zeitpunkt spricht man von dem Fetus. Etwa 40 Wochen nach der Befruchtung wird der Fetus geboren.

Pränataldiagnostik
Mithilfe verschiedener Untersuchungsmethoden können Aussagen über den Gesundheits- und Entwicklungszustand des Kindes getroffen werden. Nichtinvasive Methoden sind z. B. Ultraschall- oder Blutuntersuchungen. Bei Auffälligkeiten werden Gewebeproben des Kindes genauer untersucht. Diese Methode kann aber das Risiko einer Fehlgeburt erhöhen.

Einflüsse auf das Ungeborene
Die Lebensweise einer Schwangeren beeinflusst die Entwicklung des Ungeborenen. Neben Nährstoffen und Sauerstoff können auch Schadstoffe wie z.B. Alkohol, Medikamente und Gifte aus dem Zigarettenrauch die Plazentaschranke überwinden. Sie können die Entwicklung des Kindes stören und bleibende Schäden verursachen. Auch Einflüsse aus der Umwelt wie Lärm und Stress können die Entwicklung des Kindes beeinflussen.

Kinderwunsch
Bei manchen Paaren erfüllt sich der Kinderwunsch aus verschiedenen Gründen nicht sofort oder gar nicht. Mithilfe medizinischer Verfahren, z. B. Insemination und In-vitro-Fertilisation, kann den Paaren in vielen Fällen geholfen werden. Die Zeit des Wartens kann für die Paare eine sehr belastende Zeit sein.

Eltern
Ab dem positiven Schwangerschaftstest übernehmen die werdenden Eltern die Verantwortung für ein kleines Wesen. Eine erste Bindung zu dem Ungeborenen wird bereits mit dem Auftreten der ersten Kindsbewegungen aufgebaut und in den ersten Wochen nach der Geburt vertieft. Dabei entsteht ein Urvertrauen (Bonding), das die Kinder ein Leben lang begleitet. Vater und Mutter übernehmen dabei unterschiedliche, aber gleichermaßen wichtige Rollen.

Bedürfnisse von Kindern
Eltern tragen eine große Verantwortung. Sie müssen dafür sorgen, dass alle Bedürfnisse der Kinder erfüllt werden. Dazu gehört z. B. auch eine ausgewogene und abwechslungsreiche Ernährung. Auffälligkeiten in der körperlichen und geistigen Entwicklung sollen bei den U-Untersuchungen beim Kinderarzt erkannt und behoben werden. Bewegung fördert das körperliche Wohlbefinden und hilft den Körper zu trainieren. Eine feste Bezugsperson und Spielkameraden tragen zu einer gesunden Entwicklung und Sozialisierung bei.

Schwangerschaftsabbruch
In Deutschland bleibt ein Schwangerschaftsabbruch in den ersten 12 Schwangerschaftswochen straffrei, wenn die Schwangere den Eingriff verlangt, sie an einer Schwangerschaftskonfliktberatung teilgenommen hat und ein Arzt den Eingriff durchführt.

Familie
Alle Eltern haben die Pflicht, ihren Kindern Schutz, Fürsorge und Geborgenheit zu geben. Das ändert sich auch nicht, wenn die Familie vom „klassischen" Familienbild abweicht.

AUFGABEN

1 Erstelle ein Flussdiagramm von der Befruchtung bis zum Fetus.

Super! ? ► S. 84

2 Nenne die Voraussetzungen, die erfüllt sein müssen, damit ein Schwangerschaftsabbruch straffrei bleibt.

Super! ? ► S. 94/95

3 Das klassische Familienbild ist inzwischen überholt. Gib an, wie es sich verändert hat.

Super! ? ► S. 96/97

4 Wissenschaftler haben verschiedene Modelle zur Erziehung eines Kindes entwickelt. Gib an, wie sich das Maß der Lenkung mit zunehmendem Alter der Kinder verändern sollte und erkläre.

Super! ? ► S. 90/91

5 Nimm zu dem folgenden Satz Stellung: „Ab dem Zeitpunkt eines postitiven Schwangerschaftstests ändert sich für alle Beteiligten etwas."

Super! ? ► S. 90/91

6 Gib an, warum es wichtig ist, dass Eltern immer die Möglichkeit haben, um Hilfe und Unterstützung bei der Erziehung zu bitten.

Super! ? ► S. 90/91

7 Erkläre, warum die nichtinvasiven Methoden bei der Pränataldiagnostik bevorzugt werden sollten.

Super! ? ► S. 85

8 Bis die Bedingungen in Kinderheimen grundlegend geändert wurden, wuchsen Kinder dort ohne Bezugsperson und Körperkontakt auf.
a) Erstelle eine Liste mit allen Unterschieden zwischen den beiden Entwicklungsprofilen in Bild 1.
b) Nenne Gründe für diese Unterschiede und erläutere sie.
c) Vermute, mit welchen Folgen die damaligen Heimkinder leben mussten.

Super! ? ► S. 90–93

9 Einige Frauen nehmen während der Schwangerschaft zu.
a) Erläutere, warum eine Diät während dieser Zeit trotzdem nicht sinnvoll ist.
b) Stelle Vermutungen an, warum eine Gewichtszunahme in einem gewissen Rahmen von der Natur gewollt ist.

Super! ? ► S. 86/87

10 Erkläre, warum das Embryonenschutzgesetz von großer Bedeutung ist.

Super! ? ► S. 88/89

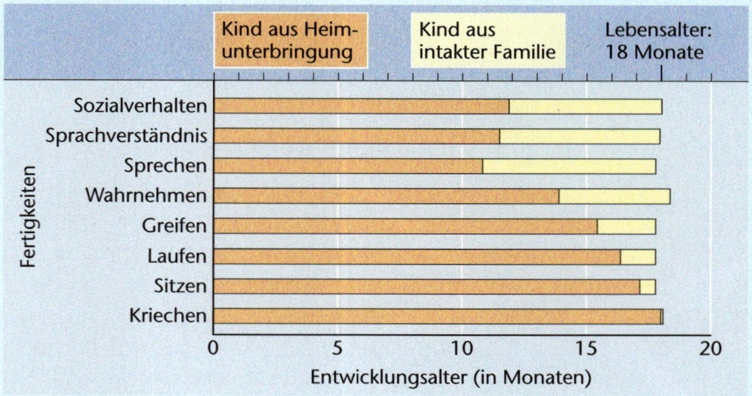

1 Zu Aufgabe 8

4 Der Mensch verändert Ökosysteme

- Was heißt eigentlich „nachhaltig“?
- Wird es bei uns immer heißer werden?
- Warum schadet es uns, wenn der Regenwald abgeholzt wird?
- Wieso sind Plastiktüten gefährlich für Tiere im Meer?
- Was kann ich tun, um die Umwelt zu schützen?

Wege in die Ökologie

Bei einer Fahrt durch unser Land siehst du Wälder, Wiesen, Äcker, Seen und Flüsse, aber auch Dörfer und Städte. Überall wachsen Pflanzen und leben Tiere.

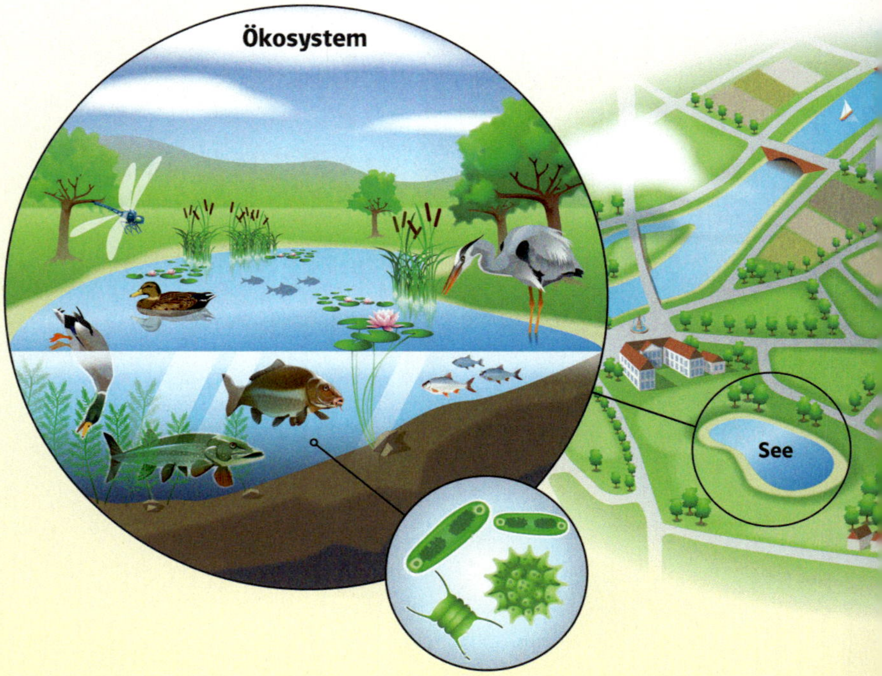

A Wälder, Wiesen, Seen und Städte sind Ökosysteme. Ein Ökosystem besteht aus einem Lebensraum und allen Lebewesen, die in diesem speziellen Ökosystem leben. Die **Ökologie** untersucht das Zusammenleben der Lebewesen eines Ökosystems.

B Stellt man sich ein Ökosystem ohne Lebewesen vor, bleibt nur noch der **unbelebte Lebensraum** übrig. Diesen nennt man **Biotop**.

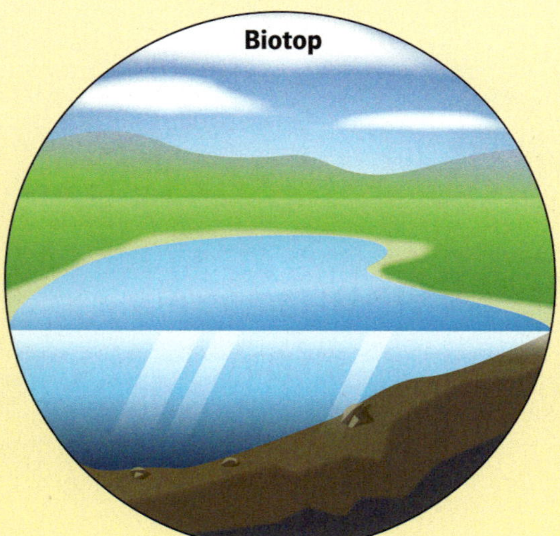

C Die Lebewesen eines Ökosystems bilden eine **Lebensgemeinschaft**: die **Biozönose**.

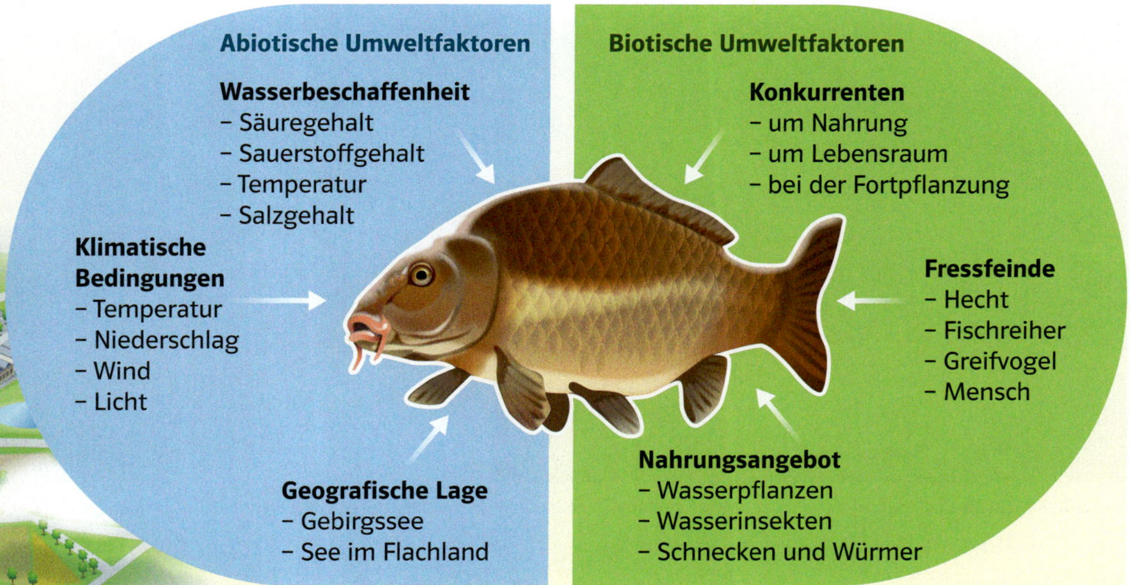

E Auf die Lebewesen in einem Ökosystem wirken unterschiedliche Einflüsse aus der Umwelt ein. Umwelteinflüsse, die von anderen Lebewesen ausgehen, nennt man **biotische Umweltfaktoren**; Einflüsse aus der unbelebten Umwelt sind die **abiotischen Umweltfaktoren**.

D Die Lebewesen in einem Ökosystem stehen miteinander in **Beziehung**.

Die Ökologie untersucht das Zusammenleben von Lebewesen in einem Ökosystem. Ökosysteme bestehen aus Biotop und Biozönose.

AUFGABEN

1 Beschreibe, womit sich die Ökologie beschäftigt.

2 Erläutere die Begriffe „Ökosystem", „Biotop" und „Biozönose" schriftlich mit eigenen Worten.

3 Beschreibe am Beispiel eines Karpfens die Wechselbeziehungen zwischen einem Lebewesen und seiner Umwelt.

4 Entwirf mithilfe der Abbildungen ein Schaubild für ein Ökosystem deiner Wahl, z. B. eine Wiese oder einen Wald.

1 In dieser Landschaft liegen viele Ökosysteme nebeneinander

2 ein Flaschengarten

Ein Land – viele Ökosysteme

In der Welt liegen die unterschiedlichen Ökosysteme dicht nebeneinander. Man kann sie u.a. an der Vegetation unterscheiden: In einem Wald herrschen Bäume vor, auf einer Wiese Gräser und Kräuter, auf Äckern wechseln die Pflanzen von Jahr zu Jahr. Auch Städte und Dörfer sind Ökosysteme. Neben diesen **Land-Ökosystemen** gibt es noch die **Gewässer-Ökosysteme**, die man in Salz- und Süßgewässer einteilt. Bei Letzteren unterscheidet man noch stehende Gewässer, z. B. einen See, von Fließgewässern wie Bach und Fluss.

Ökosysteme

Die Organismen der Biozönose kann man in drei Gruppen einteilen:
Die Pflanzen sind die **Produzenten**. Sie stellen mithilfe der Fotosynthese energiereiche Stoffe her. So können sie wachsen und ihre Masse vergrößern - sie produzieren **Biomasse**. Von dieser Biomasse können die übrigen Mitglieder der Biozönose leben.
Die Tiere sind **Konsumenten**. Die Erstkonsumenten ernähren sich nur von Pflanzen – das sind die Pflanzenfresser. Die Zweitkonsumenten dagegen ernähren sich von anderen Tieren – die Raubtiere oder Räuber. Manche Tiere ernähren sich sowohl pflanzlich als auch räuberisch.
Jedes Tier und jede Pflanze produziert im Laufe des Lebens Abfälle und Ausscheidungen. Ebenso müssen alle diese Lebewesen eines Tages sterben. All diese Überreste werden von den im Boden lebenden Organismen, den **Destruenten**, zu Mineralstoffen abgebaut. Im Boden reichern sich diese Mineralstoffe an und werden von den Pflanzen wieder mit ihren Wurzeln aufgenommen.

Die in einem Ökosystem umgesetzten Stoffe durchlaufen also einen Kreislauf. Da der größte Teil dieser Stoffe im Ökosystem bleibt, spricht man von einem **lokalen Stoffkreislauf**. Durch ihn sind alle Lebewesen einer Biozönose miteinander verbunden (▻ B 3).

Ökosysteme sind miteinander vernetzt

Die verschiedenen Ökosysteme sind nicht streng voneinander abgrenzt, sondern

miteinander verbunden und vernetzt. So wird der Waldrand z. B. durch Sträucher gebildet, die in die Wiese übergehen. Den Übergang von der Wiese zu einem See bildet meist eine Zone aus Schilf und Bäumen.
Ökosysteme sind also **offene Systeme**, die miteinander im Austausch stehen: Rehe verbergen sich z. B. tagsüber im Wald und kommen in der Dämmerung zum Äsen auf die angrenzenden Wiesen und Felder. Anders herum weht vielleicht der Wind Samen von der Wiese in den Wald. Zwischen den einzelnen Ökosystemen besteht also ein **Stoffaustausch**.

Trotzdem ist ein nicht vom Menschen gestörtes Ökosystem weitgehend unabhängig von anderen Ökosystemen. Die Pflanzen darin produzieren genügend Biomasse und Sauerstoff, sodass die Tiere der Biozönose davon leben können. Man kann auch sagen: „Das Ökosystem befindet sich in einem **natürlichen Gleichgewicht**."

Ökosysteme sind selbstständige, offene Systeme, die mit benachbarten Ökosystemen im Stoffaustausch stehen. Die Stoffe innerhalb eines Ökosystems durchlaufen einen geschlossenen Kreislauf. Ein unbeeinflusstes Öksystem befindet sich im natürlichen Gleichgewicht.

AUFGABEN

1 Beschreibe die Funktionen der einzelnen Bestandteile eines Ökosystems.

2 Ein Ökosystem wird als „offenes System" bezeichnet. Erkläre, was damit gemeint ist.

3 Schließe das Buch. Zeichne nun das Schema des Ökosystems Wald in dein Heft und beschrifte es.

4 Lege eine Tabelle an, in der du vier verschiedene Ökysteme miteinander vergleichst.

5 a) Informiere dich, wie man einen Flaschengarten (▻ B 2) anlegt.
b) Einen Flaschengarten kann man als „geschlossenes System" bezeichnen. Erkläre.

6 Erkläre anhand von Beispielen, wie abiotische und biotische Faktoren einander beeinflussen.

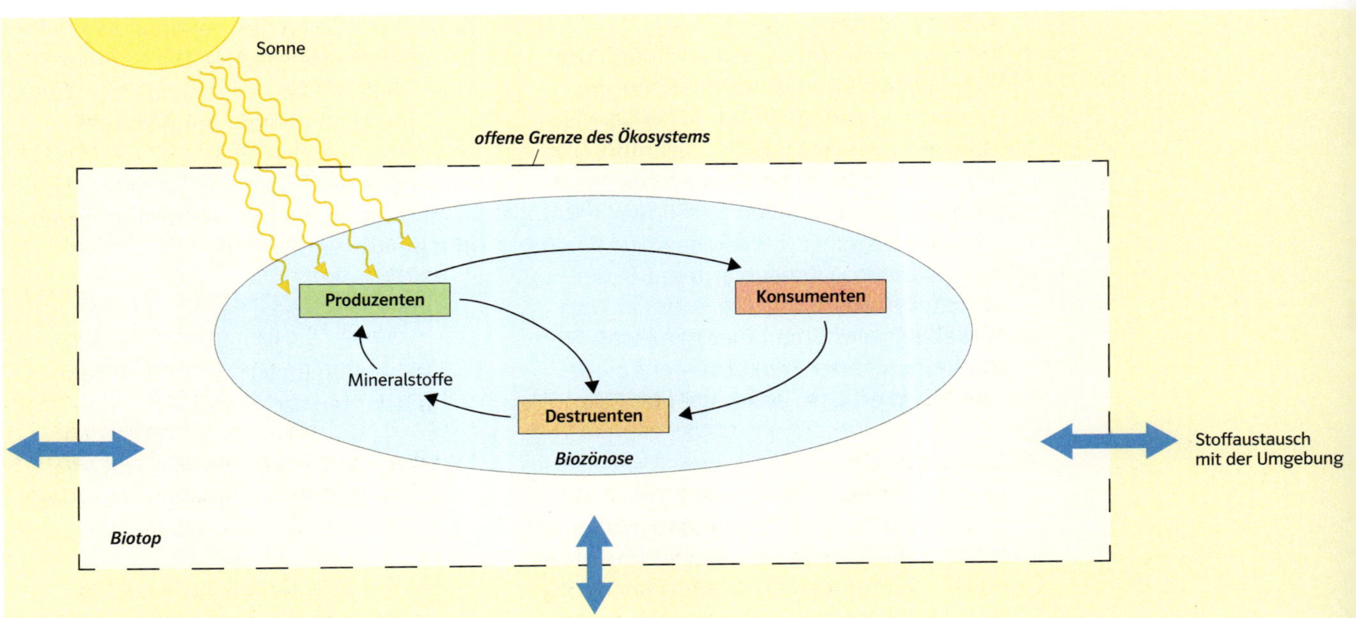

3 Ökosystem – Darstellung eines lokalen Stoffkreislaufes

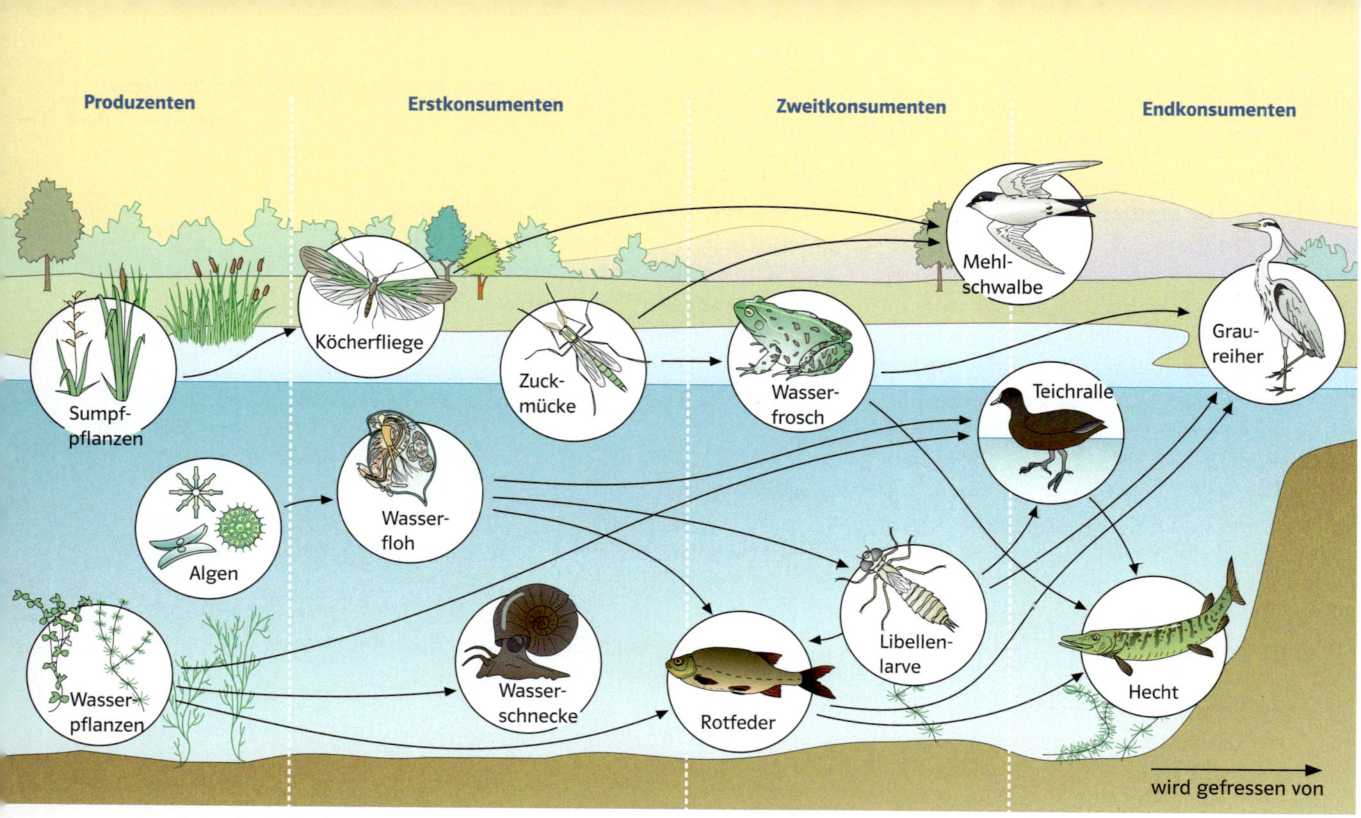

1 Das Nahrungsnetz im See

Nahrungsbeziehungen

Nahrungsketten

Grüne Pflanzen produzieren mithilfe des Sonnenlichts energiereiche Nährstoffe. Das gilt auch für die Pflanzen im Gewässer. Man nennt sie deshalb Produzenten. Die Produzenten sind die Nahrung von Pflanzenfressern, z. B. von Wasserflöhen (▻ B 1). Pflanzenfresser sind Erstkonsumenten und dienen anderen Konsumenten, z. B. der Rotfeder, als Nahrung. Die Rotfeder wird schließlich vom Graureiher gefressen. Der Graureiher ist der Endkonsument dieser **Nahrungskette**. (► System, S. 138/139)

Nahrungsnetz

Der Graureiher frisst aber nicht nur Rotfedern, sondern auch Frösche und Insektenlarven. Ebenso gehören Wasserflöhe nicht nur zur Nahrung von Rotfedern, sondern auch von anderen kleinen Fischen – und Rotfedern fressen auch Wasserpflanzen.

Die Lebewesen im See gehören also mehreren Nahrungsketten an. Die Nahrungsketten sind vielfach miteinander verknüpft: Man spricht von einem **Nahrungsnetz**.

Die Lebewesen in einem Ökosystem sind durch Nahrungsketten und Nahrungsnetze miteinander verbunden.

AUFGABEN

1 Nenne mithilfe von Bild 1 drei Nahrungsketten des Sees.

2 Begründe, warum man die Rotfeder zugleich als Erstkonsument und Zweitkonsument bezeichnen kann.

3 Erläutere die Folgen einer Massenvermehrung von Wasserflöhen für die Rotfeder.

Stoffkreislauf und Energiefluss

Der Kreislauf der Stoffe

Zum Aufbau von **Biomasse** nutzen Pflanzen die Sonnenenergie. Die **Energie** zum Aufrechterhalten ihres eigenen Stoffwechsels beziehen sie aus dem Abbau von Stoffen, die sie mithilfe der **Fotosynthese** hergestellt haben.

Fressen nun die Konsumenten Pflanzen oder andere Tiere, so nehmen sie damit auch die darin enthaltene Energie auf. Nur etwa 10 % der Energie werden für den eigenen Stoffwechsel genutzt, der Rest wird als **Wärme** an die Umgebung abgegeben. Reste von Pflanzen und Tieren sowie die Ausscheidungen der Tiere enthalten noch Energie. Sie werden von den Destruenten zu energiearmen Mineralstoffen abgebaut und ausgeschieden. Die Pflanzen nehmen diese wieder auf und bauen damit neue Biomasse auf.

Die Energie fließt

Die Weitergabe von Energie ist an die Weitergabe von Nährstoffen gebunden. Im Gegensatz zur Biomasse, die sich in einem ständigen **Stoffkreislauf** befindet, ist die an die Umgebung abgegebene Wärme für die Lebewesen nicht mehr nutzbar. Man spricht daher von einem **Energiefluss**. (► Stoff- und Energieumwandlung, S. 142/143)

In einem Ökosystem werden Stoffe und die darin enthaltene Energie transportiert. Bei Stoffwechselvorgängen wird ein Teil der aufgenommenen Energie als Wärme an die Umgebung abgegeben. Man spricht von Energiefluss.

AUFGABEN

1 Erkläre den Unterschied zwischen einem Stoffkreislauf und dem Energiefluss.

2 a) Begründe, warum die Pfeile in der Abbildung 1 von einem Organismus zum anderen schmäler werden.
b) Erkläre, warum bei jedem Pfeil „10%“ steht.

3 Begründe am Beispiel einer Nahrungskette, warum man statt von „Energieverbrauch“ von „Energieumwandlung“ sprechen muss.

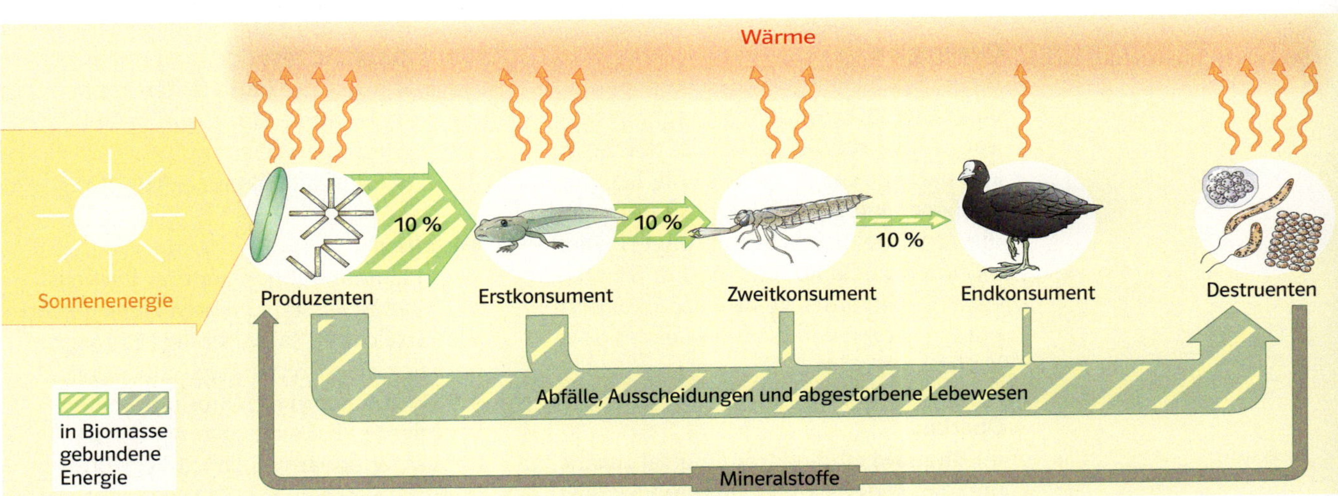

1 Stoffkreislauf und Energiefluss sind miteinander gekoppelt.

1 Oberlauf

2 Mittellauf

Lebensraum Fluss

Bäche und Flüsse sind **Fließgewässer-Ökosysteme**. Auf dem Weg von der Quelle bis zur Mündung verändern sich die abiotischen Bedingungen eines Gewässers mehrfach, was Auswirkungen auf die jeweilige Biozönose hat. Daher kann man einen Fluss, wie beispielsweise die Donau, in verschiedene Abschnitte einteilen. In ungestörten Fließgewässern haben diese jeweils eigene Lebensgemeinschaften, die durch typische Fischarten geprägt und entsprechend **Fischregionen** genannt werden.

Quellregion

Die meisten Fließgewässer beginnen mit einer **Quelle**, an der das Wasser aus dem Boden austritt. Das Wasser ist dort sehr kalt und enthält nur sehr wenig Sauerstoff, da dieser erst durch Wasserpflanzen und die Verwirbelungen beim schnellen Fließen ins Wasser gelangt. Aus diesem Grund gibt es im Quellbereich keine Fische, sondern nur die Larven von Wasserinsekten oder kleine Krebstiere.

Oberlauf

Im **Oberlauf** ist die Strömung sehr stark und der Boden ist von größeren Steinen und Geröll bedeckt. Das kalte Wasser kann viel Sauerstoff aufnehmen. Büsche und Bäume beschatten den Oberlauf und verhindern eine zu starke Erwärmung. Fische wie die **Forelle** müssen sich gut in der Strömung halten oder dagegen anschwimmen können. Sie haben einen strömungsgünstigen Körper und kräftige Muskeln. Zum **Laichen** schlagen die Forellen-Weibchen mit dem Schwanz kleine Gruben in den Untergrund und legen darin die Eier ab. Dort werden diese dann vom Männchen besamt. Kleinere Tiere, z.B. die Larven vieler Insekten (► S. 112/113), klammern sich am Untergrund fest oder verbergen sich unter Steinen. Auf den Steinen können sich nur Moose halten. Einzellige Algen bilden einen glitschigen Überzug.
(► Struktur und Funktion, S. 140/141)

Mittellauf

Durch Einmündungen anderer Bäche ist das Fließgewässer zu einem **Fluss** geworden. Erreicht er flacheres Gelände, verringert sich die Strömungsgeschwindigkeit. Am Boden lagern sich Kies und feinere **Sedimente** ab. Das langsamer fließende Wasser erwärmt sich stärker als im Oberlauf, weshalb der Sauerstoffgehalt abnimmt. Die Baumkronen können nicht mehr die ganze Flussbreite beschatten. Am Flussgrund wurzeln Pflanzen wie der Flutende Hahnenfuß und Laichkräuter. Sie bieten **Rotfeder** und **Barbe**, den typischen Fischenarten dieser Region, aber auch vielen Kleinlebewesen Nahrung und Versteckmöglichkeiten. Wasservögel suchen im Wasser nach Nahrung und brüten am Ufer.

Unterlauf

Im flacher werdenden Gelände des **Unterlaufs** fließt der Fluss träge dahin und lagert am Grund immer feineres Material ab. Der Boden ist mit **Schlamm** bedeckt, der durch die Fließbewegungen das Wasser trüb macht. In den Uferbereichen bilden sich Buchten aus: die Lebensbedingungen ähneln einem stehenden Gewässer. Die Wassertemperatur steigt im Sommer stark an, der Sauerstoffgehalt sinkt. Am Ufer bildet sich ein Pflanzengürtel mit Schilf und Röhricht aus. Im fast stehenden Wasser können sich Teichrosen und andere Schwimmblattpflanzen ansiedeln. Hier leben vor allem **Brachsen** und **Karpfen**.

Mündung

Schließlich mündet der Fluss ins Meer. Im **Mündungsbereich** mischt sich das Süßwasser des Flusses mit dem Salzwasser des Meeres zum **Brackwasser**.

Aufgrund von Strömung, Wassertemperatur und Sauerstoffgehalt kann ein Fließgewässer in verschiedene Regionen eingeteilt werden. In jeder Region leben daran angepasste Tiere und Pflanzen.

AUFGABEN

1 Beschreibe, wodurch sich die einzelnen Regionen eines Fließgewässers unterscheiden.

2 Nenne Eigenschaften, die die Tiere im Oberlauf eines Gewässers haben müssen.

3 Erkläre, warum an der Quelle nur wenige Tiere zu finden sind.

4 Beschreibe für alle abiotischen Faktoren die Veränderungen, die sie von der Quelle bis zum Unterlauf machen. Wähle dafür eine geeignete Darstellungsform.

5 Das Diagramm in Bild 4 zeigt die Ansprüche von Forelle und Brachsen an ihren Lebensraum. Übertrage diese in eine Tabelle und beschreibe sie.

6 Erstelle für den Karpfen ein Netzdiagramm wie in Bild 4.

3 Unterlauf

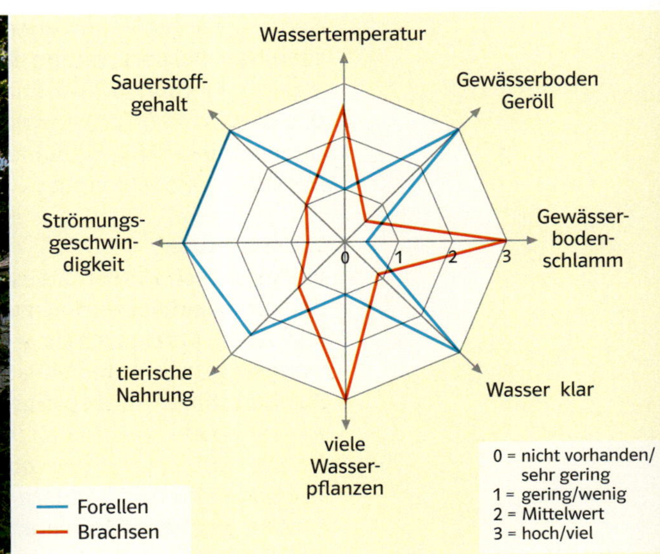

4 Forellen und Brachsen haben unterschiedliche Ansprüche.

1 Wasserrad

2 Regulierter Flusslauf

Alles im Fluss

Nutzung der Wasserkraft früher ...

Wasser hat die Menschen schon immer magisch angezogen. Als unsere Vorfahren vor ca. 8000 Jahren sesshaft wurden, siedelten sie möglichst in der Nähe von Gewässern. So war zum einen ihre **Wasserversorgung** gesichert. Zum anderen nutzten sie bald auch die **Transportkraft** des fließenden Wassers. Auf Flößen oder in Booten konnten Waren über weite Strecken transportiert werden. Zwischen dem 4. und 3. Jahrhundert vor Christus wurde das Wasserrad (▻ B 1) entwickelt, mit dessen Hilfe man z. B. Mühlen oder andere Geräte antreiben konnte.

... und heute

In viele Flüsse wurden Staustufen eingebaut und **Laufwasserkraftwerke** angelegt. Diese sind jedoch für viele im Fluss wandernde Fischarten eine Barriere. **Aufstiegshilfen** können diese Hindernisse einigermaßen ausgleichen (▻ B 3). Das Flusswasser ist nicht nur Lebensraum für Tiere und Pflanzen, sondern dient auch zur Kühlung von **Wärmekraftwerken**. Das dabei erwärmte Wasser leitet man in den Fluss zurück. Diese **thermische Belastung** verringert jedoch den Sauerstoffgehalt des Wassers, was für viele empfindliche Wassertiere schädlich ist. (► System, S. 138/139)

Fließgewässer werden verändert

Auch heute noch können Bäche und Flüsse bei Hochwasser zu einer Bedrohung werden. Fließgewässer können auch den Straßenbau oder andere Bauvorhaben stören. Deshalb wurden in der Vergangenheit viele Fließgewässer **reguliert**, also z. B. begradigt oder in Betonrinnen verlegt (▻ B 2). Eine Flussregulierung verändert aber dieses Ökosystem: Lebensräume für die am Bachgrund und in der Uferregion lebenden Kleintiere und Pflanzen gehen verloren. Auch der Verlauf von großen Strömen, z. B. von Donau oder Rhein, wurde mehrfach begradigt und eingedämmt, sodass diese Flüsse heute über weite Strecken in einem künstlich geschaffenen Bett fließen. Dadurch strömen sie schneller, was einige Wasserpflanzen, z. B. die Teichrose, und viele Wassertiere nicht vertragen.

Um den Lebewesen wieder neue Lebensräume zu schaffen, führt man heute dort, wo es möglich ist, **Renaturierungen** durch. Ebenso lässt man das Hochwasser an ausgesuchten Stellen Wiesen überfluten. Mit solchen **Flutpoldern** will man unter anderem flussabwärts gelegene Siedlungen vor Überschwemmungen schützen. Außerdem können auf den überfluteten Wiesen, wenn auch nur kurzfristig, neue Lebensräume entstehen. (► Biodiversität, S. 144/145)

Flüsse sind perfekte Dienstleister

Flüsse sind Trinkwasser-Lieferanten, welches wir aus dem **Uferfiltrat** gewinnen können. Uferfiltrat ist das Grundwasser, das sich in Flussnähe aus dem Flusswasser bildet. An anderer Stelle nutzt man einen Fluss als **Vorfluter** für Kläranlagen (► S. 118/119). Auch bilden große Ströme oftmals natürliche Grenzen zu anderen Staaten.

Für unsere **Freizeitgestaltung** sind Flüsse und andere Gewässer auch beliebte Orte. Hier kann man z. B. Kanu fahren oder einen anderen Wassersport betreiben. In der heißen Jahreszeit ist die kühlere Luft in Gewässernähe angenehm, sodass wir uns dort gerne erholen (▻ B 4).

Ökosysteme wie Bäche und Flüsse werden vom Menschen vielfältig und intensiv genutzt. Dadurch werden diese natürlichen Ökosysteme verändert. Heute bemüht man sich um die Renaturierung von vormals regulierten Fließgewässern.

AUFGABEN

1 Erläutere, inwiefern die thermische Belastung einem Gewässer schadet.

2 Lege eine Tabelle an und trage die Veränderungen ein, die der Mensch an Flüssen vorgenommen hat. Schreibe in die zweite Spalte die Begründung.

3 Erkläre, inwiefern Flutpolder kuzfristig neue Lebensräume schaffen.

4 Beschreibe, welche Fähigkeiten Fische haben müssen, um eine Aufstiegshilfe nutzen zu können.

5 Erstelle ein Schaubild analog zu Bild 4 für das Ökosystem Wald.

6 Greifen Menschen in ein Ökosystem ein mit dem Ziel, seinen Nutzen zu erhöhen, geht dies stets zu Lasten eines anderen Nutzens. Erläutere dies am Beispiel des Ökosystems Fluss.

3 Fischaufstiegshilfe

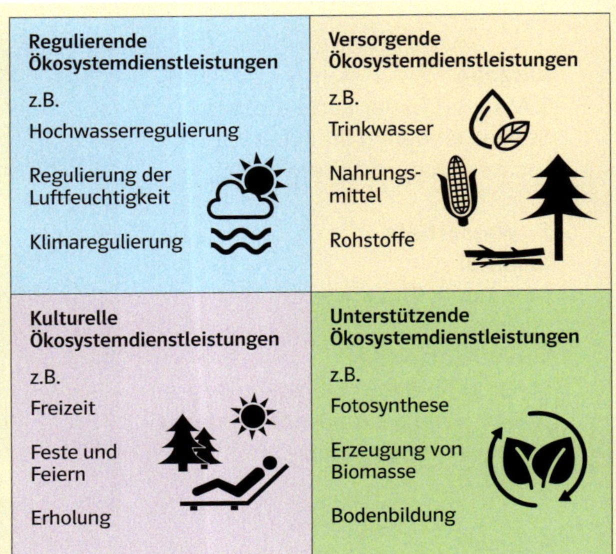

4 Ein Ökosystem leistet viele Dienste

Wir untersuchen einen Bach

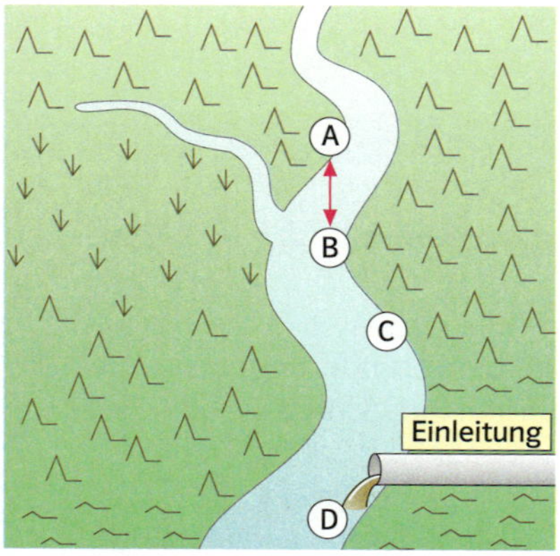

1 Bachkartierung

1 Kartierung

Material
Papier, Bleistift

Versuchsanleitung
Zeichnet nach Vorlage von Bild 1 eine Karte des Bachabschnittes, den ihr untersuchen wollt. Achtet dabei auch auf Einleitungen und Zuflüsse.

Aufgabe
1. Markiert in der Karte mehrere Stellen, an denen ihr eure Untersuchungen durchführen wollt.

2 Wassertiefe

Material
Meterstab, Gummistiefel

Versuchsanleitung
Steckt den Meterstab an den Messstellen jeweils einmal am Rand und einmal in der Bachmitte bis zum Grund.

Aufgabe
1. Lest die Werte ab und tragt sie in eine Tabelle ein.

3 Fließgeschwindigkeit

Material
Driftkörper (z. B. Holzklotz oder Laubblatt), Stoppuhr, 10 m-Maßband, Markierungsband

Versuchsanleitung
a) Messt entlang des Ufers eine 10 m lange Strecke ab. Markiert Beginn und Ende deutlich mithilfe des Markierungsbands.
b) Werft den Driftkörper vor dem Startpunkt in die Mitte des Bachs.
c) Stoppt die Zeit, die der Driftkörper vom Startpunkt bis zum Endpunkt benötigt (⊳ B 2).
d) Wiederholt den Versuch an den anderen Messstellen aus Versuch 1.

Aufgaben
1. Notiert die Ergebnisse.
2. Begründet mögliche Unterschiede der Fließgeschwindigkeiten an den unterschiedlichen Messstellen.

4 Sauerstoff und Temperatur

Material
Thermometer, Sauerstoff-Messgerät oder Testkit

Versuchsanleitung
a) Messt die Luft- und die Wassertemperatur an den verschiedenen Messstellen.
b) Tragt die Werte in eine Tabelle ein.
c) Bestimmt nach Anleitung des Testkits oder des Sauerstoff-Messgerätes den Sauerstoffgehalt des Wassers am Bachgrund der Probestellen.

Aufgaben
1. Vergleicht die jeweiligen Werte, die ihr an den unterschiedlichen Messstellen erfasst habt.
2. Erstellt mithilfe eines Tabellen-Kalkulationsprogramms unterschiedliche Diagramme, z. B.:

2 Messen der Fließgeschwindigkeit

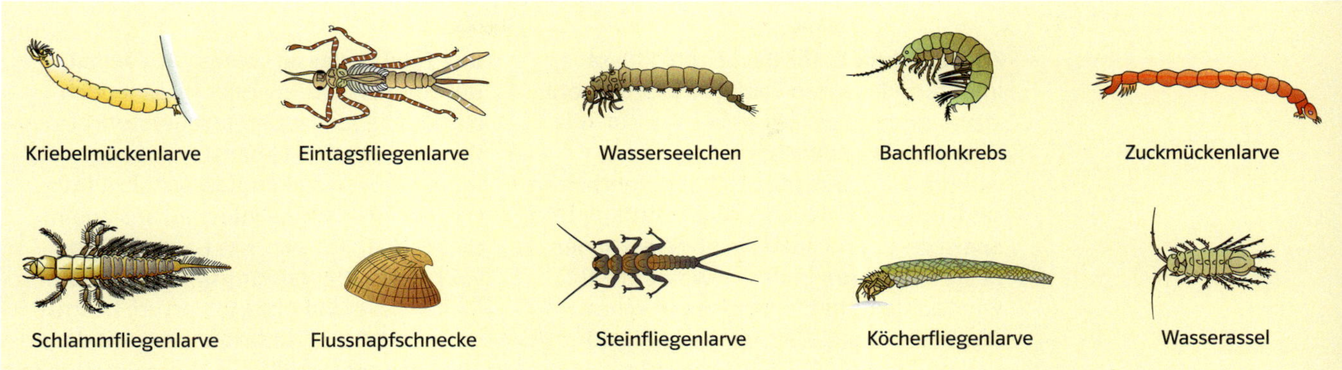

3 Zeigerorganismen in einem Bach

- Vergleich der unterschiedlichen Werte an den Messstellen,
- Sauerstoffkonzentration im Wasser in Abhängigkeit von der Temperatur.

3. Erläutert den Zusammenhang zwischen gemessener Sauerstoffkonzentration, Temperatur und Fließgeschwindigkeit.

5 Nitrate und Phosphate

Zum Nachweis von einigen farblosen, in Wasser gelösten Stoffen gibt es spezielle Testkits. Sie funktionieren oft wie folgt: Man gibt das zu untersuchende Wasser auf einen Teststreifen. Je nach Konzentration des untersuchten Stoffes färbt sich der Teststreifen. Anhand einer Farbkarte lässt sich die genaue Konzentration bestimmen.

Material
Testkit für Phosphat und Nitrat

Versuchsanleitung
Ermittelt an den verschiedenen Probestellen mithilfe der Testkits den Nitrat- und Phosphatgehalt des Wassers.

Aufgaben
1. Notiert die Ergebnisse.
2. Gebt mithilfe der Tabelle den Belastungsgrad des Wassers an den Probestellen an:

Stärke der Belastung	mg/l Nitrat	mg/l Phosphat
unbelastet	< 0,1	< 0,03
mäßig belastet	< 5,0	> 0,5
stark belastet	> 5,0	> 0,5

4 Zu Versuch 5, Aufgabe 2

6 Zeigerorganismen sammeln

Zum Sammeln von Organismen solltet ihr euch gruppenweise auf die verschiedenen Messpunkte aufteilen. Jede Gruppe führt Protokoll über die gefundenen Organismen.

Material
Gummistiefel, 1 größeres engmaschiges Sieb, Lupe, weiße Wanne, Pinsel, Pinzette, Papier, Stifte, Bestimmungsbuch

Versuchsanleitung
a) Nehmt einige mittelgroße Steine aus dem Wasser. Haltet dabei das Sieb stromabwärts direkt hinter den Stein, um die Tiere einzufangen.
b) Nehmt die Steine aus dem Wasser und untersucht die Unterseite nach dort anhaftenden Tieren. Streift sie mit dem Pinsel ab und sammelt sie in der Wanne.
c) Zieht das Sieb entgegen der Strömung am Boden entlang. Auch hier können sich Tiere befinden.

Aufgaben
1. Bestimmt die gesammelten Tiere mithilfe des Bestimmungsbuches und Bild 3. Bringt sie anschließend wieder an den Fundort zurück.
2. Stellt einen Zusammenhang zwischen den gefundenen Organismen, der Strömungsgeschwindigkeit und der Wasserqualität am jeweiligen Fundort her.

5 Ein guter Ort zum Sammeln von Zeigerorganismen

Selbstreinigung und Gewässergüte

Zu viel Schmutz für Bäche und Flüsse

In naturbelassenen Fließgewässern fließt klares und sauerstoffreiches Wasser. Das Pflanzenwachstum ist gering, da nur wenige Mineralstoffe im Wasser enthalten sind. Mit Abwässern gelangen oft Kot, Urin, Speisereste und auch die abgestorbenen Reste von Tieren in das Gewässer (▻ B 1). Werden dauerhaft solche organischen Abwässer eingeleitet, wird das Wasser trüb und beginnt schlecht zu riechen.

Abbau mit und ohne Sauerstoff

Diese organischen Stoffe können von Schlammröhrenwürmern (▻ B 2) oder bestimmten Bakterien abgebaut werden. Dafür benötigen die Organismen Sauerstoff. Dadurch wird der im Wasser gelöste Sauerstoff verbraucht und der Sauerstoffgehalt im Wasser nimmt ab. Lebewesen, die auf einen höheren Sauerstoffgehalt angewiesen sind, werden verdrängt oder sterben ab. Nun vermehren sich Bakterien, die ohne Sauerstoff leben können. Es kommt zu **Fäulnisprozessen**, bei denen **Faulgase** und **Faulschlamm** entstehen (► S. 118/19). Nur noch wenige Organismen können hier überleben, z. B. das Schmutzpantoffeltierchen. Für die meisten Lebewesen sind diese Bedingungen lebensfeindlich.

Das Fließgewässer reinigt sich selbst

Bei einem Fließgewässer fließt jedoch immer wieder sauberes, sauerstoffreiches Wasser nach. Die Lebensbedingungen für Wasserlebewesen verbessern sich. Nun können sich Wimpertierchen ansiedeln. Diese ernähren sich von Bakterien und sind selbst die Nahrungsgrundlage für Kleinkrebse und Insektenlarven. Destruenten am Gewässergrund erhöhen durch ihre Abbautätigkeit den Mineralstoffgehalt des Wassers. So können nun auch wieder Algen und Wasserpflanzen wachsen, die Sauerstoff produzieren. Der Sauerstoffgehalt nimmt weiter zu und das Wasser wird klarer. Nun können sich auch wieder Fische ansiedeln. Diesen Säuberungsprozess des Fließgewässers nennt man **Selbstreinigung**. (► System, S. 138/139)

Grenzen der Selbstreinigung

Die Selbstreinigung funktioniert bei natürlichen Flussläufen recht gut. Wurde das Fließgewässer aber begradigt, erhöht sich die Fließgeschwindigkeit. Dadurch finden gerade die Lebewesen, die für die Selbstreinigung notwendig sind, keinen geeigneten Lebensraum. Werden zusätzlich noch Abwässer eingeleitet, kann die Selbstreinigung völlig versagen.

1 Abwassereinleitung

2 Schlammröhrenwürmer

3 Bachflohkrebs

Güteklasse	Grad der organischen Belastung	wichtige Zeigerorganismen	Fische
I	unbelastet bis sehr gering belastet	Steinfliegenlarven; Flussperlmuschel	Bachforelle
I – II	gering belastet	Steinfliegenlarven, Strudelwürmer; Erbsenmuschel; Köcherfliegenlarven	Bachforelle; Äsche
II	mäßig belastet	Eintagsfliegenlarven, Köcherfliegenlarven; Flussnapfschnecken; Bachflohkrebse	Barbe, Äsche, Nase, Flussbarsch; Hecht
II – III	kritisch belastet	Egel, Moostierchen, Grünalgenkolonien; Taumelkäfer; Schnecken	Karpfen, Schleie, Brachsen; Aal
III	stark verschmutzt	Wimpertierchen-kolonien, Schwämme; Rollegel; Wasserasseln	Schleie, Kaulbarsch; Plötze
III – IV	sehr stark verschmutzt	Wimpertierchen; Schlammröhrenwürmer; Zuckmückenlarven	
IV	übermäßig verschmutzt	Schwefelbakterien, Geißeltierchen, Wimpertierchen; Schmutzpantoffeltierchen	

4 Gewässergüteklassen und Zeigerorganismen

Wasserqualität und Güteklassen

Sauberes Wasser ist für uns und die meisten Organismen lebensnotwendig. Deshalb muss die **Wasserqualität** unserer Gewässer regelmäßig kontrolliert und bewertet werden. Für die Bewertung wurden spezielle **Güteklassen** eingeführt, die den Zustand bzw. die Belastung eines Fließgewässers beschreiben (⊳ B 4). Je nach Zustand eines Gewässers, kommen dort nur ganz bestimmte Tier- und Pflanzenarten vor. Sie zeigen z. B. an, ob das Gewässer sauerstoffreich oder sauerstoffarm ist. Solche Lebewesen bezeichnet man als **Zeiger-** oder **Indikatororganismen**.

Verschmutzte Fließgewässer können sich selbst reinigen. Güteklassen geben den Grad der Belastung an, Indikatororganismen den Zustand eines Fließgewässers.

AUFGABEN

1 Beschreibe, wie die Selbstreinigung eines Fließgewässers funktioniert.

2 Gib an, welche Zeigerorganismen eine gute bis sehr gute Wasserqualität bzw. eine schlechte Wasserqualität anzeigen.

3 Begründe, warum sich die Begradigung eines Fließgewässers nachteilig auf die Selbstreinigung auswirkt.

4 Stelle eine begründete Vermutung an, ob in einem Fließgewässer verschiedene Gewässergüteklassen vorkommen können.

5 a) Ordne nach eigenem Ermessen ein Fließgewässer in deiner Region einer Güteklasse zu.
b) Überprüfe anhand einer bayerischen Gewässergütekarte deine Vermutung.
c) Finde eine Erklärung für mögliche Abweichungen.

1 Ausbringen von Gülle auf einem Feld

2 Auch Müll belastet unsere Gewässer.

Die Belastung von Gewässern

Dem Wasser geht´s dreckig

Wann und wo immer wir Menschen Wasser nutzen, wird es **verschmutzt**. Besonders gefährlich ist es, wenn dabei Schadstoffe in Gewässer eingeleitet werden.
(► Entwicklung, S. 146/147)

Vom Acker ins Wasser

In der Landwirtschaft werden **Pflanzenschutzmittel**, **Gülle** und **Kunstdünger** auf die Felder ausgebracht (▻ B 1). Pflanzenschutzmittel sollen Nutzpflanzen vor Schädlingen schützen. Dünger und Gülle enthalten Mineralstoffe, die das Pflanzenwachstum steigern. Bei falscher Anwendung können die Pflanzenschutzmittel und die Mineralstoffe in die Gewässer gelangen und in den Ökosystemen Schäden versursachen. Sie gelangen auch in das Grundwasser, aus dem wir größtenteils unser Trinkwasser gewinnen.

Düngung am falschen Ort

Mit den Düngemitteln aus der Landwirtschaft, den Abwässern aus privaten Haushalten und Industrie gelangen Mineralstoffe in die Gewässer. Bis zu einer gewissen Menge können diese in einem gesunden Gewässer von den Pflanzen aufgenommen werden. Da aber ständig Abwässer in die Gewässer gelangen, führt das zu einer Anreicherung der Mineralstoffe. Diesen Zustand nennt man **Eutrophierung**.

Gefährliche Abwässer

Die Industriebetriebe sind gesetzlich verpflichtet, ihre Abwässer zu reinigen. Die Schadstoffe können aber oft nicht ganz entfernt werden und bleiben in den eingeleiteten Abwässern.

Besonders stark sind die privaten Haushalte an der Verunreinigung der Gewässer beteiligt. Mit dem Abwasser gelangen Toilettenabfälle, Waschmittelrückstände, Essensreste und viele andere Stoffe in die Kanalisation. Kläranlagen können viele Schadstoffe aus dem Wasser filtern (► S. 118/119). Schwer abbaubare Stoffe bleiben jedoch darin und belasten die Gewässerökosysteme.

Eine besondere Belastung sind die Rückstände von Medikamenten wie der Anti-Babypille. Mit ihr gelangen in erheblichen Mengen weibliche Hormone in die

Gewässer. Das führt in der Nähe von Einleitungsstellen von Haushaltsabwässern z. B. dazu, dass es mehr weibliche als männliche Fische gibt. Das stört deren Fortpflanzung.

Problem Plastikmüll

Produkte aus Kunststoffen, umgangssprachlich „Plastik" genannt, finden sich überall in unserem Alltag: als Plastiktüten, Getränkeflasche, Verpackungsmaterial und vieles mehr. Nach dem Gebrauch landen sie oft unkontrolliert in der Umwelt und dadurch auch in den Gewässern. Mit den Flüssen gelangt dieser Plastikmüll irgendwann ins Meer. Dort bilden sich Tausende Quadratkilometer große Teppiche aus Plastikabfällen. Meerestiere nehmen diese auf oder verheddern sich darin und verenden qualvoll.

Kunststoffe werden aus Erdöl hergestellt und sind sehr langlebig. Bakterien oder andere Destruenten können sie nicht abbauen. Außerdem enthalten die meisten Plastikprodukte sogenannte **Weichmacher**, die sie flexibel halten sollen. Diese entweichen im Laufe der Zeit aus dem Kunstoff und gelangen als umweltschädliche Gifte ins Wasser.

Mikroplastik

Durch die UV-Strahlen des Sonnenlichts und mechanische Einflüsse zerfällt das Plastik allmählich in kleinste Partikel, das **Mikroplastik**. Darunter versteht man Teilchen mit einem Durchmesser von weniger als 5 mm, die nicht weiter abgebaut werden. Auch sie können Giftstoffe speichern. Hochgefährlich ist das Mikroplastik für Wassertiere: Sie nehmen die Teilchen mit der Nahrung auf und sterben daran.

Vielen Kosmetikartikeln und Zahnpasten werden mikroskopisch kleine Plastikkügelchen zugesetzt. Sie sollen die Reinigungswirkung und die Beschaffenheit der Produkte verbessern. Da das Mikroplastik in den Kläranlagen nicht vollständig ausgefiltert werden kann, gelangt es in die Fließgewässer und letztlich ins Meer. Essen wir Fisch oder andere Meerestiere, gelangt der Plastikmüll schließlich über die Nahrungkette wieder zu uns Menschen. An Land kann Mikroplastik mit dem Wind wie Staub überall hin verweht werden.

Abfälle aus Landwirtschaft und Haushalt führen zu einer Eutrophierung der Gewässer. Medikamente im Abwasser stören die Entwicklung von Tieren. Der langlebige Plastikabfall gefährdet die Wassertiere mehrfach. Als Mikroplastik durchläuft er die ganze Nahrungskette.

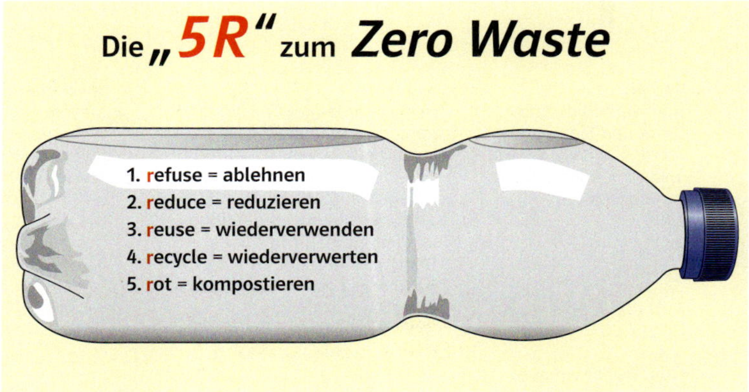

3 Am besten: Plastikmüll vermeiden!

AUFGABEN

1. Nenne Gründe, warum Plastikmüll so gefährlich ist.
2. Beschreibe, wie Dünger und Pflanzenschutzmittel ins Trinkwasser gelangen können.
3. Erstelle ein Flussdiagramm, das den Weg vom Erdöl bis zum Mikroplastik in unserem Essen aufzeigt.
4. Destruenten können Plastikmüll nicht abbauen. Beschreibe die Folgen.
5. Erläutere, welche Folgen die Eutrophierung von Gewässern haben kann.
6. Erkläre, welche Eigenschaften Hormone haben, wenn die für den Menschen entwickelte Anti-Babypille auch Fische beeinträchtigt.

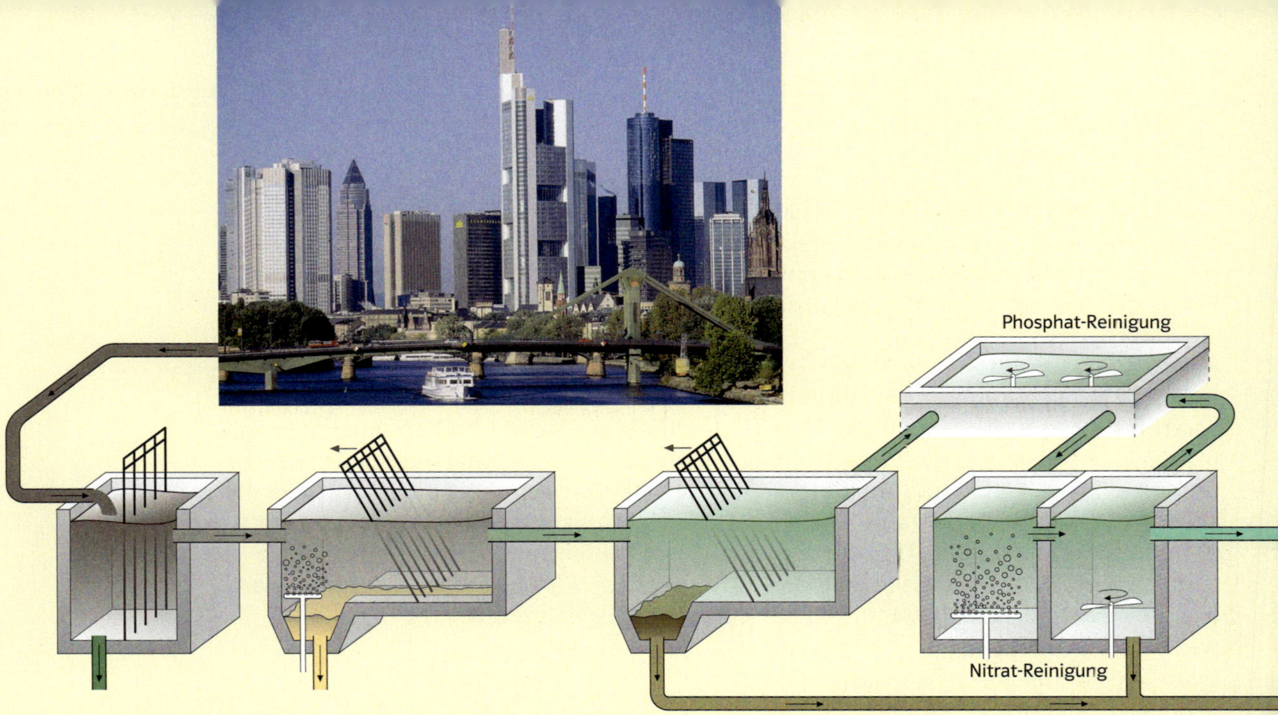

Rechen
Hier werden durch ein Gitter und Siebe grobe Materialien aus dem ankommenden Wasser zurückgehalten.

Sandfang
In die Sandfangbecken wird Luft gepumpt, um das Abwasser aufzufrischen. Außerdem trennt sich der Sand so besser von den organischen Stoffen. Der Sand setzt sich ab und wird mithilfe von Pumpen entfernt.
Bevor das Wasser in das Vorklärbecken gelangt, werden wasserunlösliche Stoffe wie Fette und Öle zurückgehalten.

Vorklärbecken
Die Fließgeschwindigkeit wird herabgesetzt. Das Wasser fließt nun so langsam, dass sich die meisten Schwebstoffe im Wasser als Schlamm absetzen können. Dieser Rohschlamm wird abgepumpt und im Faulturm gelagert.

Belebtschlammbecken
Die Zufuhr von Sauerstoff bietet Bakterien und Einzellern ideale Lebensbedingungen. Die Mikroorganismen ernähren sich u.a. von den im Wasser gelösten Nitraten und Phosphaten. Dadurch werden diese Verbindungen entfernt. Der überschüssige Belebtschlamm wird zum Faulturm geleitet.

mechanische Reinigung | biologische Reinigung

1 Mehrstufige Abwasserreinigung in der Kläranlage

Kläranlagen reinigen Abwässer

Die Abwässer von Haushalten, Industrie, und Gewerbebetrieben fließen zunächst in die **Kanalisation**. Sie münden in **Kläranlagen**, wo sie gereinigt werden. Bevor das Wasser in Flüsse und Seen zurückgeleitet werden darf, muss es mindestens die Güteklasse II aufweisen (▻ B 115.4).

Wie funktioniert eine Kläranlage?

Eine Kläranlage besteht aus mehreren **Reinigungsstufen** (▻ B 1):

Die **mechanische Reinigung** mit Rechen, Sandfang und Vorklärbecken entfernt gröbere Verschmutzungen sowie Fette, Öle und Schwebstoffe aus dem Wasser.

Der wichtigste Teil einer Kläranlage ist die **biologische Reinigung** mit den Belebtschlammbecken. Hier übernehmen Mikroorganismen, z.B. Bakterien, die Reinigung des Abwassers.
Enthält das Abwasser jetzt noch zu viele Phosphate, muss eine **chemische Reinigung** durchgeführt werden (▻ B 1). Dabei werden die Phosphate in unlösliche Stoffe umgewandelt und können dann aus dem Wasser herausgefiltert werden.

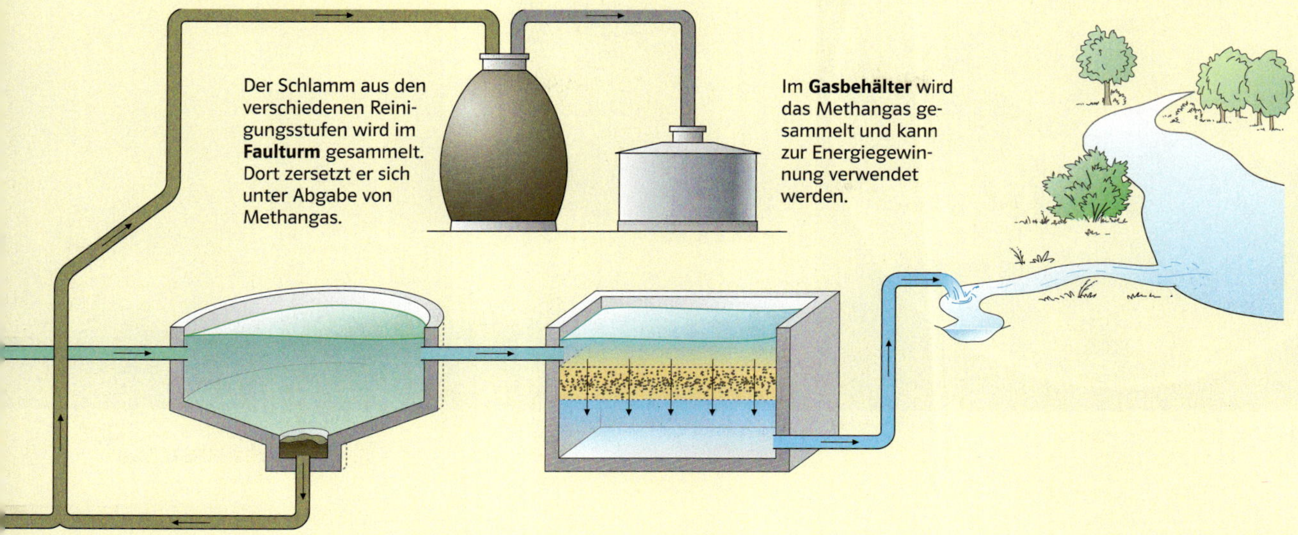

Nachklärbecken
Hier bleibt das Wasser einige Zeit stehen, damit sich die restlichen Flocken des Belebtschlamms absetzen können. Ein Teil des abgesetzten Belebtschlamms wird in den Faulturm gepumpt, der andere Teil wird noch einmal in das Belebtschlammbecken zurückgeleitet.

Flockungsfiltration
Zum Schluss wird das Wasser noch von krank machenden Keimen und eventuell noch vorhandenen Phosphaten befreit. Dies geschieht mithilfe der Flockungsfiltration. Das Wasser hat nun fast Trinkwasserqualität.

Vorfluter
Über den Vorfluter, meist ein Fließgewässer, gelangt das gereinigte Wasser wieder in den natürlichen Wasserkreislauf zurück.

(chemische Reinigung nur nach Bedarf)

Schlamm ist nicht immer Abfall

In allen Reinigungsstufen entsteht **Faulschlamm**, der im **Faulturm** gesammelt wird. Dort zersetzen spezielle Bakterien unter Sauerstoffausschluss den Schlamm. Dabei entsteht Methangas, das man zur Energiegewinnung nutzen kann. Schadstofffreie Rückstände verwendet man z. B. als Dünger in der Landwirtschaft. Reste mit Schadstoffen werden in Müllverbrennungsanlagen verbrannt.

Kläranlagen reinigen Abwässer in verschiedenen Reinigungsstufen: der mechanischen, biologischen und chemischen Reinigungsstufe. Das gesäuberte Wasser wird in den Wasserkreislauf zurückgeführt.

AUFGABEN

1 Nenne die Reinigungsstufen einer Kläranlage und ihre Funktionen.

2 Gib an, wo Faulschlamm entsteht und wie er genutzt werden kann.

3 Vergleiche die Vorgänge in einer Kläranlage mit der Selbstreinigung eines Fließgewässers.

4 Erkläre, warum dem Belebtschlammbecken Luft zugeführt wird.

5 Beurteile die möglichen Folgen, wenn aufgrund unvorhersehbarer Ereignisse Abwässer aus der Kläranlage ungeklärt in den Wasserkreislauf gelangen.

1 Die Erde – der blaue Planet

2 Tropischer Regenwald

Planet Erde: die Biosphäre

Die Erde – der blaue Planet

Zwei Drittel der Erdoberfläche sind von **Wasser** bedeckt (▻ B 1). Deshalb wird die Erde oft auch als der „blaue Planet" bezeichnet. Die große Wassermenge an der Oberfläche unterscheidet sie von den anderen Planeten unseres Sonnensystems und ist vermutlich auch einer der Gründe dafür, warum sich nur hier Leben entwickeln konnte (► S. 122/123).

Die gesamten Wassermassen der Erde werden zur **Hydrosphäre** zusammengefasst. Diese „Wasserhülle" umfasst Meere, Binnengewässer, Grundwasser sowie Eis, Schnee und das in der Atmosphäre vorhandene Wasser. Die Meere sind jedoch kein einheitlicher Wasserkörper. In ihm kann man verschiedene Ökosysteme unterscheiden, z. B. die flachen Schelfmeere an den Küsten, die artenreichen Korallenriffe oder die Tiefsee, die bis zu 11 000 m hinunterreicht.

Viele Ökosysteme – eine Biosphäre

Die feste **Erdkruste** bildet die **Lithosphäre**. Damit meint man die Boden- und Gesteinsschichten unseres Planeten, die – wie die Hydrosphäre – von Lebewesen besiedelt sind. Auf diesem Festland breiten sich viele, ganz unterschiedliche Ökosysteme wie die tropischen Regenwälder (▻ B 2), Wüsten, aber auch unsere heimischen Ökosysteme aus.

Trotz aller Verschiedenheit sind sämtliche Ökosysteme untereinander vernetzt und hängen voneinander ab (► S. 104/105). Sie bilden zusammen die **Biosphäre** (▻ B 3). Die Biosphäre ist der von Organismen bewohnbare Raum der Erde. (► System, S. 138/139)

Umgeben ist die Biosphäre von der **Erdatmosphäre** (► S. 122/123). Das ist eine Lufthülle, die sich ca. 500 km nach oben ausdehnt. Je höher man kommt, desto weniger Teilchen sind in der Luft, man sagt auch: die Luft wird „dünner". Danach geht die Atmosphäre allmählich in den luftleeren Weltraum über.

Dünn wie die Haut einer Seifenblase

Die Distanz vom höchsten Gipfel der Erde bis zum tiefsten Meerespunkt beträgt rund 20 km. Die belebte Zone ist jedoch noch schmaler. Gemessen am Erdradius von 6371 km spielt sich das gesamte Leben auf unserem Planeten also in einer hauchdünnen Schicht ab. Wir Menschen greifen massiv in diese Schicht und damit in die belebte Welt und das Klima ein, z. B. durch die Verbrennung fossiler Energieträger und den Ausstoß schädlicher Emissionen (► S. 122/123). Auch die Zerstörung von weit entfernten Ökosystemen wie etwa der Regenwälder beeinflusst das Klima nicht nur in den Tropen, sondern auch bei uns. Das zeigt sich am Beispiel der Regenwaldabholzung eindrücklich: In ihnen ist sehr viel des Treibhausgases Kohlenstoffdioxid gespeichert. Werden sie abgeholzt, gelangt all das Gas in die Atmosphäre und befeuert den Treibhauseffekt (► S. 122/123).

„Raumschiff Erde“

Unsere Erde wird oft mit einem Raumschiff verglichen, das sich selbst versorgen kann und als **geschlossenes System** durch das Weltall fliegt (► S. 104/105). Bei genauer Betrachtung stimmt das Bild jedoch nicht. In der Energieversorgung sind wir momentan noch fast vollkommen von der Sonne abhängig. Die gesamten fossilen Energieträger sind gespeicherte Sonnenenergie und auch die Wind- und die Wasserkraft hängen von der Sonne ab. Unsere Erde wird zudem immer wieder von Kometen getroffen, die Materie aus dem Weltall auf die Erde bringen. Man vermutet, dass zur Entstehungszeit der Erde ein Teil des Wassers durch solche Kometeneinschläge auf unseren Planeten kam.

Die schmale Biosphäre umfasst die gesamten Ökosysteme der Erde. Sie ist der belebte Raum um unseren Planeten.

AUFGABEN

1 Erkläre den Begriff „Biosphäre“ mit eigenen Worten.

2 Erläutere, warum man die Biosphäre – streng genommen – nicht als geschlossenes System bezeichnen darf.

3 Definiere die Begriffe „geschlossene Systeme“, „offene Systeme“ und „vernetzte Systeme“ an Beispielen aus der Ökologie.

4 Beschreibe mithilfe von Bild 2 einen lokalen und einen globalen Stoffkreislauf.

5 Erläutere, wie in der Biosphäre die Litho-, die Hydro- und die Atmosphäre zusammenwirken.

6 Beschreibe, wie sich die Zerstörung der Regenwälder auf die gesamte Biosphäre auswirkt.

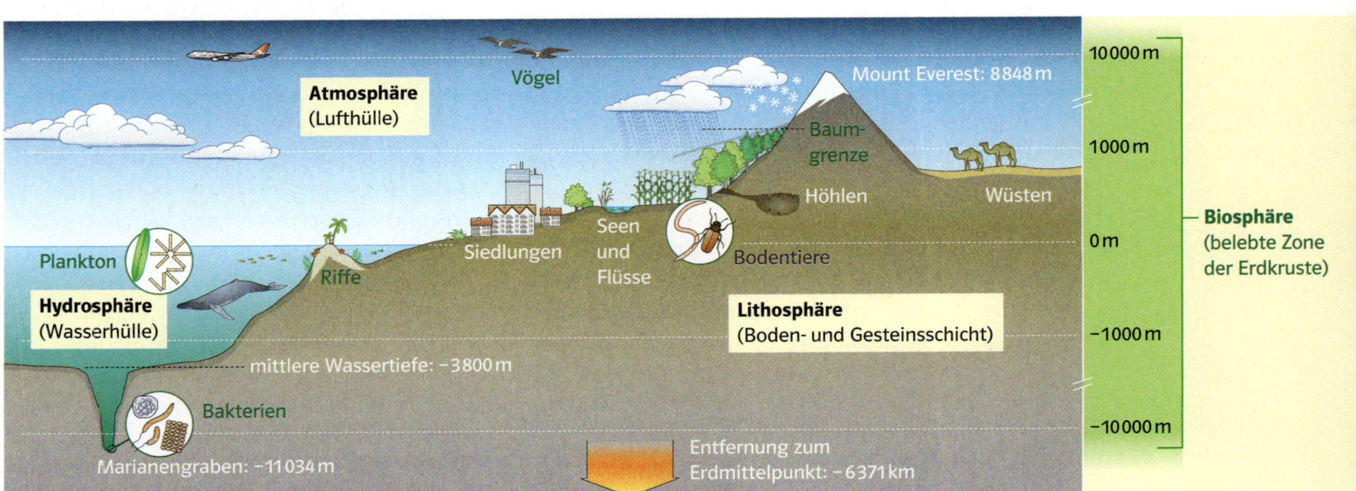

3 Biosphäre – ein schmaler Gürtel voller Leben

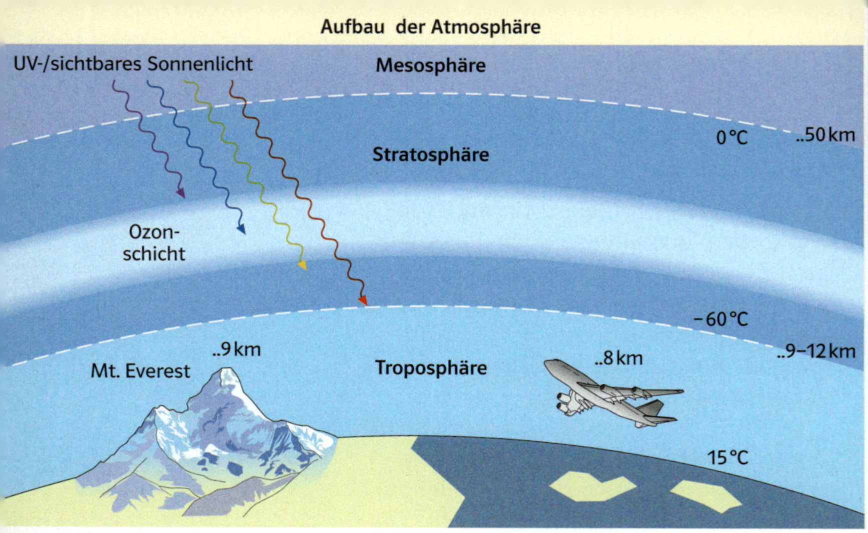

1 Die Atmosphäre

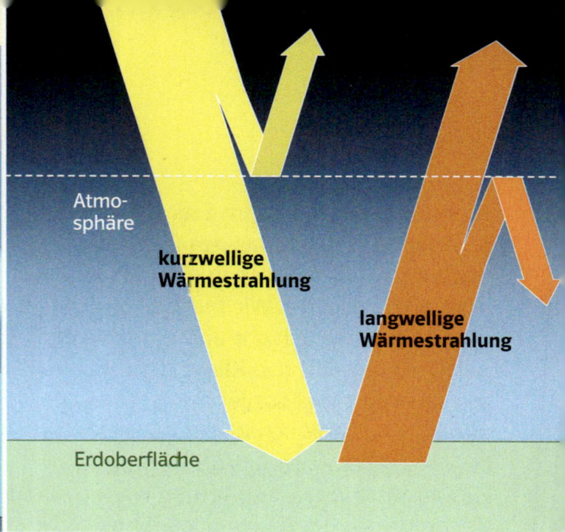

2 Der natürliche Treibhauseffekt

Die Atmosphäre – eine luftige Hülle

Die Atmosphäre ermöglicht Leben ...

Die Erde hat etwas, was alle andere Planeten unseres Sonnensystems nicht haben: eine **Atmosphäre** aus einem Stickstoff-Sauerstoff-Gemisch (▻ B 1). In Erdnähe enthält die Lufthülle 78 % Stickstoff, 21 % Sauerstoff und 0,04 % Kohlenstoffdioxid sowie weitere Gase. Der Sauerstoff stammt aus der Fotosynthese der Pflanzen, hauptsächlich des Phytoplanktons. Er hat einen wesentlichen Anteil daran, dass sich auf der Erde Leben entwickeln konnte.
Unsere Atmosphäre enthält aber nicht nur unsere Atemluft, sie schützt uns auch vor gefährlicher Strahlung aus dem Weltall. Unser Klima und Wetter spielen sich in den beiden untersten Schichten der Atmosphäre ab, der **Troposphäre** und der **Stratosphäre**.

... schützt vor zu viel UV-Strahlung

Neben dem sichtbaren Licht schickt uns die Sonne auch wärmende **Infrarot-Strahlung** sowie **UV-Strahlung**, die wir für die Bildung von Vitamin D benötigen. Würde jedoch die gesamte UV-Strahlung der Sonne bis zur Erde gelangen, wäre das für die meisten Lebewesen tödlich. Die **Ozonschicht** (▻ B 1) schützt uns wie eine Sonnenbrille vor diesen gefährlichen UV-Strahlen.

... wärmt die Erde

Die Durchschnittstemperatur auf der Erde beträgt +15 °C. Mitverantwortlich dafür ist die Atmosphäre, denn sie ist durchlässig für die Wärmestrahlung der Sonne. Diese Strahlung wird von der Erdoberfläche absorbiert. Gleichzeitig reflektiert diese aber auch Wärmestrahlung wieder in Richtung Weltraum, woraufhin sich Troposphäre und Stratosphäre erwärmen. Die in der Atmosphäre enthaltenen Gase absorbieren diese Wärmestrahlung und werfen sie teilweise wieder auf die Erdoberfläche zurück.

Die Atmosphäre wirkt also wie das Glas eines Treibhauses, das ebenfalls die Wärmestrahlung im Innern zurückhält. Deshalb spricht man von einem **natürlichen Treibhauseffekt** (▻ B 2). Man hat berechnet, dass ohne diesen Effekt die Durchschnittstemperatur auf unserem Planeten bei −18 °C läge.

Seit Beginn der Industrialisierung im 19. Jahrhundert steigt vor allem die Konzentration von Kohlenstoffdioxid (CO_2) in der Atmosphäre stetig an. Dieses Gas entsteht bei der Verbrennung fossiler Brennstoffe und bildet mit 60 % den größten Anteil an Verbrennungsgasen in der Atmosphäre.

Da für diesen Vorgang der Mensch verantwortlich ist, spricht man vom **anthropogenen Treibhauseffekt** (▻ B 3).

... nimmt schädliche Emissionen auf

Bei der Verbrennung fossiler Energieträger entstehen neben CO_2 noch weitere Verbindungen. Da sie vom jeweiligen Entstehungsort entweichen, nennt man solche Stoffe **Emissionen**. Wie sie sich zusammensetzen, hängt davon ab, was verbrannt wird und woher der jeweilige Rohstoff stammt. Bei der Verbrennung von Kohle und schwerem Heizöl enthalten die Abgase viel **Schwefeldioxid** (SO_2). Aus den Auspuffanlagen der Autos entweichen das giftige **Kohlenstoffmonooxid** (CO) und **Stickstoffoxid** (NO_x).

... und verteilt Gase weltweit

Diese Emissionen werden mit den Luftströmungen in der gesamten Atmosphäre verteilt und tragen zu den jetzigen Klimaveränderungen, dem **Klimawandel,** bei (► S. 124/125). Sie beeinträchtigen somit mehr oder weniger stark alle Ökosysteme und haben entsprechend Auswirkungen auf die Lebewesen in der gesamten Biosphäre. Da Gase wie Kohlenstoffdioxid und Stickoxide über den gesamten Globus verteilt werden, spricht man auch von **globalen Stoffkreisläufen**.

Die enormen Mengen an Kohlenstoffdioxid, die bei der Verbrennung fossiler Energieträger entstehen, gelangen über die Atmosphäre in die Weltmeere und werden im Wasser gebunden. Dabei entsteht Kohlensäure, die an der Versauerung der Meere beteiligt ist. Innerhalb der globalen Stoffkreisläufe gelangt aber auch der Sauerstoff, den die Pflanzen des tropischen Regenwalds abgeben, überall hin. Deshalb ist der Schutz des Regenwalds nicht nur für die Tropen und Subtropen wichtig, sondern auch für uns.
(► Stoff- und Energieumwandlung, S. 142/143)

Die Atmosphäre ist die wärmende Lufthülle, welche die Erde umgibt und die Lebewesen vor schädlicher Strahlung schützt. Der natürliche Treibhauseffekt schafft ein lebensfreundliches Klima. In der Atmosphäre befindliche Gase sind Teil von globalen Stoffkreisläufen.

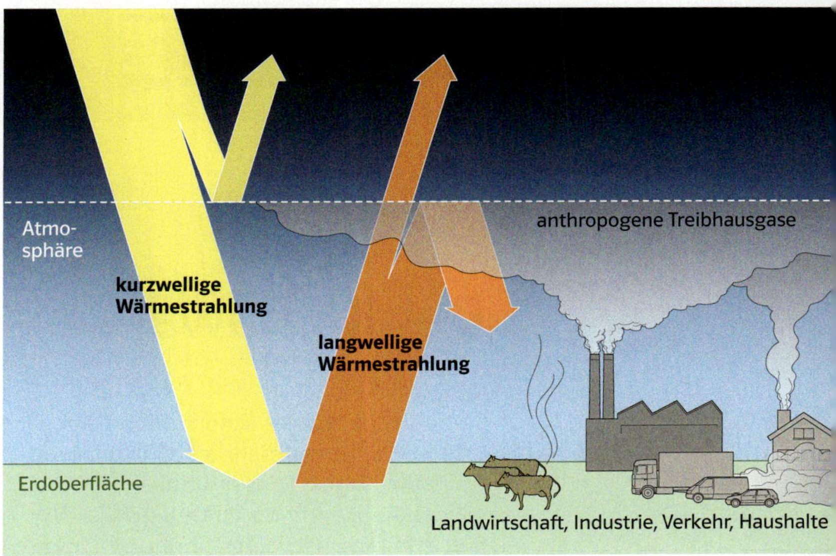

3 Der anthropogene Treibhauseffekt

AUFGABEN

1 Benenne die im Text genannten Funktionen der Atmosphäre.

2 Erkläre den natürlichen und den anthropogenen Treibhauseffekt.

3 Vergleiche einen globalen und einen lokalen Stoffkreislauf miteinander.

4 Schließe das Buch und fertige eine beschriftete Skizze vom Aufbau der Atmosphäre an.

5 Stelle eine begründete Vermutung an, welche Auswirkungen der erhöhte Gehalt der Luft an Kohlenstoffdioxid und Stickstoffoxiden auf Pflanzen haben könnte.

6 Erstelle eine Zeichnung, wie der Sauerstoff aus dem tropischen Regenwald zu uns gelangt. Beginne mit der Fotosynthese.

1 Wenn der Regenwald fehlt, verdunstet weniger Wasser. Wo der Niederschlag fehlt, breiten sich Wüsten aus.

2 Unwetter und Überschwemmungen sind in den letzten Jahrzehnten häufiger geworden.

Der Klimawandel

Klimawandel gab es schon immer. Von der letzten Eiszeit vor mehr als 10 000 Jahren bis heute hat sich unser Klima immer wieder stark verändert. Diese Schwankungen erfolgten allerdings über sehr lange Zeiträume hinweg. In den letzten Jahrzehnten laufen die Veränderungen wesentlich schneller ab. Außerdem gibt es inzwischen zahlreiche Belege dafür, dass die aktuellen Klimaänderungen von Menschen verursacht werden. Man spricht vom menschengemachten, auch **anthropogenen Klimawandel**. (► System, S. 138/139)

Verstärkung des Treibhauseffekts

Seit der Industrialisierung ist der Energiebedarf der Menschen ständig gestiegen. Gedeckt wird er vor allem durch das Verbrennen der fossilen Energieträger Kohle, Erdöl und Erdgas. Dabei wird das **Treibhausgas** Kohlenstoffdioxid (CO_2) frei und reichert sich in der Atmosphäre an. Das Abholzen und die Brandrodung großer Waldflächen – besonders in den Tropen – haben diese Entwicklung noch verstärkt. Zudem entweichen bei der Massentierhaltung aus dem Verdauungssystem der Tiere große Mengen des Treibhausgases **Methan**.
Durch die Anreicherung von Treibhausgasen in der Atmosphäre wird der natürliche Treibhauseffekt (► S. 120/121), der eigentlich das Leben auf der Erde erst ermöglicht, verstärkt – mit sehr negativen Folgen für unser Klima. (► Entwicklung, S. 146/147)

Es wird wärmer

Wissenschaftler haben bereits deutliche Hinweise für die Erwärmung der Erdatmosphäre gefunden und warnen vor Katastrophen: Die Durchschnittstemperatur ist in den letzten 100 Jahren um etwa 1,2 °C angestiegen. Der steilste Anstieg wurde innerhalb der letzten 30 Jahre verzeichnet. In Bayern stieg die Jahresdurchschnittstemperatur seit Beginn der Aufzeichnungen im Jahr 1881 sogar um 1,5 °C.

Auswirkungen des Klimawandels

Die Wüsten breiten sich aus, bei uns schneit es im Winter immer seltener, die Sommer werden immer wärmer und Stürme und Überschwemmungen nehmen zu. Das Polareis und die Gletscher in den Hochgebirgen schmelzen ab. Der Meeresspiegel ist im 20. Jahrhundert um 10 bis 15 cm angestiegen, Messungen an der Nordsee ergaben seit 1993 einen Anstieg um 4,0 mm/Jahr. Für das 21. Jahrhundert wird ein weiterer Anstieg vorausgesagt. Die Schätzungen reichen dabei von 50 bis 200 cm. Die Pflanzen- und Tierwelt verändert sich. Wärmeliebende Pflanzen und Tiere wandern bei uns ein, andere sterben aus (► S. 126/127).

Es wird künftig mehr **Hitzetage** geben. Das sind Tage, an denen die Temperatur mehr als 30 °C beträgt. Wenn solche Hitzewellen längere Zeit anhalten, bringt das Gefahren für die Landwirtschaft und die Wälder (► S. 126/127). Die obersten Bodenschichten trocknen immer stärker aus, wodurch die Nutzpflanzen weniger Ertrag liefern. Die Landwirte erhalten nicht mehr genug Futter für ihr Vieh. Noch stärker wirkt sich die Trockenheit auf die tieferen Bodenschichten aus. Dadurch bekommen die Bäume nicht mehr genügend Wasser und es bildet sich weniger Grundwasser.

Maßnahmen gegen den Klimawandel

Darum bemüht sich die Weltgemeinschaft auf **Klimakonferenzen**, internationale Vereinbarungen zum Schutz des Klimas zu treffen. Alle beteiligten Länder haben sich verpflichtet, Klima- und Umweltschutzprojekte voranzutreiben, um die Treibhausgas-Emissionen zu reduzieren und damit die Erderwärmung auf „deutlich unter +2 °C gegenüber den vorindustriellen Werten zu begrenzen".
Es wurde ein **Weltklimafonds** geschaffen, mit dem auch die ärmeren Länder beim Kampf gegen den Klimawandel unterstützt werden sollen. In Deutschland will man bis spätestens 2030 den Ausstieg aus der Kohleförderung umsetzen, den Ausbau regenerativer Energiequellen wie Windenergie und Photovoltaik rascher umsetzen sowie bis 2050 den Energieverbrauch gegenüber 2008 um bis zu 50 % reduzieren.

Der Mensch erhöht u. a. durch das Verbrennen fossiler Energieträger den Gehalt an Treibhausgasen in der Atmosphäre. Dadurch verstärkt sich der Treibhauseffekt, es kommt zum Klimawandel. Dieser kann weltweit sehr unterschiedliche Auswirkungen haben.

3 Polareis und Gletscher beginnen zu schmelzen.

AUFGABEN

1 Beschreibe mögliche Folgen der allgemeinen Erderwärmung.

2 Infolge der höheren Durchschnittstemperatur auf der Erde schmelzen die Eismassen in den Polargebieten. Nenne mögliche Folgen.

3 Bild 3 auf Seite 122/123 zeigt ein Schema des Treibhauseffekts. Zeichne ein entsprechendes Schaubild für die Verstärkung des Treibhauseffekts.

4 Erkläre die Begriffe „anthropogener Treibhauseffekt" und „anthropogener Klimawandel" und beschreibe, wie beide zusammenhängen.

5 Erläutere, warum zur Begrenzung der Erderwärmung alle Staaten zusammenwirken müssen.

6 „Schütze das Klima – heize mit Holz". Beurteile diesen Werbetext.

1 Beifuß-Ambrosie

2 Taubenschwänzchen

3 Bienenfresser

Verändertes Klima – andere Arten

Der Klimawandel führt mittel- und langfristig zu erhöhten Jahresdurchschnittstemperaturen und mehr Trockenheit. Das hat auch Konsequenzen für die Pflanzen- und Tierwelt. In den letzten Jahren setzte z. B. der Frühling deutlich früher ein. Das bewirkte, dass Pflanzen früher blühen und Früchte ausbilden. Ihre **Vegetationsperiode**, also die Zeit, in der sie wachsen, blühen und Früchte tragen, verlängert sich um rund 10 Tage.

Wärmeliebende Arten profitieren

Die **Beifuß-Ambrosie** wurde aus Amerika eingeschleppt. Dank der erhöhten Temperaturen breitet sie sich inzwischen auch bei uns stark aus (▻ B 1). Ihre Pollen lösen bei empfindlichen Menschen starke allergische Reaktionen aus. In der Tierwelt können sich bei uns ebenfalls immer mehr wärmeliebende Arten ansiedeln. Das gilt z. B. für Schmetterlinge wie das **Taubenschwänzchen** (▻ B 2) oder den exotisch anmutenden **Bienenfresser** (▻ B 3). Entscheidend ist, dass die milden Winter das Überleben solcher wärmeliebenden Arten auch bei uns ermöglichen.

Neue Krankheitsüberträger

Bei uns haben sich inzwischen tropische Stechmücken wie die **Tigermücke** (▻ B 4) angesiedelt. Sie stammt aus Südostasien, wo sie gefährliche Krankheitserreger wie das Zika- und Denguefieber-Virus überträgt. Ähnlich wie unsere Stechmücken, entwickeln sich ihre Larven und Puppen in kleinen, stehenden Gewässern.
Eine Übertragung der genannten Krankheiten ist bislang allerdings nicht zu befürchten, da es bei uns nur sehr wenige mit den Viren infizierte Personen gibt. Zur Übertragung müsste eine Tigermücke bei einer infizierten Person Blut saugen und danach einen anderen Menschen stechen.

Der Fichte geht es schlecht

Der Klimawandel wirkt sich auch auf den Wald aus. Besonders die **Fichte** ist davon betroffen. Ursprünglich kam sie in kühleren und regenreicheren Gebieten, z. B. im Gebirge, vor. Da sie gut wächst, schnell geerntet und vielseitig verwendet werden kann, wurde die Fichte vielfach in Monokulturen angebaut. Die Wurzeln des Baumes dringen nicht tief in den Boden ein, Fichten sind Flachwurzler. Bei lang anhaltender Trockenheit „verdursten" sie. Kommt dann noch ein starker Sturm dazu, wirft er vor allem die Fichten um (▻ B 5). Hinzu kommt, dass durch Trockenheit geschwächte Fichten nicht genügend Harz bilden können. Sie sind dann wehrlos gegenüber dem Borkenkäfer, werden von diesem Schädling befallen und sterben ab.

Die Verlierer sieht man nicht

Aufgrund des Klimawandels kommen zwar neue Arten zu uns, man schätzt aber, dass weitaus mehr Arten infolge des Klimawandels aussterben. Man erkennt die Gefährdung jedoch oft erst dann, wenn es zu spät ist und die Arten bereits verschwunden sind. Besonders gefährdet sind die Pflanzen und Tiere in den **Alpen**. Durch die zunehmende Erwärmung „klettern" viele Pflanzen aus dem Flachland in die Höhe und verdrängen dort die angestammten Arten. Diese müssten dann noch weiter nach oben ausweichen – was nur bedingt möglich ist. Das gilt auch für das Murmeltier, dem es in seiner bisherigen Höhenlage zu warm wird. Es kann allerdings nicht beliebig nach oben ausweichen, da in höheren Lagen die Bodendecke zu dünn ist, um Höhlen für den Winterschlaf graben zu können. Das Murmeltier gehört daher eindeutig zu den Verlierern des Klimawandels. (► Biodiversität, S.144/145)

Der Klimawandel führt zu einer Veränderung der heimischen Pflanzen- und Tierwelt. Wärmeliebende Arten, darunter auch Krankheitsüberträger, wandern ein und verdrängen die ursprünglichen Arten.

AUFGABEN

1 Erläutere den Begriff „Vegetationsperiode" an einem Beispiel.

2 Erkläre, warum die Fichte besonders vom Klimawandel betroffen ist.

3 Beschreibe, welche Eigenschaften Bäume haben müssen, um dem Klimawandel standhalten zu können.

4 Eine Faustregel besagt, dass im Gebirge eine um 1 °C höhere Temperatur einen Höhenunterschied von 200 m bedeutet. Erkläre, was das für die Pflanzen im Gebirge bedeutet.

5 a) Stelle den Lebenszyklus einer Tigermücke zeichnerisch dar.
b) Beschreibe, welche Voraussetzungen gegeben sein müssen, damit es bei uns zu einer Infektion mit dem Zika-Virus kommt.

6 Stelle eine begründete Vermutung an, was der Klimawandel für die Zugvögel bedeuten könnte.

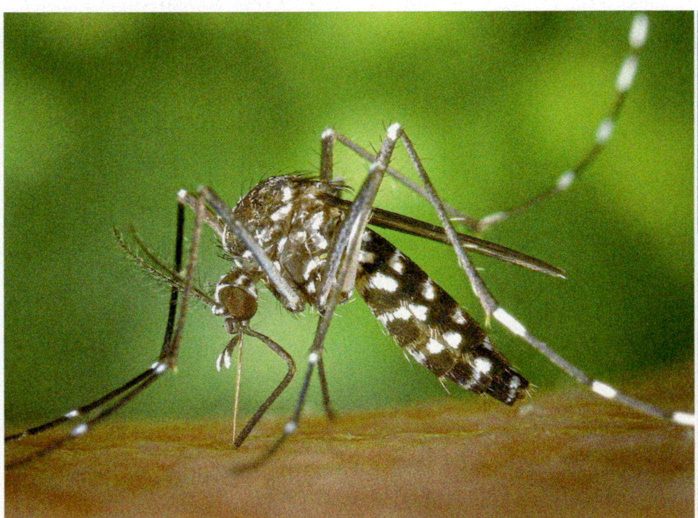

4 Tigermücke

5 Windwurf im Fichtenwald

Wasser ist kostbar

Mangel trotz Überfluss
Obwohl zwei Drittel der Erdoberfläche von Wasser bedeckt sind, können wir nur einen geringen Teil davon nutzen: Nur 2,6 % der Wasservorkommen sind Süßwasser, der größte Teil davon liegt zudem gefroren vor. Die restlichen 97,4 % sind salziges Meerwasser (▻ B 1).

Unser täglich Wasser
Im Gegensatz zu vielen Regionen der Erde ist in Deutschland ausreichend fließendes, sauberes Wasser selbstverständlich. Jeder von uns verbraucht heute im Durchschnitt 121 Liter Wasser täglich. Ende der 1980er-Jahre lag der Wasserverbrauch pro Kopf und Tag in Deutschland noch bei 140 Liter. In einer Stadt mit 120 000 Einwohnern macht diese Einsparung täglich 2 280 000 Liter Wasser aus. Technische Weiterentwicklungen sowie ein verändertes Umweltbewusstsein haben also Wirkung gezeigt. (► Entwicklung, S. 146/147)

„Unsichtbares" Wasser
Wir verbrauchen aber viel Wasser dort, wo wir es gar nicht sehen. Die 121 Liter Wasser pro Person und Tag geben nur den Verbrauch für Waschen, Trinken oder die Toilette wieder. In Wirklichkeit sind es jedoch rund 4000 Liter Wasser, die jedem von uns täglich hinzugerechnet werden müssen. Über zwei Drittel davon sind in der Herstellung der Produkte „versteckt", die wir täglich nutzen, sei es für den Burger oder für die neueste Jeans. Da wir dieses Wasser nicht sehen können, spricht man von virtuellem Wasser (► S. 132/133).

Weniger Wasser für mehr Menschen
Schon jetzt sind ganzjährig eine halbe Millarde Menschen von Trinkwasserknappheit betroffen (▻ B 3). In Asien, wo derzeit über 60 % der Weltbevölkerung leben, steht weniger als die Hälfte des als Trinkwasser nutzbaren Wassers der Erde zur Verfügung. Man schätzt, dass bis zum

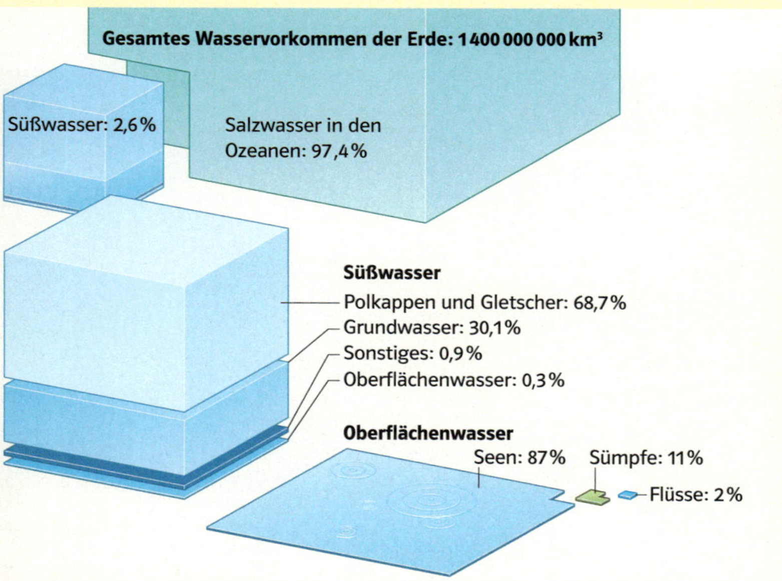

1 Weltweit verfügbares Wasser

2 Ausgedörrte Landschaft

Fatna läuft täglich mit ihrem Eimer zur Wasserstelle außerhalb ihres Dorfes. Die Wasserstelle ist nur ein Loch im Boden, das sich in der Regenzeit mit Wasser füllt. Dieses reicht aber nicht über die gesamte Trockenzeit, sodass im April kein Wasser mehr da ist. Manchmal ist das Wasser auch so stark verunreinigt, dass die Menschen durch dieses Wasser krank werden.

Anders als Fatna lebt Nabou in einem Dorf mit einem nahe gelegenen Brunnen. Viele Menschen aus der Umgebung seines Dorfes gehen oft bis zu 10 km, um aus diesem Brunnen Wasser zu holen. Rund sieben Liter Wasser verbraucht ein Mensch in seinem Dorf durchschnittlich pro Tag.

3 Vor allem Kinder leiden unter dem Mangel an sauberem Trinkwasser.

Jahr 2050 weltweit mehr als 5 Milliarden Menschen nicht genug Wasser zum Leben haben werden.

Die Dürre nimmt zu

Weltweit fließen knapp 70 % des Wassers in die Landwirtschaft. Bei Trinkwasserknappheit wird dann die Bewässerung der Felder ausgesetzt, was wiederum die Ernteerträge verringert. Fallen zusätzlich noch die Regenzeiten aus, verdorrt die gesamte Vegetation und das Vieh verdurstet (▷ B 2). Es kommt zur Versteppung und infolge dessen zur Ausweitung der Wüsten.

Versalzung

Zur Steigerung der Erträge setzt man neben der künstlichen Bewässerung auch immer mehr Dünger ein. In trockenen, heißen Ländern ist die Verdunstung sehr hoch. Wenn Wasser aus dem Boden verdunstet, bleiben die darin gelösten Düngestoffe an der Bodenoberfläche zurück. Sie bilden dort eine Salzkruste, die man nur mit noch mehr Wasser wieder auflösen könnte. Dieses Wasser steht aber nicht zur Verfügung. Derart versalzene Böden sind für die Landwirtschaft verloren. Das Salz verdirbt zudem das Grundwasser, sodass man die Brunnen nicht mehr nutzen kann.
(► System, S. 138/139)

Entsalzung

In einigen Ländern gewinnt man Trink- und Brauchwasser aus Meerwasser, indem man die gelösten Salze und andere chemischen Verbindungen aus dem Meerwasser entfernt. Dafür gibt es verschiedene Verfahren, die jedoch alle sehr viel Energie benötigen. Aus diesem Grund können sich nur wenige dieser Länder eine Meerwasserentsalzung leisten.

AUFGABEN

1. Erkläre den Begriff „virtuelles Wasser".
2. Erläutere, in welchen Ländern die Versalzung der Böden zum Problem wird.
3. Manche Experten sagen voraus, dass es Kriege um Wasser geben wird. Nimm Stellung zu dieser Aussage.
4. Überlege dir Einsparungen in deinem persönlichen Wasserverbrauch. Nimm dazu auch Bild 3 von Seite 132/133 zu Hilfe.
5. Informiere dich, welche Verfahren es zur Entsalzung von Meerwasser gibt, und berichte.
6. Stelle eine begründete Vermutung an, ob es auch bei uns zu einer Trinkwasserknappheit wegen des Klimawandels kommen kann.

1 Der Erhalt einer intakten Natur ist für uns alle unverzichtbar.

2 Die drei Säulen der Nachhaltigkeit

Nachhaltigkeit

Nachhaltigkeit

Der Begriff „Nachhaltigkeit" ist schon alt. Der Forstbeamte HANS VON CARLOWITZ prägte ihn bereits 1713. Er erkannte, dass man weit vorausdenken muss, wenn man Wälder nachhaltig nutzen will.
Heute spricht man nicht nur in der Forstwirtschaft von Nachhaltigkeit. Unsere Rohstoffe werden knapp. Die wachsende Weltbevölkerung braucht mehr Nahrungsmittel und Platz. Damit auch zukünftige Generationen noch eine lebensfreundliche Erde vorfinden, müssen wir nachhaltig denken, planen und wirtschaften.

Die drei Säulen der Nachhaltigkeit

Nachhaltigkeit bezieht sich nicht nur auf den Erhalt der natürlichen Umwelt und damit der **ökologischen Grundlagen**. Die wirtschaftliche Entwicklung eines Landes, die **Ökonomie**, müssen wir ebenfalls berücksichtigen. Bei den Bemühungen um Nachhaltigkeit muss man darauf achten, dass wir sozial verträglich handeln und keine Bevölkerungsgruppe benachteiligen. Das könnte den sozialen Frieden gefährden. (► Entwicklung, S.146/147)

Nachhaltigkeit muss auf den drei Säulen **Ökologie**, Ökonomie und **soziale Verträglichkeit** beruhen (▻ B 2).

Nachhaltigkeit bedeutet die Sicherung der Lebensgrundlage künftiger Generationen. Ökologie, Ökonomie und soziale Verträglichkeit sollen dabei im Einklang stehen.

AUFGABEN

1 Beschreibe den Begriff „Nachhaltigkeit" mit eigenen Worten.

2 Erkläre das Drei-Säulen-Modell am Beispiel einer Windparkanlage.

3 Erläutere an einem Kleidungsstück oder einem Alltagsgegenstand deiner Wahl, wie du nachhaltig handeln kannst. Berücksichtige dabei das Drei-Säulen-Modell (▻ B 2).

Der Ökologische Fußabdruck

Alles, was wir im Alltag benutzen oder konsumieren, benötigt zur Herstellung und Entsorgung Rohstoffe und Energie. Die Bereitstellung dieser Ressourcen kann als Fläche veranschaulicht werden: Für die Produktion von 1 kg Gemüse braucht man z. B. 0,95 m^2 Ackerland und muss 10 Megajoule (= 2,38 Mkcal) Energie aufwenden. Diese Energiemenge entspricht weiteren 1,41 m^2 Fläche. Die so „verbrauchte" Fläche Land bezeichnet man als **Ökologischen Fußabdruck**. Dieser gibt keine exakte Fläche an, sondern nur eine ungefähre Vorstellung.

Die Menschheit lebt auf Pump

Die Ermittlung des Ökologischen Fußabdrucks berücksichtigt mehrere Bereiche (▻ B 1). Jedem Erdbewohner steht statistisch gesehen eine Fläche von 1,8 ha zur Verfügung. Dieser Wert wird von den meisten Ländern überschritten, insbesondere von den Industrieländern. Jedes Jahr erinnert man mit dem „**Erdüberlastungstag**" an diese Situation. Ab diesem Datum, das immer früher eintritt, verbrauchen wir Ressourcen, die im Laufe des Jahres nicht mehr nachwachsen. (► System, S. 138/139)

Mit intelligenten Schritten voran

Vor allem die Menschen in den Industrieländern leben „über ihre Verhältnisse". Wir müssen deshalb unser Leben so einrichten, dass alle Menschen die gleichen Chancen haben. Wir müssen neue, intelligente Lösungen für die Nutzung der Ressourcen finden. So nutzen wir anstelle fossiler Energieträger immer mehr **erneuerbare Quellen** und entwickeln Geräte, die weniger Strom benötigen. Auch ein Umdenken bei der Ernährung könnte helfen, indem wir z. B. den Fleischkonsum einschränken. (► Entwicklung, S. 146/147)

Der Ökologische Fußabdruck ist ein anschauliches Bild für den Verbrauch von Rohstoffen und Land.

Region/Land	Ökologischer Fußabdruck pro Person in 2016
Deutschland	5,4 ha
Europa	4,9 ha
Asien	2,3 ha
Nordamerika	8,2 ha
Südamerika	3,0 ha
Katar	12,6 ha
Eritrea	0,5 ha

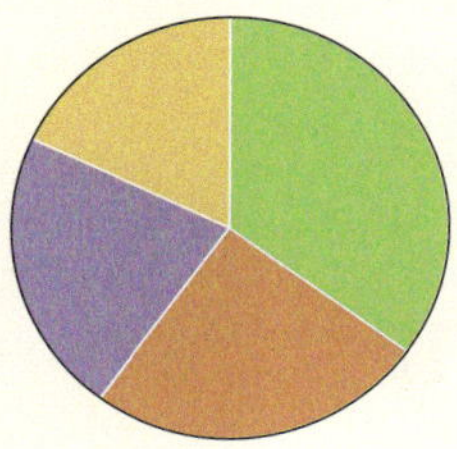

1 Es gibt große Unterschiede.

AUFGABEN

1. Erläutere, was man mit den Begriffen „Ökologischer Fußabdruck" und „Erdüberlastungstag" aussagen möchte.
2. Erstelle mithilfe von Bild 1 eine Liste, wie du deinen Ökologischen Fußabdruck verkleinern könntest.
3. Errechne deinen Ökologischen Fußabdruck mithilfe von Fußabdruck-Rechnern im Internet und vergleiche ihn mit den Durchschnittswerten.

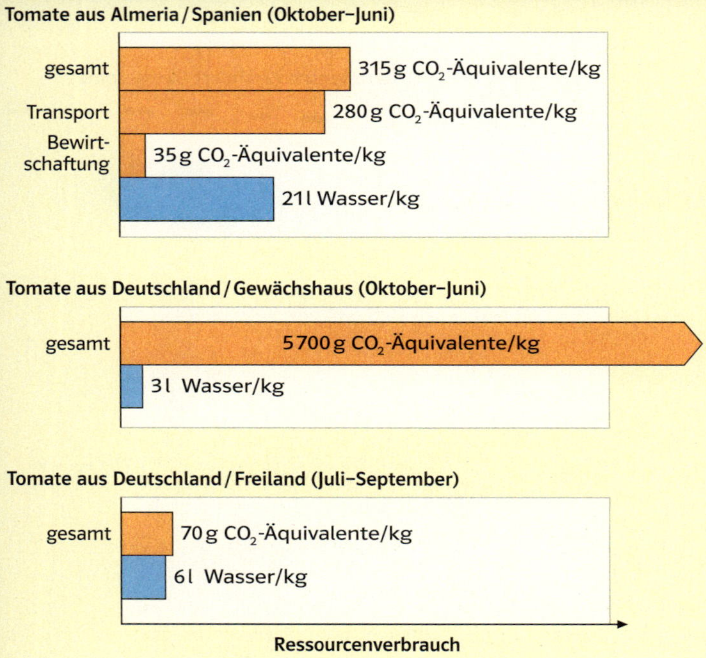

1 Vergleich: Ökobilanzen von Tomaten

- möglichst saisonal und regional einkaufen
- auf eingeflogene Produkte verzichten
- kein Gemüse kaufen, das aus Gewächshäusern stammt, die mit fossilen Brennstoffen geheizt werden
- auf Obst und Gemüse aus sehr trockenen und niederschlagsarmen Regionen verzichten

2 Einkaufs-Tipps für Obst und Gemüse

Ökobilanz

„Die Tomaten aus dem eigenen Garten sind immer noch die besten", behaupten viele Gartenbesitzer. Das stimmt – und das gilt nicht nur für den Geschmack der roten Frucht.

Tomaten – heimisch oder importiert?

Im Supermarkt bekommt man Tomaten das ganze Jahr über. Oft kommen sie aus Südspanien und meist sind die dann sogar billiger als solche aus heimischem Anbau. Ein Vergleich beider Produkte zeigt, was sich hinter dem Preis verbirgt (▻ B 1). Tomaten aus Spanien haben einen weiten **Transportweg**. Der Transport im LKW erzeugt hohe CO_2-Emissionen. Trotzdem kann 1 kg Tomaten aus Spanien 75 % weniger Treibhausgas-Emissionen verursachen als die gleiche Menge in Deutschland erzeugter Tomaten. Warum?

Spanische Tomaten wachsen ganzjährig im Freiland oder in Foliengewächshäusern ohne Heizung. Deutsche Tomaten stammen im Frühjahr oder Frühsommer aus Gewächshäusern, die beheizt werden müssen. Das erfolgt meist mit fossilen Brennstoffen, die u. a. für den hohen CO_2-Ausstoß verantwortlich sind. Tomaten benötigen viel Wasser zum Wachsen. In Spanien, wo Wasser oft sehr knapp ist, wird es zum Bewässern der Tomatenfelder verwendet – und fehlt entsprechend anderswo. Bei Tomaten aus dem eigenen Garten oder der Region, die im Spätsommer reif geerntet werden, fallen diese Umweltbelastungen nicht an. (► System, S. 138/139)

Ökobilanz

Je nach Herkunft, Anbaumethode und Zeitpunkt der Ernte belasten Tomaten die Umwelt unterschiedlich stark. Sie haben jeweils eine andere **Ökobilanz**. Darunter versteht man alle Auswirkungen, die ein Produkt, seine Herstellung und seine Entsorgung auf die Umwelt haben. Bei einem Smartphone müssen z. B. auch die Umweltbelastung bei der Beschaffung der Rohstoffe und die Entsorgung des Alt-Gerätes berücksichtigt werden.

Immer die neueste Jeans?

Für die Herstellung einer **Jeans** werden ca. 11 000 Liter Wasser verbraucht – eine gewaltige Menge (▷ B 3). Wie kommt es dazu? Der Stoff für die Jeans wird aus den Samenhaaren der Baumwolle hergestellt (▷ B 4). **Baumwolle** benötigt zum Wachstum hohe Temperaturen und extrem viel Wasser. Während der Reifung der Samen darf es jedoch nicht regnen, da sonst die Samenhaare eine schlechtere Qualität haben. Entsprechend müssen die Baumwollpflanzen bewässert werden und den Menschen in den meist trockenen Anbauländern fehlt das dringend benötigte Trinkwasser. Beim Färben des Jeans-Stoffs wird ebenfalls viel Wasser verbraucht. So kommt die große Menge an virtuellem Wasser zusammen (► S. 128/129).

Nicht nur Wasser und Kohlenstoffdioxid

Bei der Erstellung einer Ökobilanz müssen noch weitere Faktoren berücksichtigt werden. Bei Tomaten, Baumwolle und anderen landwirtschaftlichen Produkten werden je nach Anbaumethode unterschiedliche Mengen an **Schädlingsbekämpfungsmitteln** eingesetzt. Auch der Einsatz von Maschinen muss berücksichtigt werden und ebenso, wie fair die Erzeuger für ihre Produkte bezahlt werden.

Die Ökobilanz berücksichtigt alle Auswirkungen auf die Umwelt, die mit der Herstellung eines Produkts, seines Gebrauchs und seiner Entsorgung zusammenhängen.

AUFGABEN

1 Erkläre den Begriff „Ökobilanz" mit eigenen Worten.

2 Nenne neben Wasserverbrauch und Kohlenstoffdioxid-Belastung weitere Faktoren, die in der Ökobilanz berücksichtigt werden müssen.

3 Erkläre, warum der Verbrauch an Wasser für die Erzeugung von 1 kg Rindfleisch rund 3-mal so hoch ist wie für die gleiche Masse Käse.

4 Erstelle eine Liste, was bei der Ökobilanz eines Smartphones berücksichtigt werden muss.

5 Erläutere, ob es eine Verbindung zwischen Ökobilanz und fair gehandelten Produkten gibt.

6 „Eine vegetarische Ernährungsweise hilft, den weltweiten Wasserverbrauch zu mindern." Bewerte diese Aussage.

Geschätzter Verbrauch virtuellen Wassers für die Erzeugung ausgewählter Produkte

um … zu erzeugen	braucht man durchschnittlich Liter Wasser:
1 kg Rindfleisch	15 455
1 kg Käse	5 000
1 Liter Milch	1 000
1 kg Tomaten	184
1 Hamburger	2 453
1 Jeans	11 000
1 Fahrrad	5 000
1 Auto (ca. 1500 kg)	400 000
1 Computer (PC)	(PC) 20 000
1 Mikrochip	32

3 Wasserverbrauch zur Herstellung von Produkten

4 Baumwollfeld zum Zeitpunkt der Samenreife

Auto und Fahrrad im Vergleich

1 Mit dem Fahrrad unterwegs

Radfahren hat viele Vorteile

Die Zahl der jungen Menschen, die heute ausschließlich mit dem Auto unterwegs sind, hat in den letzten Jahren abgenommen – und das nicht nur, weil sie kein Auto haben. Sich mit dem **Fahrrad** fortzubewegen ist nicht nur billiger als Autofahren, es bietet auch etliche Vorteile. Tägliches Radfahren ist gesund und hält den Körper fit. Die Leistungsfähigkeit des Herz-Kreislauf- und des Atmungssystems wird gestärkt. Man kommt in der Stadt mit dem Rad fast überall hin und findet auch meist in der Nähe seines Ziels einen Abstellplatz.

Gute Ökobilanz

Das Fahrrad ist dem Auto noch in einem anderen Punkt haushoch überlegen: in der Ökobilanz (► S. 132/133). Nicht nur die Herstellungskosten eines Fahrrads, also der Material- und Energieverbrauch, sind wesentlich geringer als bei einem Auto. Auch beim Unterhalt weist das Fahrrad die deutlich bessere Ökobilanz auf.

Das zeigen z. B. der **Energieverbrauch** und der **CO_2-Ausstoß**. Ein moderner Verbrennungsmotor in einem Mittelklasseauto verbraucht ca. 5 Liter Kraftstoff auf 100 km. Das entspricht einer Energiemenge von 187 Megajoule (MJ). Ein Fahrradfahrer verbraucht dafür nur etwa 18 MJ.

Der große Vorteil des Fahrrads ist, dass es kein CO_2 ausstößt. Bei Autos der Mittelklasse liegt der CO_2-Ausstoß bei rund 100 bis 200 g/km, je nach Einstellung des Motors. Dazu kommen noch die schädlichen Emissionen (► S. 122/123). Radfahrer verursachen auch keinen Stau, sondern gelangen ohne verkehrsbedingten Stopp an ihr Ziel.

Radfahrer sind auf dem Vormarsch

Natürlich kann man Auto und Fahrrad nicht in allen Punkten vergleichen. Das gilt z. B. für lange Strecken oder die Transportleistung beider Fahrzeuge. Trotzdem entschließen sich aufgrund der vielen Vorteile auch zunehmend Berufstätige, mit dem Rad zur Arbeit zu fahren. Immer mehr Kommunen investieren daher in eine gute **Infrastruktur** für Radfahrer. Das hilft nicht nur den Menschen, sondern auch der Umwelt.

Das Fahrrad hat aus ökologischen und gesundheitlichen Gründen viele Vorteile.

AUFGABEN

1 Nenne gesundheitliche Vorteile des Fahrradfahrens.

2 Vergleiche Vor- und Nachteile der Nutzung von Fahrrad, Auto und öffentlichen Verkehrsmitteln für den Schulweg.

3 a) Erkundet die aktuelle Situation für Radfahrer in eurem Wohnort.
b) Erstellt einen Katalog mit Verbesserungsvorschlägen.

1

4

2

3

5

6

Nachhaltig handeln

Regional einkaufen (⊳ B 1)
Viele unserer Lebensmittel und auch andere Produkte werden irgendwo auf der Welt erzeugt. Ihr Transport zu uns verursacht hohe Kosten und belastet die Umwelt. Produkte, die in der Region erzeugt werden, haben wesentlich kürzere Wege und die Lebensmittel sind deshalb frischer. Mit dem Kauf regionaler Erzeugnisse unterstützt man zudem heimische Betriebe.

Fairtrade (⊳ B 2)
„Fairtrade“ bedeutet, dass die Erzeuger für ihre Ware einen angemessenen Preis bekommen, von dem sie leben können. Fairer Handel ist also eine direkte und wirksame Hilfe für die Produzenten. Solange bei den meist ökologisch erzeugten Produkten bestimmte Standards eingehalten werden, ist deren Abnahme garantiert.

Nachhaltige Produkte (⊳ B 3)
Viele Textilien, elektronische Geräte und andere Artikel sind so billig, dass sich eine Reparatur nicht lohnt und sie bei der geringsten Störung entsorgt werden. Für nachhaltig erzeugte Produkte nutzt man nachwachsende Rohstoffe. Sie sind teurer, aber qualitativ besser und haltbarer als Billigprodukte. Das schont Ressourcen, setzt aber voraus, dass man nicht immer den neuesten Trend haben kann.

Upcycling (⊳ B 4)
Beim Upcycling werden Abfallprodukte oder scheinbar nutzlose Stoffe in neuwertige Produkte umgewandelt. So kann man z. B. aus Euro-Paletten Möbel für den Garten herstellen. Oder man näht die alte Jeans um und verziert sie mit modischen Accesoires.

Plastiktüte – nein danke! (⊳ B 5)
Jährlich werden Millionen von Plastiktüten verteilt. Weggeworfene Tüten landen im Boden und im Wasser, wo sie nur sehr langsam abgebaut werden. Vor allem für Wassertiere ist der viele Plastikmüll schädlich. Deshalb soll in der EU bis zum Jahr 2025 der durchschnittliche Verbrauch von derzeit 198 auf 40 Plastiktüten pro Person und Jahr gesenkt werden.

Carsharing (⊳ B 6)
Viele Menschen verzichten aus den unterschiedlichsten Gründen auf ein eigenes Auto. Stattdessen sind sie Mitglied bei einem Carsharing-Anbieter und mieten sich bei Bedarf dort ein Fahrzeug. So teilt man sich ein Auto mit anderen, aber bleibt umweltschonender mobil. Carsharing erfordert jedoch eine vorausschauende Planung.

Zusammenfassung

Ökosysteme

Die Erde ist bedeckt mit nebeneinander liegenden Ökosystemen, die ganz unterschiedlich aussehen können. Sie gleichen sich aber alle in ihren Grundfunktionen: In einem Lebensraum, dem Biotop, leben die Organismen in einer Biozönose. Auf die Lebewesen wirken abiotische und biotische Faktoren ein. Zwischen den Lebewesen bestehen vielfältige Nahrungsbeziehungen. In den Nahrungsketten wird neben Biomasse auch Energie weitergegeben.

Gewässer

In Fließgewässern ist die Strömung der bestimmende Faktor, an den die Lebewesen unterschiedlich angepasst sind. Die Strömung hat Einfluss auf den Sauerstoffgehalt eines Fließgewässers. Die meisten Bäche und Flüsse wurden vom Menschen verändert und wir nutzen ihre unterschiedlichen Ökosystemdienstleistungen. Fließgewässer sind in bestimmten Grenzen zur Selbstreinigung fähig. Aufgrund der fehlenden Strömung sind stehende Gewässer anfälliger gegen Verschmutzungen, z. B. durch zu viel Düngemittel. Plastikmüll und Medikamente verschmutzen die Gewässer zusätzlich. Die Wassermenge unseres Planeten ist endlich, deshalb ist Wasser kostbar.

1 Planet Erde

Planet Erde

Der bewohnbare Raum unseres Planeten bildet die Biosphäre. Sie reicht von den größten Meerestiefen bis zu den höchsten Berggipfeln und enthält zahllose, unterschiedliche Ökosysteme. Die Biosphäre ist von einer Atmosphäre umgeben, die das Leben auf der Erde erst ermöglicht und es schützt. Wir Menschen zerstören die Atmosphäre immer stärker durch schädliche Abgase und andere Eingriffe.

Klimawandel

Der anthropogene Klimawandel wirkt sich auf die Atmosphäre aus. Vor allem die riesigen Mengen an Kohlenstoffdioxid, die durch das Verbrennen fossiler Energieträger frei werden, heizen den Klimawandel an. Da es auch bei uns immer wärmer wird, verändern sich die einheimischen Lebensgemeinschaften. Neue Pflanzen- und Tierarten siedeln sich in unseren Regionen an und verdrängen zum Teil die ursprünglichen Lebewesen.

Nachhaltig handeln

Da wir Menschen Verursacher der Umweltprobleme sind, müssen wir auch etwas dagegen tun. So sollten wir durch nachhaltiges Handeln unseren ökologischen Fußabdruck möglichst klein halten. Bei Produkten, die wir essen oder die wir uns anschaffen, sollten wir auf deren Ökobilanz achten. Sie gibt Auskunft, wie stark die Umwelt bei der Herstellung der Ware belastet wurde. Die Ökobilanz berücksichtigt auch die Entsorgung eines Produkts.

AUFGABEN

1 Erläutere den Aufbau eines Ökosystems.

Super! ? ► S. 102 – 105

2 Die durchschnittliche Jahrestemperatur auf der Erde beträgt + 15 °C. Erläutere, wie hoch sie ohne den natürlichen Treibhauseffekt wäre.

Super! ? ► S. 122/123

3 Beschreibe Vorgänge, bei denen Kohlenstoffdioxid freigesetzt wird.

Super! ? ► S. 120 – 123

4 Nenne die Reinigungsstufen einer Kläranlage.

Super! ? ► S. 118/119

5 Beschreibe, warum Plastikabfälle sich in Gewässern besonders schädlich auswirken.

Super! ? ► S. 116/117

6 Zeichne ein Nahrungsnetz von Lebewesen, die in einem See leben.

Super! ? ► S. 106

7 Erläutere, warum die Selbstreinigung bei einem stehenden Gewässer schwieriger ist als bei einem Fließgewässer.

Super! ? ► S. 108/109, 114 – 117

8 Beschreibe, wie sich der Klimawandel auf die einheimischen Ökosysteme auswirkt.

Super! ? ► S. 124–127

9 a) Begründe am Beispiel des Ökosystems See, warum in einem Stoffkreislauf keine Stoffe verloren gehen.
b) Erläutere die Rolle von Destruenten in einem Ökosystem.

Super! ? ► S. 106, 107

10 Zähle die Faktoren auf, die man bei der Ökobilanz eines Smartphones alle berücksichtigen muss.

Super! ? ► S. 132/133

11 Erkläre, wieso die Brandrodung großer Flächen des tropischen Regenwaldes den Treibhauseffekt verstärkt.

Super! ? ► S. 124/125

12 Ein artenreiches Ökosystem ist weniger störanfällig als ein artenarmes. Begründe.

Super! ? ► S. 104 – 107, 120/121

1 Die Meere sind mit Plastik verschmutzt.

System

„Alles hängt mit allem zusammen“. Diese Aussage macht deutlich, dass biologische Vorgänge und Lebewesen erst dann zu verstehen sind, wenn man nach Zusammenhängen und Wechselwirkungen sucht. Ein einzelner Organismus lässt sich dabei auf ganz unterschiedlichen Systemebenen betrachten: Wie wird sein Lebenszyklus gesteuert? Wie hängen die einzelnen Generationen zusammen? Welche Beziehungen bestehen zu anderen Organismen?

System Zellkern

Der Zellkern ist die Steuerzentrale der Zelle. Er ist von einer Kernmembran umschlossen. Diese Hülle enthält Poren, sodass das Kerninnere mit dem Zellplasma in Verbindung steht und Stoffe ausgetauscht werden können.
Der Zellkern enthält den größten Teil des genetischen Materials. Hier finden die ersten Schritte der Übertragung der genetischen Information statt. Das System Zellkern dient damit der Steuerung und Kontrolle der Vorgänge in der Zelle und im gesamten Organismus.

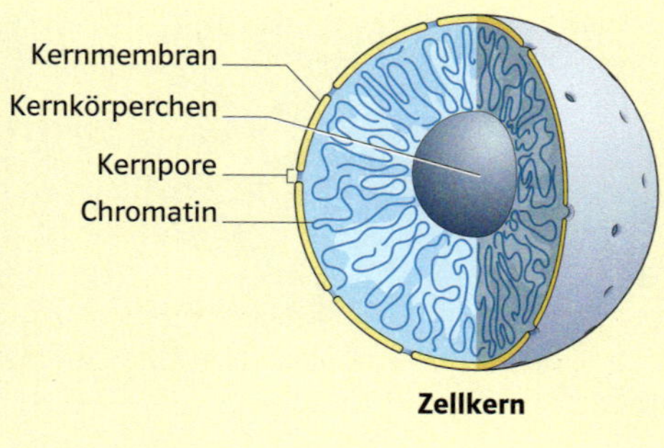

Der Zellkern

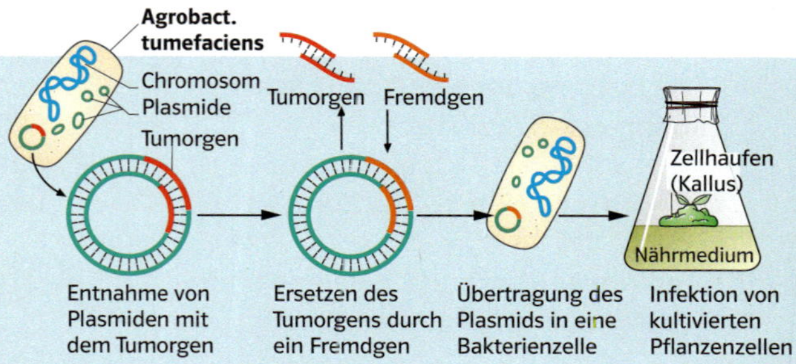

Herstellung transgener Pflanzen

Eingriffe in das System

Die Gentechnik ermöglicht es, Organismen völlig neue Eigenschaften zu geben. Durch Veränderungen des Erbmaterials werden neue Merkmale erstellt. Vor allem die Übertragung fremder DNA führt zu gravierenden Veränderungen. Auch völlig neue Gene und damit Proteine können vom Menschen entworfen und in Organismen eingebracht werden.

Ökosystem Erde

Umweltwissenschaftler machen deutlich, dass die gesamte Erde als System gesehen werden muss. Es genügt nicht, die einzelnen Teile zu betrachten. Erst wenn wir alle verschiedenen Wechselwirkungen berücksichtigen, können wir die Folgen unseres Handelns verstehen. So entsteht beispielsweise aus den Wechselwirkungen zwischen Sonneneinstrahlung und Atmosphäre das Klima. Eine Veränderung der Atmosphäre durch Treibhausgase, insbesondere des Kohlenstoffdioxids, beeinflusst auch das Klima. Der Klimawandel hat dramatische Folgen für alle Lebewesen.

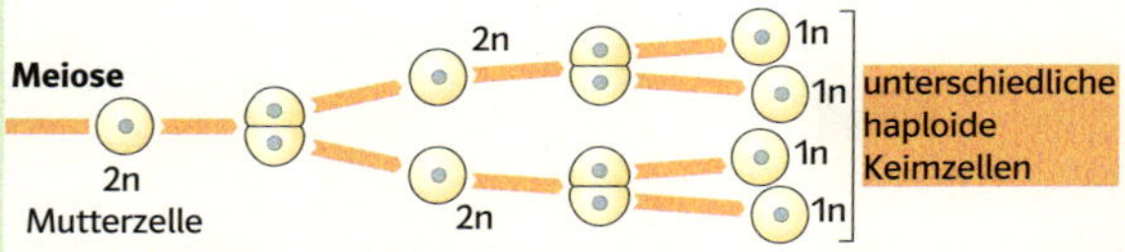

Neukombination der Gene bei der Meiose

Neukombination von Genen

Die Keimzellen bilden sich während der Meiose. Dabei kombinieren sich mütterliche und väterliche Chromosomen neu. Es bleibt aber dem Zufall überlassen, welche der väterlichen oder mütterlichen Chromatiden in welche Keimzelle gelangen. Durch die Neukombination der Gene bei der Fortpflanzung sind die Nachkommen keine Kopien der Eltern, sondern Individuen mit neuen Eigenschaften.

Fließbandarbeit

In einem stark verschmutzten Gewässer siedeln sich zuerst Bakterien an, die ohne Sauerstoff Schmutzstoffe abbauen können. Sind die schlimmsten Verunreinigungen weg, können wieder Algen wachsen. Dadurch reichert sich das Wasser mit Sauerstoff an. Dieser ist die Voraussetzung dafür, dass sich Wimpertierchen ansiedeln können. Sie sind die Nahrungsgrundlage für Bachflohkrebse und Insektenlarven. So verbessern sich die Lebensbedingungen in dem Gewässerabschnitt: das Gewässer reinigt sich selbst.

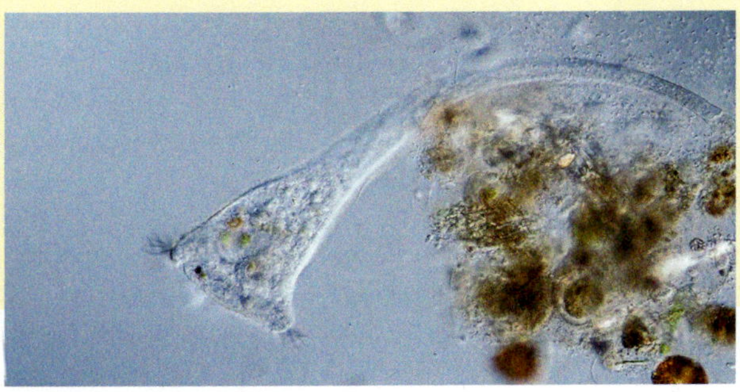

Trompetentierchen

Systemwechsel

Solange sich Embryo bzw. Fetus noch in der Gebärmutter befinden, bilden sie mit der Mutter ein System. Alles, was das Ungeborene zum Leben und für seine Entwicklung benötigt, erhält es durch das mütterliche Blut. Darüber hinaus genießt das Ungeborene im Mutterleib weitgehend Schutz vor schädlichen Einflüssen aus der Umwelt. Mit der Geburt wird dieses System radikal verändert. Das Neugeborene muss sein eigenes Atemsystem aktivieren, sein Verdauungssystem muss aus der Muttermilch die Nährstoffe entnehmen und sein Stoffwechsel muss genügend Wärme entwickeln, um in der kühleren Umgebung zu überleben.

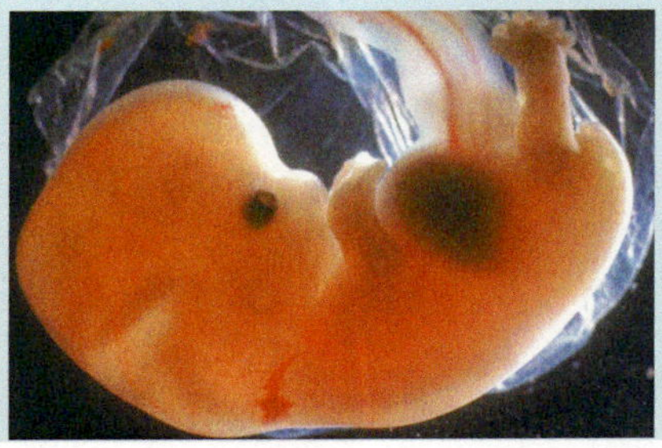

Ein Embryo

AUFGABEN

1 Beschreibe die Arbeitsteilung unterschiedlicher Systeme am Beispiel „Ökosystem See“.

2 „Durch Erbmaterial-Veränderungen greift der Mensch nicht nur in das System eines Organismus ein, sondern in das jeweilige Ökosystem.“ Erkläre.

3 Erläutere, wie sich der Austausch einer einzelnen Base in der DNA auf das System „Organismus Mensch“ auswirken kann.

4 Vergleiche die Mitose mit der Meiose. Beachte dabei, warum ein Lebewesen beide Formen der Zellkernteilung benötigt, um als System zu funktionieren.

Struktur und Funktion

Zwischen Struktur und Funktion gibt es in der Natur oft einen klar erkennbaren Zusammenhang: Bestimmte Funktionen können nur ablaufen, wenn eine entsprechende Struktur vorhanden ist. Das trifft auf einzelne chemische Bausteine und auf ganze Organe zu. In vielen Fällen ist es daher möglich, aus der Betrachtung bestimmten Strukturen entsprechende Funktionen abzuleiten.

Zellkern und Chromosomen

Innerhalb der Zellen lassen sich bestimmte Funktionen bestimmten Strukturen zuordnen. Die im Zellkern enthaltene DNA kann je nach Funktion eine andere Struktur haben. Während der Zellteilung liegt sie in der kompakten Transportform als Chromosom vor. In der Arbeitsphase sind die langen DNA-Fäden leicht zugänglich für die Enzyme der Replikation und Proteinbiosynthese.

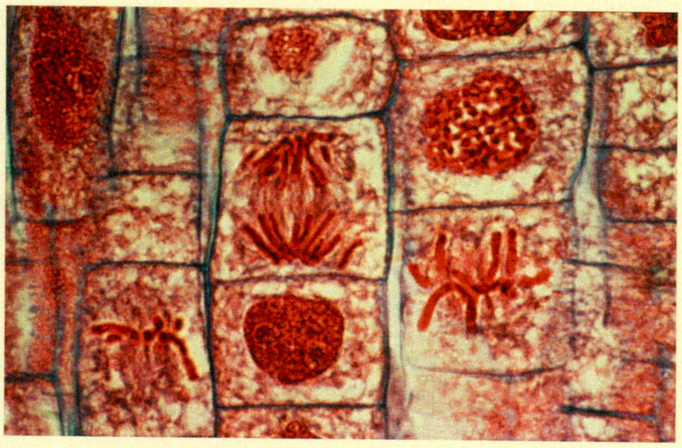

verschiedene Mitosestadien

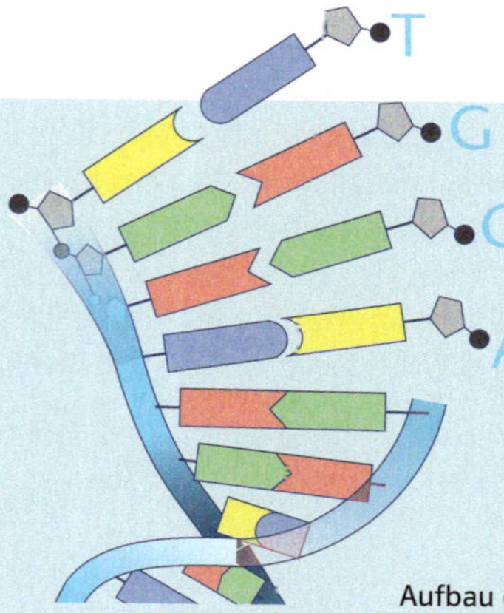

Aufbau der DNA

Die DNA – ein geniales Molekül

Die DNA zeigt deutlich das Zusammenspiel von Struktur und Funktion im Bereich der Moleküle. Durch ihre Struktur ist die DNA besonders stabil. Gleichzeitig ermöglichen die Wechselwirkungen zwischen den Basen, dass die DNA geöffnet und die Erbinformation zu Proteinen umgesetzt wird.

Enzyme

An den meisten Stoffwechselvorgängen, die in Lebewesen ablaufen, sind Enzyme beteiligt. Sie erleichtern und beschleunigen die Reaktionen. Deshalb nennt man Enzyme auch Biokatalysatoren. Dabei wirken sie sehr spezifisch:
Die meisten Enzyme können nur einen bestimmten Ausgangsstoff, das Substrat, umsetzen. Gleichzeitig können sie das Substrat auch nur in ein ganz bestimmtes Produkt umwandeln. Enzyme wirken also nach dem Schlüssel-Schloss-Prinzip: Sie passen nur zu einem bestimmten Substrat.

Plazenta

In der Plazenta treten Stoffe aus dem mütterlichen Blut in den embryonalen Blutkreislauf über. Dabei müssen sie die Plazentaschranke passieren. Diese besteht aus einer hauchdünnen Membran aus nur einer Zellschicht. Sie kontrolliert die durchgehenden Stoffe und blockiert im Falle schädlicher Substanzen deren Passage. Diese Plazentaschranke weist eine große Oberfläche auf, sodass in kürzester Zeit möglichst viele Stoffe kontrolliert werden und diese Schranke überwinden können.

Ökosystem-Dienstleistungen

Ökosysteme haben unterschiedliche Strukturen: Ein Wald wird durch Bäume geprägt, ein See durch den großen, stehenden Wasserkörper, ein Fließgewässer durch den linienhaften Verlauf des strömenden Wassers. Entsprechend nutzen wir diese Ökosysteme unterschiedlich: Der Wald dient als Holzlieferant und Erholungsgebiet. Ein See kann die Funktion eines Trinkwasserreservoirs haben und auch Erholungsgebiet sein. Ein größeres Fließgewässer dient uns als Transportweg und wir nutzen seine Wasserkraft zum Antrieb von Turbinen.

Containerschiff am Passauer Hafen

Köcherfliegenlarve

Befestigungstechnik

Kleintiere in stark strömenden Gewässern können leicht weggeschwemmt, also verdriftet werden. Sie sind zu schwach, um aktiv gegen die Strömung anzuschwimmen. Einige Köcherfliegenlarven bauen sich eine Hülle, in die sie kleine Steinchen einbauen. Das schützt den Körper und verleiht ihm zugleich das nötige Gewicht. Schlammröhrenwürmer bohren ihr Hinterende in den Untergrund und schützen sich so vor dem Verdriften. Flussnapfschnecken saugen sich mit ihrem Fuß an den Steinen fest und bleiben so haften.

AUFGABEN

1 Erkläre, ob ein Reißverschluss ein geeignetes Modell für die DNA ist. Übe Modellkritik.

2 Beschreibe das Prinzip der Oberflächenvergrößerung anhand weiterer Beispiele.

3 Chromosomen wechseln während des Lebenszyklus einer Zelle ihre Form. Erkläre, wie sich hierbei ihre Struktur auf die Funktion auswirkt.

4 Erkläre an einem Beispiel aus dem Bereich „Ökosystem Gewässer“ den Zusammenhang zwischen den Konzepten „Struktur und Funktion“ und „System“.

Stoff- und Energieumwandlung

Alle Lebewesen benötigen Energie für die Aufrechterhaltung ihrer Lebensfunktionen. Sie beziehen die Energie aus der aufgenommenen Nahrung. Bei deren Abbau wird die darin gebundene Energie frei und die Organismen können sie für andere Zwecke nutzen, z. B. für Bewegung oder für andere Stoffwechselvorgänge. Dazu muss die aufgenommene Nahrung alle wichtigen Stoffe enthalten, die das Lebewesen zur Aufrechterhaltung seiner Lebensfunktionen benötigt – liegen sie in noch so geringer Konzentration vor.

Stoffkreisläufe

In einem Ökosystem werden ständig Stoffe auf- und umgebaut, weitergegeben und abgebaut. Viele dieser Stoffe verbleiben im Ökosystem. Sie durchlaufen einen lokalen Stoffkreislauf, der in jedem Fall bei der Fotosynthese der Pflanzen seinen Anfang nimmt. Die Mineralstoffe kehren über den Boden wieder zu den Pflanzen zurück. In einem Ökosystem entstehen aber auch gasförmige Stoffe wie der Sauerstoff oder das Kohlenstoffdioxid. Sie können über die Luft in andere Ökosysteme und sogar in der gesamten Atmosphäre verteilt werden. Man spricht von globalen Stoffkreisläufen.

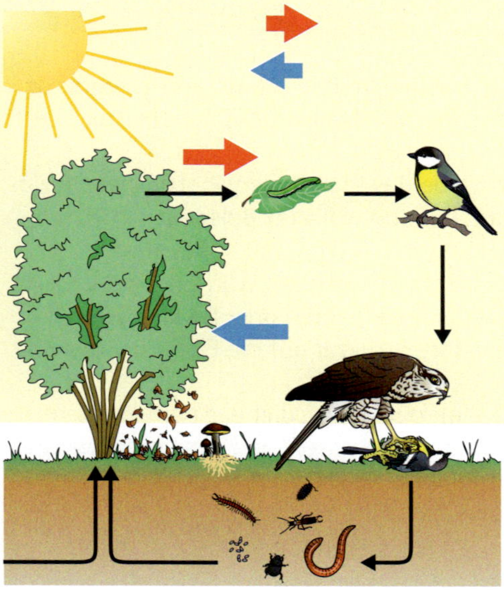

Stoffkreislauf

Destruenten

Ein wichtiges Glied in der Biozönose aller Ökosysteme sind die Destruenten. Das können sowohl Bakterien, Pilze, oder auch Tiere sein. Die Existenz von Destruenten ist ein Beweis dafür, dass Ausscheidungen oder die Abfälle von Organismen noch genügend Nährstoffe und damit Energie enthalten, um einen eigenen Stoffwechsel aufrechtzuerhalten. Ein begrenzender Faktor für das Leben der Destruenten kann ein mangelnder Sauerstoffgehalt in ihrer Umgebung sein. Dieser Zustand tritt häufiger in Gewässern ein, in denen dann anaerobe Bakterien den Abbau übernehmen.

Nahrungspyramide

Innerhalb einer Nahrungskette werden energiereiche Stoffe von den Produzenten über die verschiedenen Ebenen der Konsumenten bis zu den Destruenten weitergegeben. Deren Abbauprodukte stehen den Produzenten wieder zur Verfügung. Auf diesem Weg wird ein Teil der Energie der Lebewesen in Form von Wärme an die Umgebung abgegeben. Der Energiefluss „verjüngt" sich von der Basis der Produzenten zu den Endkonsumenten. Man spricht von einer Nahrungpyramide.

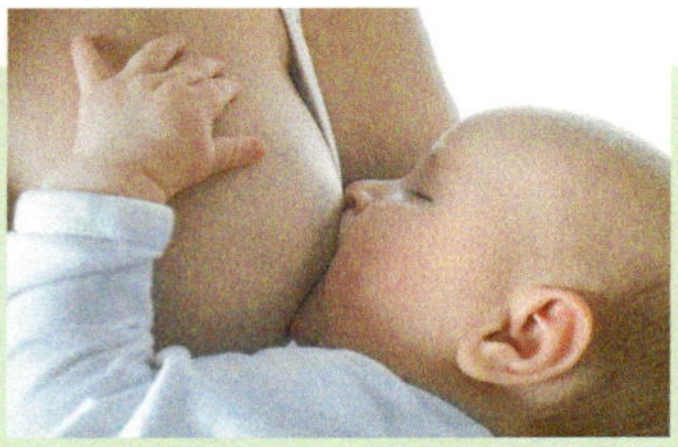

Stillen

Muttermilch

Die natürliche Nahrungsquelle für ein Neugeborenes ist die Muttermilch. Diese besteht zu 90% aus Wasser. Die restlichen 10% bilden u.a. Kohlenhydrate, Fette, Proteine, Mineralstoffe, Hormone, Vitamine und Abwehrstoffe. Die Milchdrüsen der Mutter entnehmen diese Stoffe in der richtigen Menge dem mütterlichen Blut und setzen sie zur Muttermilch zusammen. So erhält der Säugling alle notwendigen Stoffe zum Aufbau seines Körpers, zum Wachsen und um gesund zu bleiben.

Von den Basen zum Protein

Die DNA ist die wichtigste „Informationsquelle" für die Steuerung eines Lebewesens. Diese Steuerung erfolgt über eine Kette von Stoffen: Die Basenfolge der DNA legt die Basenfolge der mRNA fest. Jeweils drei Basen dort codieren für eine bestimmte Aminosäure. Viele Aminosäuren in der richtigen Reihenfolge hintereinander ergeben ein bestimmtes Protein. Dieses Protein kann als Enzym wichtige Stoffwechselvorgänge in einem Organismus steuern und bei der Ausbildung eines Merkmals mitwirken. Weist diese Kette einen Fehler auf, kann das zu massiven Störungen des Organismus führen.

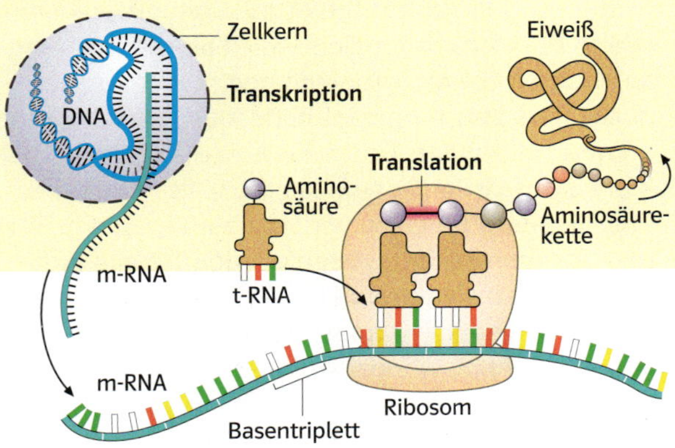

Proteinbiosynthese

Antimatsch-Tomate

Eine der ersten gentechnisch veränderten Pflanzen war die Anti-Matsch-Tomate. Bei Tomaten und anderen Früchten löst ein Enzym bei der Reifung die Zellwände auf. Dadurch verlieren die Früchte ihre Festigkeit: sie werden matschig. Bei der Anti-Matsch-Tomate veränderte man das Gen, das für die Ausbildung des zellwandauflösenden Enzyms verantwortlich ist. Damit konnte man die Tomaten länger liegen lassen, ohne dass sie überreif wurden. Allerdings veränderte sich durch diese Manipulation auch der Geschmack der Früchte. Deshalb war die Anti-Matsch-Tomate kein großer Erfolg.

leuchtend rote Tomaten

AUFGABEN

1 Stelle den Informationsfluss von einem Abschnitt der DNA bis zum Protein als Flussdiagramm dar.

2 Beschreibe, wie sich ein Ökosystem entwickeln würde, wenn es keine Destruenten gäbe.

3 Begründe, warum es keine pflanzlichen Destruenten gibt.

4 Der Stoffkreislauf in Ökosystemen könnte ein Vorbild für den industriellen Stoffkreislauf auf der Erde sein. Erkläre diese Aussage an einem Produkt deiner Wahl.

Biodiversität

Biodiversität bedeutet soviel wie „biologische Vielfalt“. Sie äußert sich auf verschiedenen Ebenen: Die Biosphäre setzt sich wie ein Mosaik aus verschiedenen Ökosystemen zusammen, die alle sehr unterschiedlich sind. In ihnen leben geschätzt zwischen 3,5 und 110 Millionen verschiedenartige Lebewesen. Das umschreibt der Begriff „Artenvielfalt“. Innerhab einer Art unterscheidet sich jedes Individuum von einem anderen. Das versteht man unter dem Begriff „genetische Vielfalt“.

Sukzession – Ökosystem im Wandel

Ein Gartenteich, der nicht gepflegt wird, verändert mit der Zeit sein Aussehen. Je nach Lage werden manche Pflanzen besser wachsen als andere und diese sogar verdrängen. Dasselbe gilt für die Tiere. In einem stark verkrauteten Gewässer können sich keine Fische mehr halten, dafür vermehren sich die Wasserschnecken. Diesen Entwicklungsprozess bezeichnet man als Sukzession. Sukzessionsprozesse lassen sich in jedem Ökosystem beobachten. In einem renaturierten Bachbett wird sich erst nach einiger Zeit der für Bäche typische Pflanzenwuchs einstellen. Mit der Veränderung des Ökosystems verändert sich auch dessen Biozönose.

Gartenteich

Fingerabdruck

Individualität

Jeder Mensch hat in der Regel 46 Chromosomen. Auf jedem Chromosom liegen bei allen Menschen die gleichen Gene. Trotzdem ist jeder Mensch einmalig. Selbst eineiige Zwillinge unterscheiden sich in Details, z. B. im Fingerabdruck, obwohl sie mit dem identischen Erbmaterial ausgestattet sind. Grund dieser Individualität ist, dass viele Merkmale von mehreren Genen bestimmt werden und es Abweichungen in der Basenfolge einzelner Gene geben kann.

Mittelmeer bei uns

Palmen und Pinien bei uns? Das könnte in wenigen Jahren Wirklichkeit werden. Viele Forscher nehmen an, dass wir ein Klima bekommen, wie es zurzeit noch im Mittelmeergebiet herrscht: Heiße, trockene Sommer und milde, frostfreie Winter. Uns Menschen könnte das vielleicht gefallen, für viele heimische Pflanzen- und Tierarten wird das zum Problem. Hitze- und trockenresistente Arten würden die einheimischen Pflanzen verdrängen. Damit kämen auch an das Mittelmeerklima angepasste Tiere zu uns. So verändert der Klimawandel langfristig die Biodiversität.

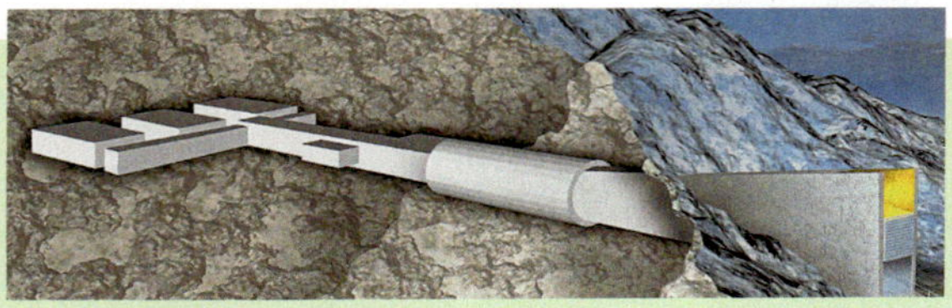

Saatgut-Bank

Saatgut-Bank

Auf der Inselgruppe Spitzbergen im Nordpolarmeer wurde im Februar 2008 ein in den Berg gebauter Bunker eingeweiht. Er ist etwa 27 m lang und 10 m breit, die Temperatur im Innern beträgt −18 °C. Der Bunker beherbergt eine einzigartige Pflanzensamenbank, mit der man die pflanzlichen Genressourcen der Erde sichern möchte. Auf einfachen Metallregalen lagern Kisten, in denen Saatgut in vakuumverpackten Aluminiumbeuteln liegt. Ende 2017 waren schon mehr 930 000 Saatgut-Proben aus der ganzen Welt eingelagert.

Apfelsorten

Man schätzt, dass es auf der Welt mehr als 30 000 Apfelsorten gibt, 2000 davon allein in Deutschland. Immer wieder begegnet man neuen Sorten, die durch Kreuzung aus anderen Sorten gezüchtet wurden – und alte Apfelsorten wie z. B. der Boskop verschwinden. In den letzten Jahren bemüht man sich verstärkt darum, diese alten Sorten zu erhalten. Sie wachsen oft mit hohen Stämmen, die bei der Pflege und Ernte mehr Arbeit machen. Dafür ist die Genkombination der alten Sorten gegenüber Umwelteinflüssen oft robuster als die moderner Züchtungen.

Apfelernte

Vielfalt

Auf der Erde leben etwa 8 Milliarden Menschen, die alle zur selben Art Homo sapiens gehören. Damit sind wir uns alle genetisch sehr ähnlich und haben alle den gleichen Körperbau. Dennoch gibt es z.T. große Unterschiede im Erscheinungsbild. Besonders auffällig ist die Färbung der Haut. Für die Pigmentierung der Haut sind hunderte von Genen verantwortlich. Welche Gene ausgeprägt werden, bestimmt unseren Hautton.

Jugendliche mit verschiedenen Hautfarben

AUFGABEN

1 Erkläre, warum man die Samenbank für Pflanzensamen auf Spitzbergen angelegt hat.

2 Die Verlandung eines flachen Sees ist eine Sukzession. Stelle die einzelnen Schritte in einem Flussdiagramm dar.

3 Erkläre, wie man vorgehen muss, wenn man Eigenschaften einer alten Apfelsorte in eine Neuzüchtung einbringen möchte.

4 Beim Klimawandel wird es bei den einheimischen Tieren Verlierer geben. Lege eine Tabelle an und trage jeweils fünf Verlierer und Gewinner ein.

Entwicklung

Das Leben unterliegt ständigen Entwicklungsprozessen: Lebewesen werden geboren, entwickeln sich, altern und sterben schließlich. Das gilt selbst für einzelne Zellen: Sie gehen durch Zellteilung aus einer anderen Zelle hervor, reifen heran, bis sie ihre bestimmte Funktion erfüllen, und sterben schließlich ab. Aber auch Ökosysteme verändern sich, wenn sich die Umweltbedingungen verändern.

Erbgänge

Gregor Mendel stellte fest, dass manche Merkmale unabhängig voneinander vererbt werden. Dieses Wissen ermöglicht es in der Pflanzen- und Tierzucht, gewünschte Merkmale durch eine gezielte Auswahl der Elterngeneration zu beeinflussen. So können Pflanzen und Tiere gezüchtet werden, die z. B. höhere Erträge bringen oder mit veränderten Klimabedingungen zurechtkommen. Nicht alle Merkmale werden nach den Mendelschen Regeln vererbt. Dennoch gibt es auch menschliche Merkmale, auf die diese Regeln zutreffen, z. B. die Haar- und Augenfarbe.

Erbsensamen mit verschiedenen Merkmalen

verschiedenes Gemüse

Züchtung und Gentechnik

Die meisten Kulturpflanzen verdanken ihre Eigenschaften gezielter Züchtung. Hochwertige Kartoffel- und Getreidesorten sichern unsere Ernährung ebenso wie die vielen Nutztierrassen. Mithilfe gentechnischer Verfahren, bei denen gezielt erwünschte DNA-Abschnitte in die DNA von Pflanzen und Tieren eingebaut werden, wurden die oft langwierigen Züchtungsprozesse erheblich verkürzt.

Einfluss des Menschen

In einem dicht besiedelten Gebiet wie Deutschland ist der Mensch zum entscheidenden Faktor geworden, in welche Richtung sich Lebensräume entwickeln. Das gilt in hohem Maß auch für Gewässer-Ökosysteme. Wasserkraftwerke, Flussbegradigungen und das Einleiten von Chemikalien sind negative Aspekte des menschlichen Einflusses. Häufig sind die Konsequenzen folgenschwer. Durch vernünftiges Handeln, z. B. durch den Bau von Kläranlagen, kann der Mensch solche Entwicklungen teilweise korrigieren oder verlangsamen.

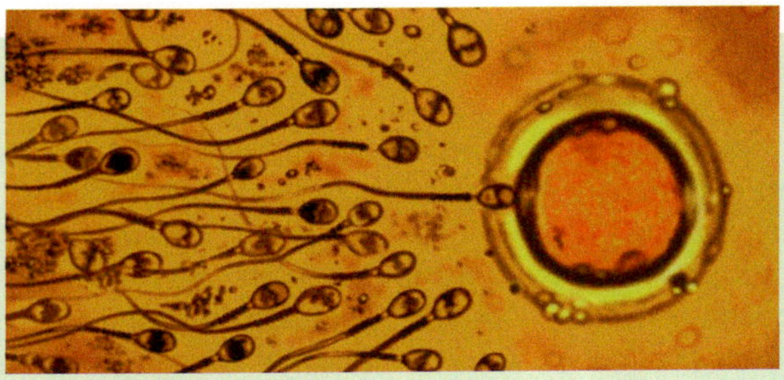

Befruchtung

Individualentwicklung

Wie jedes mehrzellige Lebewesen durchläuft auch der Mensch seinen ganz eigenen Entwicklungsprozess. Dieser beginnt mit der Befruchtung der Eizelle. Ab diesem Zeitpunkt verdoppelt sich die DNA, Zellen teilen sich, differenzieren aus und bilden Organe und Organsysteme. Nach der Geburt wird die weitere Individualentwicklung von den Genen und der Umwelt gesteuert.

Neukombination von Genen

Die Keimzellen bilden sich während der beiden Reifeteilungen der Meiose. Die Verteilung der Chromatiden erfolgt dabei rein zufällig. Es entstehen haploide Spermien- bzw. Eizellen. Alle neu gebildeten Keimzellen unterscheiden sich in ihrem Genom voneinander. Bei der Befruchtung verschmelzen die Kerne der väterlichen und mütterlichen Keimzellen miteinander. Dabei werden die Genome neu kombiniert und es entwickelt sich ein Lebewesen mit neuen Eigenschaften und Merkmalen.

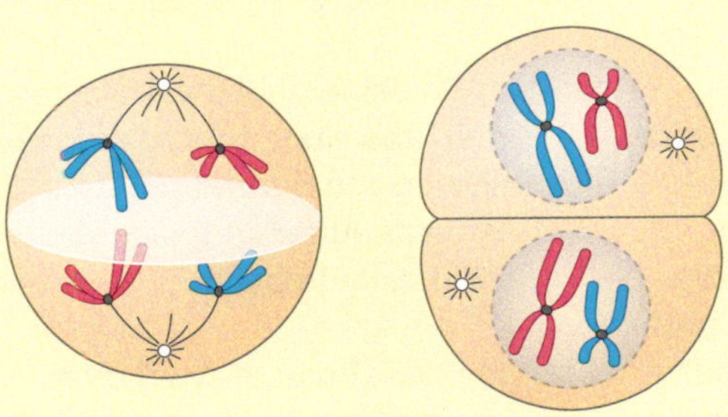

Telophase und Zellteilung

Die Zukunft unseres Planeten

Im Zuge der kulturellen Evolution hat der Mensch das „Gesicht" der Erde entscheidend beeinflusst. Mittlerweile sind die Bevölkerung und der Ressourcenverbrauch derart angestiegen, dass zahlreiche negative Folgen bereits spürbar sind, wie es z. B. der Klimawandel zeigt. Im Kampf gegen die globalen Probleme wird eine typisch menschliche Eigenschaft von besonderer Bedeutung sein: Unsere Intelligenz und unser Ideenreichtum sind wesentliche Faktoren bei der Lösung drängender Zukunftsaufgaben.

Eine Farm der Zukunft – gute Idee oder Utopie?

AUFGABEN

1. Begründe, ob es sinnvoll ist, immer ertragreichere Nutztiere züchten zu wollen.
2. Der Mensch hat in der Vergangenheit immer wieder Krisen durch seinen Ideenreichtum überwunden. Nenne Bespiele.
3. Rekombination ist ein Vorgang, der bei der Züchtung von Nutzpflanzen und Nutztieren eine große Rolle spielt. Erkläre.
4. Begründe, weshalb es keine „Pille für ewiges Leben" geben kann.

1 Grundlagen der Genetik

1 siehe Bild 1 unten
b) Im Zellkern liegt die DNA, die Erbsubstanz. Je nach Funktion kann sie in unterschiedlichen Strukturen vorkommen. Das Chromatin ist die Arbeitsform. Die DNA kann in dieser Form abgelesen und in mRNA umgeschrieben werden. Über die Kernporen der Kernmembran verlässt die mRNA den Zellkern. Während der Zellteilung ist das Chromatin zu verdichtet. Die Chromosomen sind die Transportform. In dieser Form ist die DNA so verdichtet, dass sie sich gleichmäßig an die Tochterzellen verteilen lässt.

2 a) Die im Zellkern liegende DNA ist die Bauanleitung aller Proteine, die zum Aufbau der Zelle und der Vorgänge in der Zelle benötigt werden. Darum kann man sagen, dass der Zellkern die Steuerzentrale der Zelle ist.
b) Ein Beweis für diese Aussage ist der Versuch von HÄMMERLING. Dazu verwendet man zwei Schirmalgen mit unterschiedlichen Hutformen. Sie bestehen nur aus einer einzigen Zelle. In ihrem Wurzelbereich befindet sich der Zellkern. Von beiden Schirmalgen trennt man den Schirm ab und entsorgt ihn. Anschließend trennt man die beiden Wurzelbereiche ab und verbindet sie mit dem Stiel der jeweils anderen Schirmalge. Die beiden Schirmalgen bilden mit der Zeit wieder einen Hut aus, der aber nicht der ursprünglichen, eigenen Form entspricht, sondern der Form des Wurzelbereichs der jeweils anderen Schirmalge. Dieses Ergebnis beweist, dass der Zellkern im Wurzelbereich das Wachstum des Schirms steuert.

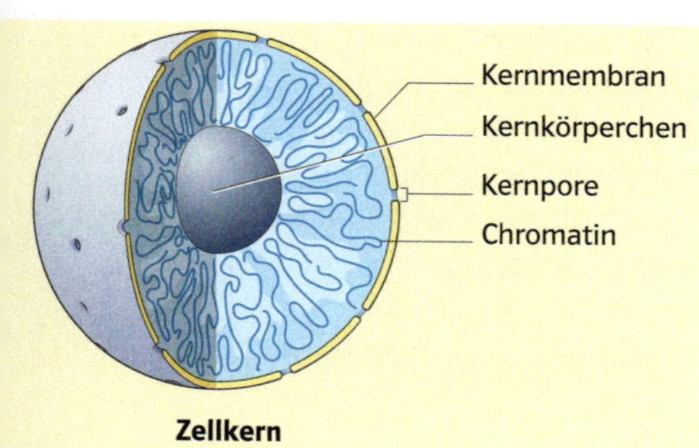

1 Zu Aufgabe 4a

3 a) Individuelle Lösung.
b) Rechts: Interphase: Chromatin, Arbeitsform;
links: Metaphase: Chromosomen, Transportform
c) Man sollte das Stadium wählen, bei dem die DNA maximal verdichtet ist (rechtes Bild; Metaphase), die Chromosomen also am deutlichsten in Erscheinung treten. Nur dann kann man anhand der Größe und der Lage des Centromers die homologen Paare finden.

4 a) Aus jedem Paar homologer Chromosomen wird bei der Meiose ein Chromosom zu einem, das andere Chromosom zum anderen Pol gezogen. Dabei ist die Verteilung der Chromosomen und damit die Verteilung der väterlichen und mütterlichen Gene rein zufällig und führt zu einer genetischen Vielfalt. Gleichzeitig kann durch das Crossing-over, also den Austausch von Chromosomenabschnitten in der Prophase 1, die Vielfalt noch erhöht werden.
b) Ein Modell für die zufällige Verteilung von Chromosomen könnten Spielkarten sein: Welche Formen und Farben nach dem Mischen auf die jeweiligen Spieler verteilt werden, geschieht rein zufällig.
Ein Modell für das Crossing-over wären zwei rote und zwei blaue Pfeifenreiniger, die miteinander zu Chromosomen verdreht werden: Überlappen dann die „Chromatiden", können mithilfe von Schere und Kleber Teile „ausgetauscht" werden.

5 a) Durch den Austausch einer Base wird das Basentriplett, das für eine bestimmte Aminosäure codiert, verändert. Kommt es dadurch zum Einbau einer falschen Aminosäure, kann ein fehlerhaftes oder funktionsloses Protein entstehen (Beispiel Sichelzellen).
b) Es gibt Aminosäuren, die durch mehrere Basentripletts verschlüsselt sind. Wenn der Basenaustausch an dritter Stelle geschieht, ist die Wahrscheinlichkeit hoch, dass trotz Basenaustausch die korrekte Aminosäure eingebaut wird.

6 a) Da die Anzahl der Chromosomen abweicht, spricht man von einer Genommutation.
b) Siehe Abbildung 3 auf Seite 37 im Schülerbuch.

7 a) Umweltstabile Merkmale verändern sich im Laufe des Lebens nicht und sind genetisch festgelegt. Merkmale, die durch äußere Einflüsse veränderbar sind, nennt man umweltlabil.

b)
- Fellfarbe von Mäusen: umweltstabil
- Körpergewicht: umweltlabil
- Ausprägung der Hautbräune: umweltlabil

2 Genetik

1 Da alle Nachkommen schwarz sind, ist die schwarze Fellfarbe gegenüber der weißen dominant. Beide Elterntiere sind reinerbig in Bezug auf ihre jeweilige Fellfarbe, sonst würden in der F1-Generation auch weiße Mäuse auftauchen. Alle Mäuse der F1-Generation sind mischerbig.

2 Grund für die Rot-Grün-Sehschwäche ist ein Defekt auf dem X-Chromosom. Frauen besitzen zwei X-Chromosomen. Ist nur eines davon betroffen, so kann das zweite, intakte X-Chromosom den Defekt ausgleichen. Frauen erkranken nur dann, wenn beide X-Chromosomen den Defekt haben. Das ist sehr selten. Männer haben nur ein X-Chromosom und können einen Defekt darauf nicht ausgleichen. Daher erkranken sie viel häufiger als Frauen.

3 Natürliche Klone entstehen in relativ kurzer Zeit und blühen und fruchten deshalb schnell. Sie haben dieselben genetischen Eigenschaften wie die Mutterpflanze. Bei Pflanzen, die aus Samen entstehen, dauert die Entwicklung länger. Die Samen müssen reifen, können meist erst im nächsten Jahr ausgesät werden und müssen dann noch die gesamte Entwicklung zur fertigen Pflanze durchlaufen. Ihre genetischen Eigenschaften können variieren.

4 Individuelle Lösungen. Beispiel:
Eltern: Kann es zu Problemen bei der Schwangerschaft kommen?
Arzt: Wenn Ihre Frau noch nie mit rhesuspositivem Blut in Berührung gekommen ist, wird sie noch keine Antikörper gegen den Rhesusfaktor haben. Die erste Schwangerschaft wird ganz normal verlaufen. Bei der Geburt gelangen jedoch Blutzellen des Kindes in den Blutkreislauf der Mutter. Ist das erste Kind rhesuspositiv, wird die Mutter Antikörper gegen den Rhesusfaktor bilden. Weitere Schwangerschaften mit rhesuspositiven Kindern könnten dann gefährlich sein.
Eltern: Heißt das, wir können nur ein Kind bekommen?
Arzt: Nein, direkt nach jeder Geburt erhält die Mutter eine Injektion mit Antikörpern gegen den Rhesusfaktor. Ihr Immunsystem wird daraufhin keine eigenen Antikörper bilden. Weitere Schwangerschaften sind also ohne Gefahr möglich.

5 Zunächst wurden Körperzellen aus dem Euter des Tieres, das geklont werden soll, entnommen. Die Zellkerne der entnommenen Körperzellen wurden in eine unbefruchtete, entkernte Eizelle eines Spenderschafes übertragen. Diese Eizelle wurde in die Gebärmutter eines Ammentieres eingepflanzt und von diesem ausgetragen.

6 Die Zellwände einer Tomate und einer Kartoffel werden durch die Zugabe bestimmter Enzyme entfernt. Anschließend werden die zellwandfreien Zellen durch elektrische Reize oder Chemikalien miteinander verschmolzen.

7 a) Die Genotypen der Eltern sind SsRr.
b) Kreuzungsschema

	SR	**Sr**	**sR**	**sr**
SR	SSRR	SSRr	SsRR	SsRr
Sr	SSRr	SSrr	SsRr	Ssrr
sR	SsRR	SsRr	ssRR	ssRr
sr	SsRr	Ssrr	ssRr	ssrr

Weitere Phänotypen:
schwarz-rau 9, schwarz-glatt 3, weiß-rau 3, weiß-glatt 1.
c) Nach einer Rückkreuzung werden reinerbige Merkmale sichtbar. Treten die zu untersuchenden Merkmale im Verhältnis 1 : 1 auf, war das Lebewesen bezüglich dieses Merkmals mischerbig. Sind die Nachkommen alle gleich, lag Reinerbigkeit vor.

8 Plasmide sind kleine DNA-Ringe im Plasma eines Bakteriums. Diese können artfremde DNA aufnehmen und in andere Bakterienzellen transportieren. Dieses Transportmittel von einem Bakterium in ein anderes heißt Gen-Fähre.

9 a) Die Blutgruppenkombination, d.h. ein Kind mit der Blutgruppe B (Genotyp B0) ist möglich, wenn
b) die Frau den Genotyp A0 und der Vater des Kindes BB oder B0 hat.

3 Verantwortungsvolle Elternschaft

1 siehe Bild 2 unten

2 Ein Schwangerschaftsabbruch bleibt straffrei, wenn die folgenden Voraussetzungen erfüllt sind:
- Mindestens drei Tage vor dem Eingriff muss eine Schwangerschaftskonfliktberatung in einer staatlich anerkannten Beratungsstelle erfolgen.
- Die Schwangere verlangt den Eingriff.
- Ein Arzt führt den Eingriff durch.
- Die Abtreibung wird innerhalb der ersten 12 Schwangerschaftswochen durchgeführt.

3 Früher gehörten zu einer traditionellen Familie ein Vater, eine Mutter und ein bzw. mehrere Kinder. Inzwischen hat sich dieses Bild gewandelt. Gemeinsam ist allen Familien jedoch die Pflicht der Eltern, ihren Kinder Schutz, Fürsorge und Geborgenheit zu geben.
Lebt ein Kind nur bei einem Elternteil, spricht man von alleinerziehenden Eltern. Grund hierfür kann z. B. der Tod eines Elternteils sein.
Nach einer Trennung teilen sich die Eltern oft das Sorgerecht, auch wenn die Kinder überwiegend bei einem Elternteil leben. Das bedeutet, dass beide Elternteile bei wichtigen Entscheidungen ein Mitspracherecht haben.
Von einer „Patchwork-Familie“ spricht man, wenn Alleinerziehende neue Partner mit Kindern finden und alle zusammen in einem Haushalt leben.
Wenn ein Paar keine eigenen Kinder bekommen kann, können sie unter bestimmten Voraussetzungen ein Kind adoptieren. Diese Kinder haben dann die gleichen Rechte wie leibliche Kinder.
In einer Pflegefamilie übernehmen die Pflegeeltern die Erziehung der Kinder und geben ihnen Geborgenheit und Zuwendung. Allerdings können die leiblichen Eltern weiterhin Kontakt zu den Kindern haben und bei wichtigen Entscheidungen mitreden.
In einer Regenbogenfamilie wachsen die Kinder bei gleichgeschlechtlichen Eltern auf.

4 Das Maß der Lenkung sollte mit zunehmendem Alter der Kinder abnehmen. Kleine Kinder brauchen noch viel Führung. Sie müssen Urvertrauen zu den Eltern aufbauen, damit sie sich sicher und geborgen fühlen. Ältere Kinder sollten hingegen zunehmend gleichberechtigt mitbestimmen dürfen. Ganz wichtig ist jedoch in jedem Alter das selbstbestimmte Handeln der Kinder zu fördern und sie in ihrem Handeln zu ermutigen.

5 Ab einem positiven Schwangerschaftstest ändert sich für alle Beteiligten etwas, da sie nun verantwortlich für ein kleines Wesen sind. Die werdende Mutter muss nun z.B. auf bestimmte Lebensmittel verzichten, um das Ungeborene zu schützen. Außerdem braucht sie vermehrt Ruhepausen. Das heißt der werdende Vater sollte Aufgaben übernehmen, um sie zu entlasten.

6 Es ist sehr wichtig, dass Eltern immer die Möglichkeit haben, um Hilfe bei der Erziehung zu bitten, denn das Leben mit einem Kind kann kräftezehrend und herausfordernd sein. Eltern fehlt oft die Erfahrung mit bestimmten Situationen. Durch Gespräche und Unterstützung von außen können sie z. B. von den Erfahrungen anderer Eltern profitieren, sich eine Verschnaufpause verschaffen oder auch einen anderen Blickwinkel auf die Situation bekommen. Nur so können sie dem Kind die nötige Zuneigung geben und es dem Alter entsprechend zu selbstbestimmtem Handeln anleiten.

Spermium ↘
Eizelle ↗ Zygote → Morula → Blastula → Gastrula → Embryo → Fötus

2 Zu Aufgabe 1

7 Nach Möglichkeit sollten zunächst nichtinvasive Methoden (z. B.: Ultraschallmessungen und Blutuntersuchung) gewählt werden, um den Gesundheitszustand des Ungeborenen zu überprüfen. Diese Verfahren greifen nicht in die Gebärmutter ein und können ohne Risiko durchgeführt werden. Invasive Methoden (z. B.: Fruchtwasseruntersuchung) sollten nur bei weiteren Auffälligkeiten gewählt werden.

8 a) Kinder, die ohne Bezugsperson aufwachsen, weisen Defizite im Sozialverhalten, im Sprachverständnis, beim Sprechen, beim Wahrnehmen und beim Greifen auf. Die Unterschiede zu gleichaltrigen Kindern aus intakten Familien beim Laufen, Sitzen und Kriechen fallen nicht so stark ins Gewicht.
b) Kinder benötigen eine konstante und liebevolle Bezugsperson, um sich optimal entwickeln zu können. Viele Fähigkeiten erlangen Kinder auch nur durch Nachahmung von Bezugspersonen und durch intensiven gemeinsamen Austausch. Diese hatten die Kinder zu dieser Zeit in einem Heim nicht.
c) Diese Heimkinder konnten kein Urvertrauen aufbauen. Ihnen ist es daher vermutlich später schwer gefallen, eine vertrauensvolle Bindung zu anderen Menschen aufzubauen. Dies kann auch zu psychischen Problemen führen.

9 a) Während der Schwangerschaft sollten Frauen keine Diät beginnen, da sie ihr Kind mit allen wichtigen Stoffen versorgen müssen, damit es sich gut entwickeln kann. Während einer Diät kann es jedoch zu einem Mangel kommen, der die Entwicklung negativ beeinflusst.
b) In einem gewissen Rahmen ist es von der Natur gewollt, dass eine Frau während der Schwangerschaft zunimmt. Denn so ist die Versorgung des ungeborenen Kindes während der Schwangerschaft gewährleistet. Außerdem können diese Reserven auch während der Stillzeit genutzt werden, um den Bedarf des Kindes zu decken.

10 Das Embryonenschutzgesetz regelt den Umgang mit menschlichen Embryonen, die durch künstliche Befruchtung entstanden sind. Es soll verhindert werden, dass Wissenschaftler frei darüber verfügen können. Das menschliche Leben soll so von Beginn an geschützt werden.

4 Der Mensch verändert Ökosysteme

1 Ein Ökosystem besteht aus einem Biotop, in dem eine Biozönose lebt. Auf die Lebewesen eines Ökosystems wirken abiotische und biotische Faktoren ein. Das Ökosystem ist mehr oder weniger scharf von benachbarten Ökosystemen abgegrenzt.

2 Ohne den natürlichen Treibhauseffekt betrüge die Jahresdurchschnittstemperatur −18 °C.

3 Kohlenstoffdioxid wird bei der Verbrennung kohlenstoffhaltiger Substanzen frei; das sind zunächst einmal Kohle (Stein- und Braunkohle), aber auch alle organischen Verbindungen, gleichgültig ob diese organischen Ursprungs sind wie Erdöl, Erdgas, Torf, Holz oder andere Pflanzenstoffe, aber auch Kunststoffe. CO_2 wird durch Atmung und auch Zellatmung frei, d. h. beim Abbau organischer Substanzen durch Organismen, auch Mikroorganismen. Viel CO_2 entweicht auch aus dem Boden.

4 Mechanische, biologische und chemische Reinigungsstufe

5 Durch die Wasserbewegungen werden die Plastikabfälle und ihre Zerfallsprodukte weit verbreitet. So kommen viele Tiere mit ihnen in Berührung und können sie mit der Nahrung aufnehmen.

6 Siehe Bild 1 auf Seite 106.

7 Da es in einem stehenden Gewässer keine Strömung gibt, erwärmt es sich stärker. Ferner gelangt weniger Sauerstoff ins Wasser, den die abbauenden Organismen zum Überleben benötigen. Die Abfallstoffe gelangen auf den Boden und bleiben dort liegen.

8 Infolge des Klimawandels steigen die Temperaturen und die Trockenheit nimmt zu. Das vertragen viele einheimische Lebewesen nicht. Sie wandern deshalb ab oder sterben aus. Neue Lebewesen aus wärmeren Ländern kommen dazu. Dadurch verändern sich die ökologischen Beziehungen.

9 a) Stoffe, z. B. Mineralstoffe und Kohlenstoffdioxid, werden von Pflanzen im See aus dem Boden und Wasser aufgenommen. Die Pflanzen als Produzenten stellen daraus energiereiche Stoffe her. Die in den Pflanzen enthaltene Energie ist die Lebensgrundlage für die nachfolgenden Erst-, Zweit- und Endkonsumenten. Tote Organismen werden durch Zersetzer, die Destruenten, wieder in Mineralstoffe, Kohlenstoffdioxid und Wasser umgewandelt. Diese Stoffe werden wiederum von den Produzenten genutzt. In diesem Stoffkreislauf gehen also keine Stoffe verloren.
b) Ohne Destruenten wären die Mineralstoffe in den von den Produzenten hergestellten Nährstoffen für immer gebunden. Da die Anzahl an Stoffen auf der Erde begrenzt ist, wären diese Mineralstoffe auch nach dem Absterben der Organismen gebunden und könnten nicht mehr von den Produzenten genutzt werden. Schnell wären alle Ressourcen aufgebraucht und es gäbe kein neues Leben mehr.

10 Für die Ökobilanz muss neben der Herstellung auch die Beschaffung aller benötigten Rohstoffe berücksichtigt werden. Zu diesen gehören z. B. viele seltene Elemente, die unter hohem Energieaufwand gewonnen werden. Häufig ist die Gewinnung mit einer Zerstörung der Umwelt in den Herkunftsländern verbunden. Die Arbeiter in diesen Ländern werden meist nur schlecht bezahlt. Bei einer achtlosen Entsorgung wird die Umwelt geschädigt.

11 Brandrodungen verstärken den Treibhauseffekt in zweifacher Weise:
a) kurzfristig durch die CO_2-Emission bei der Verbrennung der Bäume;
b) längerfristig dadurch, dass Pflanzen vernichtet werden, die durch die Fotosynthese Kohlenstoffdioxid aus der Luft binden.

12 In einem artenreichen Ökosystem kann sich ein Nahrungsnetz mit vielen Knotenpunkten entwickeln. Fällt z. B. für eine räuberische Tierart eine Beute aus, kann sie auf eine andere ausweichen. Somit bleibt das Ökosystem insgesamt stabil.

W

X

Y

Z

Bildnachweis

U1.1 plainpicture GmbH & Co. KG (NaturePL/Huw Cordey), Hamburg; **U1.2** plainpicture GmbH & Co. KG (DEEPOL/Christophe Launay), Hamburg; **2.1** Getty Images (Science Photo Library/WLADIMIR BULGAR), München; **2.2** Getty Images (Westend61), München; **3.1** plainpicture GmbH & Co. KG (Kniel Synnatzschke), Hamburg; **3.2** Getty Images (Moment/Jan-Lukas von Rohden), München; **6.1** Getty Images (StockImage/B2M Productions), München; **6.2** Getty Images (The Image Bank/Sandra Baker), München; **7.1** plainpicture GmbH & Co. KG (Cultura), Hamburg; **7.2** Getty Images Plus (Huntstock), München; **7.3** Getty Images (Cultura/Monty Rakusen), München; **8.1** dreamstime.com (Edward Bartel), Brentwood, TN; **9.1** Ernst Klett Verlag GmbH (Aribert Jung), Stuttgart; **9.2** Ernst Klett Verlag GmbH (Aribert Jung), Stuttgart; **9.3** Okapia (NAS/Biophoto Associates), Frankfurt; **14.1** akg-images (Doris Poklekowski), Berlin; **14.2** ullstein bild (AP), Berlin; **14.3** ullstein bild (AP), Berlin; **14.4** Getty Images (Science Source), München; **18.1** stock.adobe.com (Eisenhans), Dublin; **20.1** Getty Images (Stone/Ed Reschke), München; **20.2** Getty Images (Stone/Ed Reschke), München; **25.1** Getty Images (Peter Arnold/Ed Reschke), München; **28.2** Okapia (Ca.Biological/Phototake), Frankfurt; **34.2** Image Professionals GmbH/ Science Photo Library (Eye Of Science), München; **36.1** www.panthermedia.net (Leander Suckfüll), München; **38.1** Picture-Alliance (dpa/Andreas Arnold), Frankfurt/M.; **39.1** Picture-Alliance (dpa/Sebastian Kahnert), Frankfurt/M.; **40.1** ShutterStock.com RF (Lyubov Levitskaya), New York, NY; **40.2** ShutterStock.com RF (yurakrasil), New York, NY; **41.1** plainpicture GmbH & Co. KG (Heidi Mayer), Hamburg; **43.2** Okapia (Ca. Biological/Phototake), Frankfurt; **44.1** plainpicture GmbH & Co. KG (Maskot), Hamburg; **44.2** plainpicture GmbH & Co. KG (J. Cawelius), Hamburg; **45.1** plainpicture GmbH & Co. KG (Cultura), Hamburg; **45.2** Getty Images (Cultura/moodboard), München; **45.3** Getty Images (Flickr/Chris Archinet), München; **46.1** By Bateson, William - Mendel's Principles of Heredity: A Defence, Public Domain, https://commons.wikimedia.org/w/index.php?curid=4491025; **46.2** stock.adobe.com (Stanford Lone), Dublin; **46.3** ShutterStock.com RF (Susan Law Cain), New York, NY; **49.2** iStockphoto (FotografiaBasica), Calgary, Alberta; **49.3** ShutterStock.com RF (Oliver Hoffmann), New York, NY; **50.1** Alamy stock photo (Martin Shields), Abingdon; **51.1** ShutterStock.com RF (LTD1963), New York, NY; **53.2** ShutterStock.com RF (Mateusz Kopyt), New York, NY; **54.1** ShutterStock.com RF (Kittima05), New York, NY; **54.2** Thinkstock (iStock/AnthonyEnns), München; **56.1** Alamy stock photo (Stephen Chapman), Abingdon; **56.2** iStockphoto (Ann Marie Kurtz), Calgary, Alberta; **56.3** stock.adobe.com (Nolte Lourens), Dublin; **56.4** ShutterStock.com RF (AlanHK), New York, NY; **56.5** ShutterStock.com RF (S.Vidal), New York, NY; **56.6** ShutterStock.com RF (Andrey_Popov), New York, NY; **57.2** Okapia (Biophoto Associates/Science Source), Frankfurt; **57.3** Okapia (Biophoto Associates/Science Source), Frankfurt; **59.1** ShutterStock.com RF (Andrey_Popov), New York, NY; **61.1** iStockphoto (Bert Beekmans), Calgary, Alberta; **62.1** Picture-Alliance (dpa/GMH/Beekenkamp), Frankfurt/M.; **62.2** iStockphoto (Ralf Hettler), Calgary, Alberta; **64.1** Thinkstock (Hemera), München; **64.2** Picture-Alliance (dpa - Fotoreport), Frankfurt/M.; **67.1** Okapia (Normann Hochheimer), Frankfurt; **70.1** juniors@wildlife (D. Harms), Hamburg; **70.2** Thinkstock (iStock/kurashov), München; **70.3** stock.adobe.com (fdenb), Dublin; **71.1** iStockphoto (pixelprof), Calgary, Alberta; **73.1** laif (Polaris/Paul Darrow), Köln; **76.2** Image Professionals GmbH/ Science Photo Library (NASA/Science Source), München; **77.2** imago images (Horst Rudel), Berlin; **78.1** Picture-Alliance (dpa/Patrick Pleul), Frankfurt/M.; **79.1** Okapia (Hapo), Frankfurt; **80.1** Okapia (Ulla Spiegel), Frankfurt; **81.1** stock.adobe.com (Mellimage), Dublin; **82.1** plainpicture GmbH & Co. KG (DEEPOL by plainpicture/Annie Engel), Hamburg; **82.2** Getty Images Plus (E+/mevans), München; **83.1** plainpicture GmbH & Co. KG (DEEPOL by plainpicture/Marc Romanelli), Hamburg; **83.2** Getty Images (Brand X Pictures/Science Photo Library - IAN HOOTON.), München; **85.1** Thinkstock (iStock/GeorgeRudy), München; **88.1** stock.adobe.com (nyul), Dublin; **88.2** stock.adobe.com (Svetlana Fedoseeva), Dublin; **90.1** Getty Images Plus (iStock/monkeybusinessimages), München; **90.2** Thinkstock (iStock/nyul), München; **92.1** iStockphoto (Elena Vishnevskaya), Calgary, Alberta; **92.2** Keystone (Volkmar Schulz), Hamburg; **94.1** Alamy stock photo (SOPA Images Limited), Abingdon; **94.2** Alamy stock photo (Allison Bailey), Abingdon; **94.3** stock.adobe.com (pololia), Dublin; **96.1** Thinkstock (Jupiterimages), München; **96.2** Getty Images Plus (E+/Juanmonino), München; **97.1** www.panthermedia.net (Alena Brozova), München; **97.2** stock.adobe.com (DNF-Style), Dublin; **100.1** Getty Images (AFP/ERIC CABANIS), München; **100.2** plainpicture GmbH & Co. KG (Mira), Hamburg; **101.1** plainpicture GmbH & Co. KG (Johner/Malcolm Hanes), Hamburg; **101.2** Getty Images (Design Pics/Eryk Jaegermann), München; **104.1** Getty Images Plus (E+/Gregory_DUBUS), München; **104.2** ShutterStock.com RF (qnula), New York, NY; **108.1** ShutterStock.com RF (ExpediTom), New York, NY; **108.2** ShutterStock.com RF (M. Petr), New York, NY; **109.1** ShutterStock.com RF (Oleksandr Osipov), New York, NY; **110.1** Getty Images Plus (iStock/HABY), München; **110.2** Getty Images Plus (iStock/w-ings), München; **111.1** ShutterStock.com RF (Sue Burton Photography), New York, NY; **112.2** Marianne Walcher, Bad Brückenau; **113.2** stock.adobe.com (Hero Images), Dublin; **114.1** stock.adobe.com (Sura Nualpradid), Dublin; **114.2** Blickwinkel (F. Hecker), Witten; **114.3** Okapia (Andreas Hartl), Frankfurt; **116.1** stock.adobe.com (Countrypixel), Dublin, Irland; **116.2** Getty Images Plus (iStock/Smithore), München; **118.1** MEV Verlag GmbH, Augsburg; **119.1** Prof. Dr. Horst Müller, Dortmund; **120** ShutterStock.com RF (cloki), New York, NY; **120.2** ShutterStock.com RF (Arnain), New York, NY; **124.1** Thinkstock (iStock/Marcelo Horn), München; **124.2** stock.adobe.com (Martina Topf), Dublin; **125.1** iStockphoto (Alberto Nó), Calgary, Alberta; **126.1** Getty Images Plus (iStock/OlyaSolodenko), München; **126.2** stock.adobe.com (qphotomania), Dublin; **126.3** Getty Images Plus (E+/mauribo), München; **127.1** Getty Images Plus (iStock/eyup zengin), München; **127.2** stock.adobe.com (Zophoba), Dublin; **128.2** dreamstime.com (Isselee), Brentwood, TN; **129.1** laif (Ton KOENE/GAMMA), Köln; **129.2** Mauritius Images (Alamy/Alan Gignoux), Mittenwald; **130.1** ShutterStock.com RF (Tonkinphotography), New York, NY; **133.1** Getty Images Plus (E+/dszc), München; **134.1** ShutterStock.com RF (connel), New York, NY; **135.1** stock.adobe.com (VRD), Dublin; **135.2** ShutterStock.com RF (Bildagentur Zoonar GmbH), New York, NY; **135.3** stock.adobe.com (WavebreakmediaMicro), Dublin; **135.4**

wijld GmbH, Wuppertal; **135.5** iStockphoto (IliasStrachinis), Calgary, Alberta; **135.6** stock.adobe.com (Gerhard Seybert), Dublin; **136.1** ShutterStock.com RF (cloki), New York, NY; **137.1** ShutterStock.com RF (Jag_cz), New York, NY; **139.2** Image Professionals GmbH/ Science Photo Library (Edelmann), München; **139.3** stock.adobe.com (Dr. N. Lange), Dublin; **140.2** Image Professionals GmbH/ Science Photo Library (Kage, Manfred), München; **141.1** stock.adobe.com (Valeriy Kirsanov), Dublin; **141.2** stock.adobe.com (Animaflora PicsStock), Dublin; **143.1** Thinkstock (iStock/Alexander Raths), München; **143.2** iStockphoto (Klaudia Steiner), Calgary, Alberta; **144.1** stock.adobe.com (Michael Kempf), Dublin; **144.2** iStockphoto (Neil Sullivan), Calgary, Alberta; **145.1** Picture-Alliance (dpa/Global Crop Diversity Trust), Frankfurt/M.; **145.2** Thinkstock (iStock/monkeybusinessimages), München; **145.3** stock.adobe.com (Jürgen Fälchle), Dublin; **146.1** Alamy stock photo (Martin Shields), Abingdon; **146.1** Thinkstock (iStock/ttatty), München; **147.1** creativ collection Verlag GmbH, Freiburg; **147.2** Alamy stock photo (WENN Ltd), Abingdon;

Illustrationen
Balonier, Matthias, Lützelbach, **6.3; 8.2; 10.1; 10.2; 11.1; 11.3; 11.4; 11.5; 11.7; 15.1; 16.1; 21.2; 24.1; 27.2; 28.3; 29.1; 30.1; 31.1; 32.1; 33.1; 37.1; 44.3; 47.1; 48.1; 49.1; 50.2; 51.2; 52.2; 53.1; 55.1; 57.1; 58.1; 58.2; 60.1; 60.2; 63.1; 64.3; 65.1; 66.1; 68.1; 72.1; 76.1; 84.1; 88.3; 89.1; 91.1; 99.1; 100.3; 107.1; 112.3; 118.2; 121.1; 122.2; 123.1; 128.1; 130.2; 131.1; 138.1; 138.2; 139.1; 140.1; 143.3; 147.3**; Dr. med Guido Hegasy, Hamburg, **41.2; 67.2**; Kramer, Angelika, Stuttgart- Bad Cannstatt, **28.1**; Lothringer, Cyprian, Leipzig, **12.1; 74.1; 75.1; 87.1; 102.1; 103.1**; Nehren, Otto, Achern, **17.1; 18.2; 19.1; 19.2; 21.1; 22.1; 27.1; 34.1; 35.1; 35.2; 36.2; 46.4; 59.2; 79.2; 105.1; 109.2; 111.2; 117.1; 122.1; 132.1; 132.2; 142.1**; Wirth, Jürgen, Dreieich, **23.1; 77.1; 106.1; 112.1; 113.1**; Wirth, Nora, Frankfurt/Main, **115.1**;

Die Reihenfolge und Nummerierung der Bild- und Textquellen im Quellennachweis erfolgt automatisch und entspricht u. U. nicht der Nummerierung der Bild- und Textquellen im Werk. Die automatische Vergabe der Positionsnummern erfolgt in der Regel von links oben nach rechts unten, ausgehend von der linken oberen Ecke der Abbildung.

Laborgeräte

Sicherheit

Laborkittel

Schutzbrille

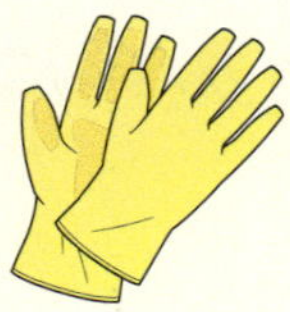
Handschuhe

Gasbrenner

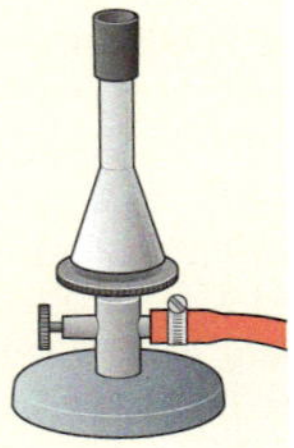
Gasbrenner

Stativmaterial

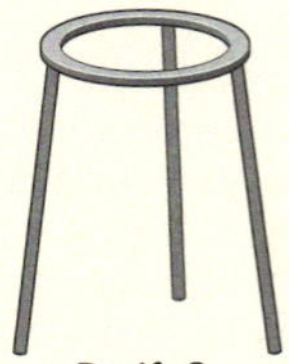
Dreifuß

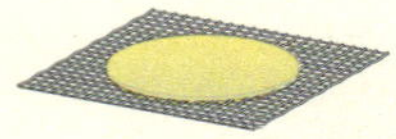
Keramik-Drahtnetz

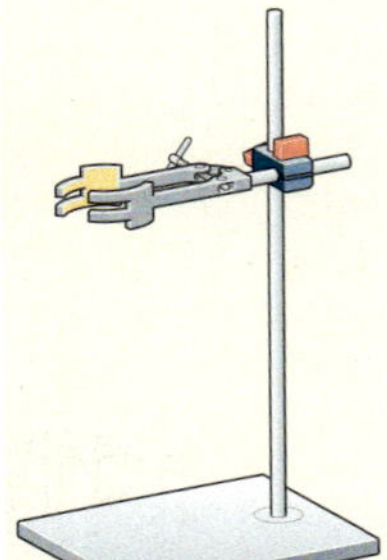
Stativ, Doppelmuffe, Universalklemme

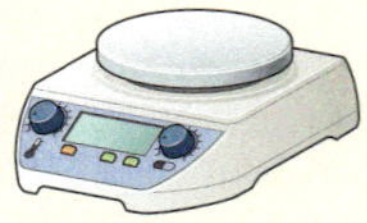
Heizplatte

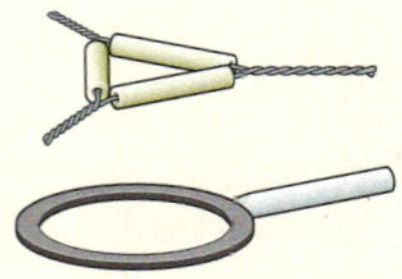
Tondreieck, Stativring

Reagenzglas

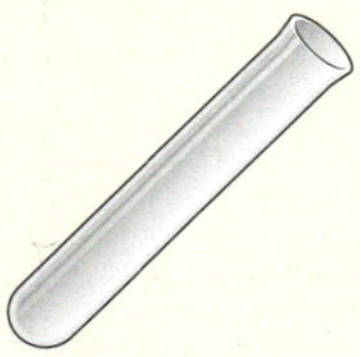
Reagenzglas

Reagenzglashalter

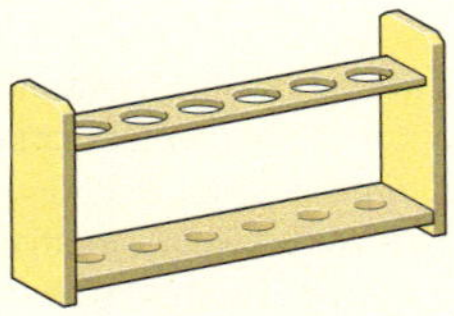
Reagenzglasgestell

Stopfen

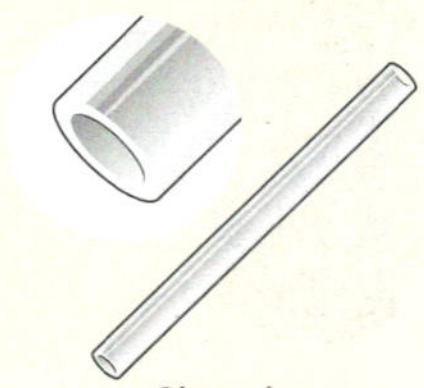
Glasrohr

Mikroskopieren

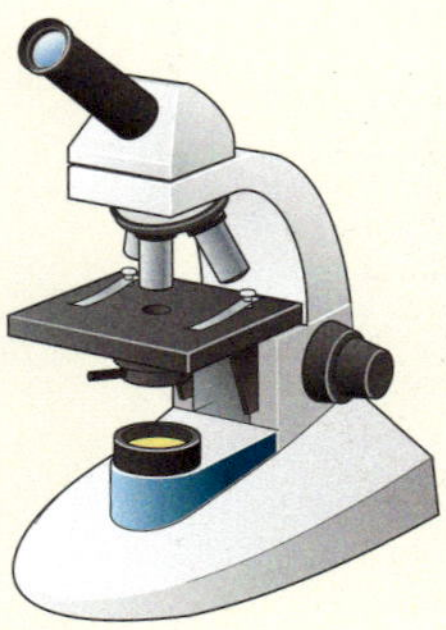
Lichtmikroskop

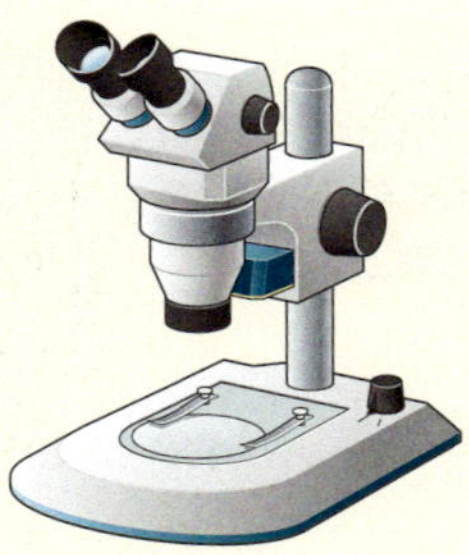
Binokular

Lupe

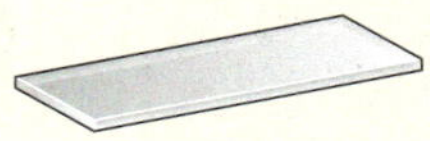
Objektträger

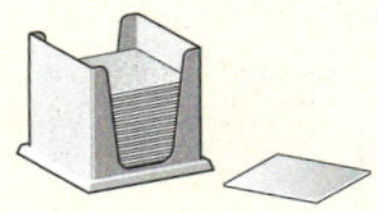
Deckgläschen

Skalpell

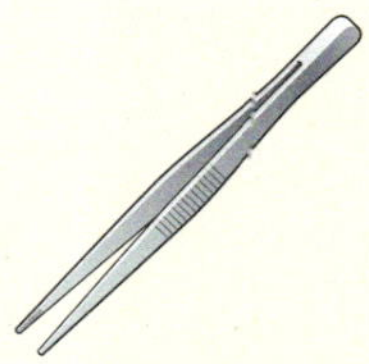
Pinzette

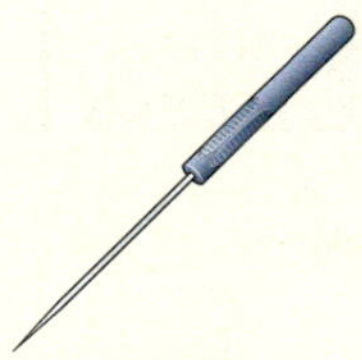
Präpariernadel

Untersuchen (Chemie)

Spatel und Spatellöffel

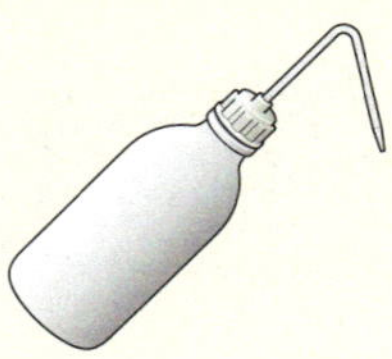
Spritzflasche

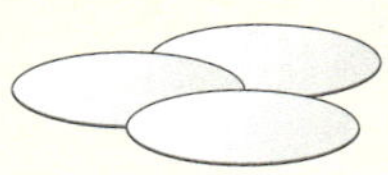
Filterpapier

Reibeschale (Mörser und Pistill)

Abdampfschale

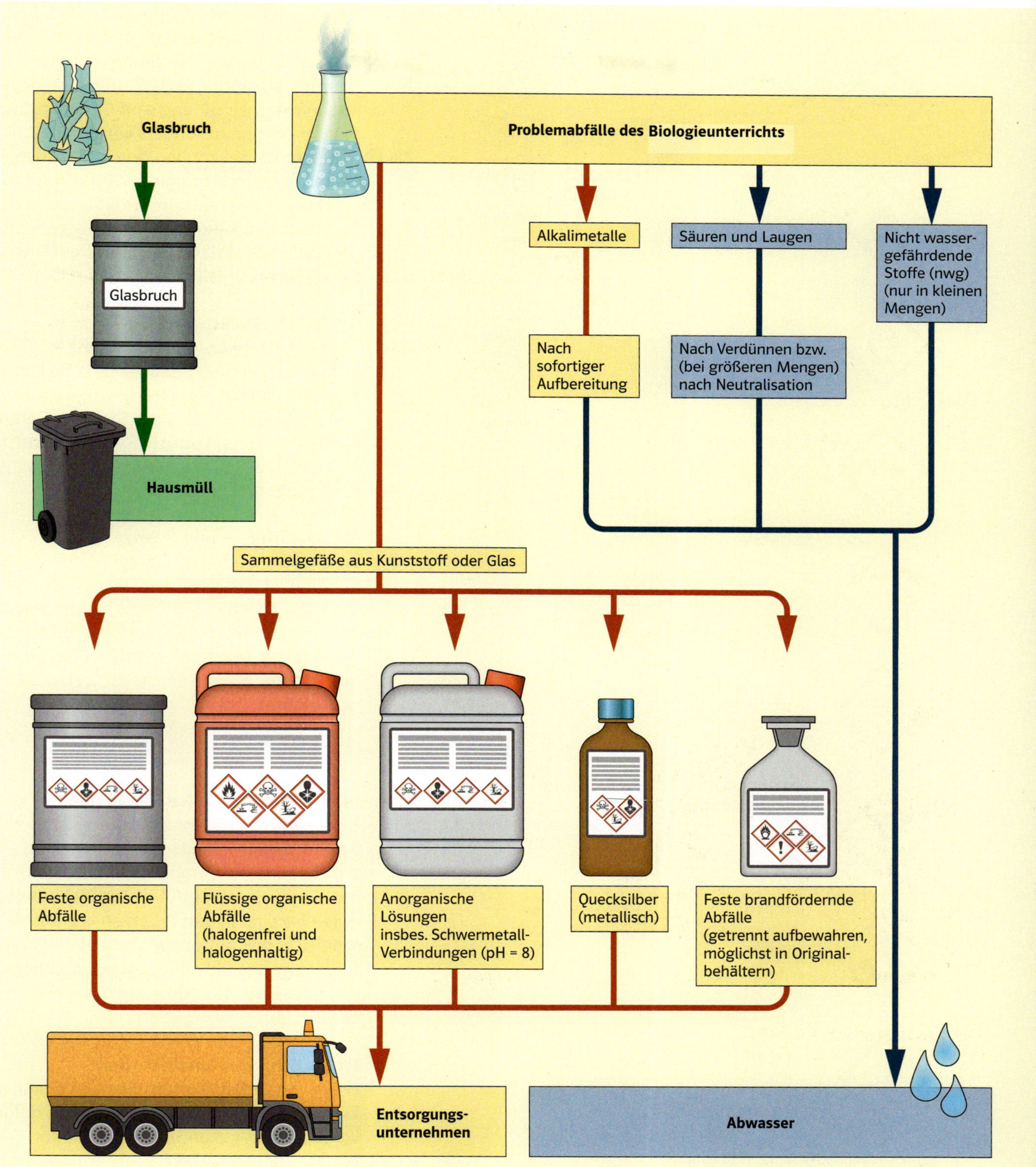

Glasbruch
Problemabfälle des Biologieunterrichts
Glasbruch
Hausmüll
Alkalimetalle
Säuren und Laugen
Nicht wassergefährdende Stoffe (nwg) (nur in kleinen Mengen)
Nach sofortiger Aufbereitung
Nach Verdünnen bzw. (bei größeren Mengen) nach Neutralisation
Sammelgefäße aus Kunststoff oder Glas
Feste organische Abfälle
Flüssige organische Abfälle (halogenfrei und halogenhaltig)
Anorganische Lösungen insbes. Schwermetall-Verbindungen (pH = 8)
Quecksilber (metallisch)
Feste brandfördernde Abfälle (getrennt aufbewahren, möglichst in Originalbehältern)
Entsorgungsunternehmen
Abwasser

Kennzeichnung von Gefahrstoffen

Piktogramm	Bezeichnung	Gefahrenklasse
	GHS01 (Explodierende Bombe)	– Explosive Stoffe – Selbstentzündliche Stoffe – …
	GHS02 (Flamme)	– Entzündbare Flüssigkeiten – Entzündbare Gase – …
	GHS03 (Flamme über einem Kreis)	– Entzündend wirkende Flüssigkeiten und Feststoffe – Entzündend wirkende Gase
	GHS04 (Gasflasche)	– Unter Druck stehende Gase
	GHS05 (Ätzwirkung)	– Metallkorrosiv – Hautätzend – …
	GHS06 (Totenkopf mit gekreuzten Knochen)	– Akute Toxizität
	GHS07 (Ausrufezeichen)	– Hautreizend – Augenreizend – Sensibilisierung der Haut – …
	GHS08 (Gesundheitsgefahr)	– Krebserzeugend – Erbgutverändernd – …
	GHS09 (Umwelt)	– Gewässergefährdend

1 Gefahrensymbole und ihre Bedeutung

Viele Chemikalien sind mit farbigen Symbolen auf ihren Etiketten gekennzeichnet. Diese Symbole werden **Gefahrenpiktogramme** genannt (▻ B1). Stoffe mit einer solchen Kennzeichnung sind Gefahrstoffe, mit denen man besonders vorsichtig umgehen muss. Sie können durch Einatmen, Verschlucken oder sogar durch die Haut in den Körper gelangen. Informationen zu den Gefahrstoffen kann man beispielsweise in der GESTIS-Stoffdatenbank der Deutschen Gesetzlichen Unfallversicherung finden.

Die Gefahrenpiktogramme

Ein Gefahrenpiktogramm umfasst häufig mehrere Gefahrenklassen (▻ B1). So kann zum Beispiel das Gefahrenpiktogramm GHS 05 bedeuten, dass der Stoff zur Gefahrenklasse „Metallkorrosiv", „Hautreizend", „Hautätzend", „Schwere Augenschädigung" oder „Augenreizung" gehört.

Signalwörter, H- und P-Sätze

Signalwörter auf dem Chemikalienetikett geben Auskunft über das Ausmaß der Gefährdung durch diesen Stoff. Es gibt zwei unterschiedliche Signalwörter, nämlich „Gefahr" für schwerwiegende Gefahren und „Achtung" für weniger schwerwiegende Gefahren:

Gefahr **Achtung**

Die **Gefahrenhinweise** sind in den **H-Sätzen** zusammengefasst (englisch: hazard, Gefahr). Die H-Sätze weisen auf die besonderen Gefahren beim Umgang mit einem Gefahrstoff hin. Die **Sicherheitshinweise** sind in den **P-Sätzen** enthalten (englisch: precautionary, vorbeugend). Die P-Sätze geben Ratschläge für den sicheren und sachgerechten Umgang mit einem Gefahrstoff.

Entsorgung von Gefahrstoffen

Reste von Gefahrstoffen, die nach einem Experiment übrig bleiben, werden in dafür vorgesehene, gekennzeichnete Entsorgungsgefäße gegeben.